华章科技

HZBOOKS | Science & Technology

云计算与虚拟化技术丛书

Mastering OpenStack
Second Edition

精通OpenStack

（原书第2版）

［德］奥马尔·海德希尔（Omar Khedher）
［印］坚登·杜塔·乔杜里（Chandan Dutta Chowdhury） 著
山金孝 刘世民 肖力 译

图书在版编目（CIP）数据

精通 OpenStack（原书第 2 版）/（德）奥马尔·海德希尔（Omar Khedher）等著；山金孝，刘世民，肖力译．—北京：机械工业出版社，2019.1
（云计算与虚拟化技术丛书）
书名原文：Mastering OpenStack, Second Edition

ISBN 978-7-111-61682-5

I. 精…　II. ①奥…　②山…　③刘…　④肖…　III. 计算机网络　IV. TP393

中国版本图书馆 CIP 数据核字（2019）第 000774 号

本书版权登记号：图字　01-2017-7525

Omar Khedher, Chandan Dutta Chowdhury: *Mastering OpenStack, Second Edition* (ISBN: 978-1-78646-398-2).

精通 OpenStack（原书第 2 版）

出版发行：机械工业出版社（北京市西城区百万庄大街 22 号　邮政编码：100037）
责任编辑：郎亚妹　　责任校对：殷　虹
印　　刷：三河市宏图印务有限公司　　版　　次：2019 年 2 月第 1 版第 1 次印刷
开　　本：186mm × 240mm　1/16　　印　　张：20.25
书　　号：ISBN 978-7-111-61682-5　　定　　价：89.00 元

凡购本书，如有缺页、倒页、脱页，由本社发行部调换
客服热线：（010）88379426　88361066　　投稿热线：（010）88379604
购书热线：（010）68326294　88379649　68995259　　读者信箱：hzit@hzbook.com

The Translator's Words 译者序

OpenStack 在国内的兴起与发展，是与国内大环境和技术成长周期相契合的，目前社区呈现出的“东热西冷”就是最好的证明。目前而言，OpenStack 已成为开源云计算的事实标准，不论是否熟知与喜好，OpenStack 似乎已成为国内企业自主可控的私有云建设的必然选择。当然，OpenStack 社区的发展也未辜负诸多用户的期许，从 2010 年的第 1 个版本 Austin 到 2018 年 8 月的 Rocky 版本，OpenStack 社区已走过了 8 个年头，Rocky 已是社区发行的第 18 个版本。从最初的计算、存储、网络等基本功能，到拥抱 Docker、Kubernetes 和 NFV 等新生技术，再到 Serverless、GPU 和边缘计算，在技术大潮面前，OpenStack 从未止步！除了核心功能的不断演进，围绕 OpenStack 的部署运维和交付升级也在不断进化。从最初基于类似 RPM 包或源代码的手工安装，到基于磁盘镜像的自动化安装部署，再到基于 Docker 镜像或 Helm 的持续交付，OpenStack 正在变得越来越简单，越来越智能。但是，我们需要记住一个事实：越是简单智能的东西，涉及的技术栈越是复杂，故障排查对技术人员的要求也越高。

从全球范围来看，欧美企业的 OpenStack 用户未必有国内多，但是从对 OpenStack 脾性的掌握和使用经验来看，国内很多企业仍处于摸石头过河阶段。当前，对 OpenStack 的架构原理解释、设计参考架构、部署运维手册等资料，主要还是源自社区官方网站或英文书籍的翻译本。虽然国内部分用户和厂商工程师也贡献了一些与 OpenStack 相关的中文书籍，但是相对于庞大的国内 OpenStack 用户群，我们认为，市面上仅存的中文书籍不足以满足广大用户需求，尤其早期的 OpenStack 中文书籍多以讲解原理和设计为主，对 OpenStack 私有云真正落地后终端用户最为关心的部署实施和交付运维，仍然存在较大的空缺。

本书原版在国外 OpenStack 用户群中具有较好的口碑，覆盖了 OpenStack 私有云架构设计、核心功能讲解、自动化部署与运维等终端用户最为关心的内容，尤其是针对 OpenStack 的 DevOps、CI/CD、OVN 与 NFV 等内容的引入与介绍，以及云环境下的自动化编排工具

Terraform 和 Ansible、监控工具 ELK 和 Nagios、测试工具 Rally 和 Shaker 等内容的引入，从 OpenStack 的自动化编排部署与实施、日志监控、故障排查、性能调优与基准测试，全方位覆盖了时下最热门，也是国内用户最关心的 OpenStack 话题。基于本书英文原版书籍所呈现出来的丰富内容，本着为国内 OpenStack 爱好者和用户贡献微薄之力的初心，我们以敬畏之心力争将这本书原汁原味地呈现给大家，希望能够为国内 OpenStack 用户提供一本覆盖面相对齐全、完善的参考书籍。同时，作为 OpenStack 社区的参与者，也希望借此为社区的推广和发展贡献应有之力。在翻译过程中，考虑到中西文化差异的存在，可能会给国内云计算爱好者对本书的理解带来不便，为此，我们本着技术分享与传递的精神，从全文组织上对译文进行了适当的结构重组，以确保读者朋友们更好地理解原著内容，同时针对原著中部分深奥晦涩的语句，我们以直白明了的中文进行了意译和解释，以求用简洁通俗的文字呈现作者思想之精华。

作为本书的译者，我们在翻译过程中一直本着客观中立的态度。原书中的一些方法和工具有时可能会出现水土不服的情况，或者最新 OpenStack 版本已经有所更新。但是，通篇来看，原书中的很多方法、观点和工具还是值得推荐和参考的，作为译者，我们也建议读者朋友保持学习的态度，带着思考来阅读本书，以自身实际情况为出发点，到书中寻求答案，再结合社区资料深入分析，或许这也是阅读任何一本参考书籍的最佳方法。

山金孝

2018 年 10 月

2010 年 10 月，OpenStack 发布了第 1 个版本；2018 年 8 月，发布了它的第 18 个版本 Rocky。作为一个用户，我谈谈用户视角的感受。

作为某大型集团基础云平台团队，我们基于 OpenStack 在集团内搭建了一个面向集团内部用户的企业基础云平台，以及一个小型公有云环境。私有平台的主要技术特征如下。

- 计算：支持 KVM、ESXi 和裸金属服务器等三个资源池。
- 网络：采用 Neutron + VLAN + OVS 实现了虚拟网络。
- 存储：采用 Ceph 和 SAN 存储实现了块存储，采用 Ceph 实现了对象存储。
- 区域：在两个城市三个机房部署了 3 个区域，每个区域内划分资源池，资源池内再按机架划分可用区。三个层级都用户可见，可按需选择。另外，我们还尝试搞过一个小型公有云区域。

- 组件：主要利用了Mitaka版本中的Glance、Nova、Neutron、Cinder、Keystone、Heat、Telemetry、OVSvAPP、Trove、Ironic等组件。
- 云管理平台：自主研发的云管理平台。
- 团队：最多的时候有8个人的OpenStack研发团队，3个人的运维团队。

我作为团队负责人，在做完这个项目后，有如下几点感受：

- 这个云平台运行得还好，我们在规划、技术和产品选型、研发、运维等方面都做得不错，团队非常给力，研发周期较短，迭代快速。现在它支撑着集团大大小小几百套系统，而且很稳定，运维压力比较小。
- 也出现过若干稳定性问题：我们的小型公有云环境采用的是Neutron VRRP HA vRouter和Open vSwitch，曾经出现过Neutron VR偶尔会不明原因自动切换的情况；KVM虚拟机偶尔自动重启甚至宕机等；KVM对Windows的支持比较差，偶尔出现莫名其妙的问题，比如磁盘脱机、蓝屏、无法启动等。
- 以Ceilometer为基础的监控组件很不健全，为了上生产系统，我们进行了较大的改造。
- 除了常用的几个核心模块之外，其他模块的产品化程度都不太高。以Trove为例，我们花了不少时间，几乎重写了一半的代码，也仅实现了最基本的数据库实例的创建和管理功能。
- OpenStack离公有云的需求还有差距，比如在网络和规模性上。

从实际情况来看，如果企业有一个OpenStack研发团队，或者找了一个靠谱的外部供应商，云环境规模不是特别大，业务不是非常复杂，还有几个给力的运维，OpenStack私有云可以运行得挺好。至少在国内，OpenStack已经成为自主可控的私有云云平台的主要代表之一，在各行各业发光发热。

无论如何，OpenStack将在IT发展史上留下浓墨重彩的一笔。我个人对OpenStack有着很深的感情。是它让我认识了什么是云，云是怎么构建、运行和维护的；是从研究它开始，我从传统软件领域进入了云领域，开始了写技术博客的漫漫历程，也通过它结识了很多朋友。在此，我谨代表我个人感谢OpenStack项目，感谢OpenStack每一行代码和每一个文档，感谢OpenStack社区，感谢所有给OpenStack做过贡献的公司和人们。

不久前，在我的个人微信公众号“世民谈云计算”内，我曾发表过一篇关于OpenStack的文章《OpenStack的八年之痒》，在文章发表后两天左右的时间里，阅读量居然超过15 000。很多朋友通过微信跟我交流他们的想法和感慨，以及正在或曾经为OpenStack奋战的时光。还有很多朋友发表了许多评论，里面有很多真知灼见。短短两天的时间里这么多人在阅读、转发、评论着这篇文章，而在过去8年多的时间里，有更多的人在贡献着、使用着、推广着、思考着、学习着、关心着、讨论着甚至争论着它。我想，这正是OpenStack的魅力，是开源的魅力，是云的魅力。祝福OpenStack有更好的发展！

刘世民

2018年10月

我从2009年开始涉足KVM虚拟化，所有开源的云管理方案都研究过，到目前为止，这些开源的云管理方案中，OpenStack项目发展得最好，经过8年18个版本的迭代，OpenStack的稳定性已经获得公认。

目前IaaS需求还非常强劲，尤其是传统行业云才开始准备普及，传统行业一般更倾向于自建私有云，这正是OpenStack的强项。OpenStack看起来热度有所降低，正好说明它已经进入真正落地的阶段，已经归于平常，但这并不意味着它不重要了。

我曾在工作中维护过大小十几个OpenStack私有云，深感OpenStack的项目从设计、建设到运维，对从业人员的技能和经验要求都非常高。本书作者多年参与OpenStack项目，书中内容围绕OpenStack项目设计、部署、计算、存储、网络、高可用、监控、日志追踪、性能测试和优化进行讨论，基本涵盖了OpenStack运维中经常涉及的内容。

经过8年的发展，OpenStack的生态已经形成，虽然OpenStack的部署、运维相对比较复杂，但对真正下决心使用私有云的组织来说，这是可以克服的问题。最主要的是许多组织和个人还在不断完善OpenStack，使OpenStack更好用。

正是因为OpenStack的复杂性，造成了使用OpenStack有一定门槛，OpenStack运维人才缺口一直存在，相信通过阅读本书，可以让学习OpenStack的难度降低一些，让更多的人熟悉OpenStack。

肖力

2018年10月

Preface 前　言

今天，随着新功能和子项目的增加，OpenStack 已成为一个不断扩展的大型开源项目。随着数以百计大型企业采用并不断为 OpenStack 生态系统做出贡献，OpenStack 必将成为下一代私有云解决方案。随着新项目的不断集成，OpenStack 提供的服务范围也在不断增加。新项目的不断集成，要归功于 OpenStack 模块化架构和其核心组件出色的稳定性。事实证明，OpenStack 是一个成熟的私有云平台，可提供基础架构即服务（IaaS）功能。随着新项目的不断出现，OpenStack 生态系统正朝着平台即服务（PaaS）的方向发展。

为何要考虑采用 OpenStack 呢？目前，已有诸多用例和实践表明，基于 OpenStack 的基础架构可以满足企业各种业务需求和开发需要。此外，还要考虑的是，如何在私有云构建过程中统一、标准化企业基础架构设施，OpenStack 将是最合适的选择。模块化云平台最基本的设计目标就是为底层基础架构的管理提供更大的灵活性。将传统数据中心转向私有云架构，可充分利用自动化运维的强大功能，并提高服务交付的响应能力。在 OpenStack 私有云的配置部署中，你会发现启用新功能组件是一件非常容易的事情。作为由插拔式组件构成的云计算软件，OpenStack 的模块化架构展现了其强大的云管理平台功能。此外，OpenStack 的另一个优势是其每个服务都提供了 REST API。OpenStack 的这些特征体现了其对自动化思维的完全拥抱，并且 OpenStack 极易与系统中的已有功能进行集成。此外，OpenStack 为企业解决传统 IT 架构面临的问题和供应商锁定窘境提供了可选的最佳途径。在最新版本中，OpenStack 提供了更多的模块和插件来支持第三方软件服务，包括计算、存储和网络组件。

在第 2 版中，我们将重新组织本书的内容结构和学习方式，并涵盖 OpenStack 最新版本中的新特性。为了便于理解，我们将重新回顾 OpenStack 的组件和设计模式，并继续探索、研究和学习 OpenStack。另外，我们的新版本也在不断更新 OpenStack 核心服务架构的新功能，这些新功能涵盖了计算隔离、容器化、新的网络服务模型，包括软件定义网络（SDN）以及新孵化出来的OpenStack存储项目。在本书中，我们始终以开篇部署的OpenStack私有云为主线，并以最佳实践形式分享部署运维经验。与第1版不同，在新版本中，我们通过以容器方式运行的系统管理工具自动化部署OpenStack，从而构建一个模拟真实生产环境的实验环境。这一切都将让你更深入地了解OpenStack生态系统中的新特性，以及如何采用OpenStack来满足业务需求。

本书的最后部分还提供了对OpenStack生产就绪环境的补充，包括运维管理、故障排除、监控和基准测试工具集。

主要内容

第1章回顾了OpenStack核心服务架构，并重点介绍了每个架构设计的更新功能。本章以OpenStack初始逻辑设计开始，以物理模型设计结束，并在物理模型设计中介绍了存储、计算和网络服务的评估方法。本章内容将帮助你进行合理的硬件选型，以便部署、构建基于生产环境的OpenStack私有云。

第2章介绍了DevOps的发展趋势以及如何利用DevOps工具来部署和管理OpenStack私有云。本章主要介绍了DevOps工具Ansible，并使用Ansible作为系统管理工具对OpenStack进行自动化部署和管理。为了增强OpenStack基础架构管理和运维，本章还简要介绍了基础架构即代码（IaC）的概念。为了更好地隔离OpenStack服务，本章采用基于容器的方式部署OpenStack，最终模拟出一个真实的OpenStack生产环境。

第3章主要对运行在云控制器节点中的各种服务更新功能进行介绍，并对OpenStack服务的高可用和容错设计做初步讨论，这些讨论主要涉及OpenStack的核心组件、数据库以及消息队列系统。本章还针对不同的OpenStack核心组件和基础服务进行了Ansible角色和playbook[⊖]分解。

第4章涵盖了OpenStack中的计算服务，并介绍了Nova最新支持的各种Hypervisor。Docker作为快速发展的容器技术，OpenStack对其提供了很多支持，因此本章对OpenStack的Docker支持项目Magnum进行了详细介绍。此外，本章还介绍了针对大规模OpenStack集群而引入的各种新概念，包括计算和主机隔离、可用区、区域以及Nova中的Cell。同时，本章花了较大篇幅对与实例生命周期相关的OpenStack调度器进行了介绍。最后，本章详细介绍了计算服务的Ansible playbook，以及如何通过playbook在现有OpenStack环境中新增计算节点。OpenStack集群中的几种备份方案也在本章中进行了讨论。

第5章扩大了对OpenStack支持的不同存储类型和备选方案的介绍，同时介绍了OpenStack

⊖ Ansible的配置文件称为playbook。——译者注最新版本中有关对象和块存储的更新功能。Manilla 是 OpenStack 最新支持的一个文件系统共享存储项目，本章对其在 OpenStack 生态系统中的架构层次进行了详细介绍。最后，本章还介绍了与块和对象存储（也包括 Ceph）相关的角色和 Ansible playbook。

第 6 章重点介绍 OpenStack 当前网络服务的实现原理，包括网络新功能、更新后的 Neutron 插件，以及 OpenStack 最新版本中不同的隧道网络实现方式。本章描述了基于 Neutron 的不同网络实现方案，详细介绍了各种网络组件和术语，从而简化了 OpenStack 中虚拟网络的管理。此外，本章还重点介绍了如何简化虚拟网络和路由器的复杂配置。最后，在本章的结尾部分介绍了防火墙即服务（FWaaS）和 VPN 即服务（VPNaaS）。

第 7 章介绍了 OpenStack 中网络相关的高级话题。本章以专项形式重点介绍软件定义网络（SDN）和网络功能虚拟化（NFV）的概念，并讨论它们在 OpenStack 中的集成应用。在本章的结尾部分还探讨了 OpenStack 中负载均衡即服务的新实现方法。

第 8 章重点介绍 OpenStack 云平台的操作管理和使用方法。本章是对运维管理人员如何管理用户、项目以及定义底层资源使用方式的指导。另外，本章还介绍了如何使用 OpenStack 编排服务 Heat 来帮助用户自动化编排所需资源。同时，还介绍了基础架构即代码的概念，以及其对现代基础架构需求的实现。Heat 已作为 OpenStack 定义模板资源的内置工具，本章除对它进行介绍外，为了扩展各种工具的使用，还对支持多云环境编排的新型工具 Terraform 进行了介绍。

第 9 章重点介绍了 OpenStack 中每个组件的各种高可用设计模式，包括如何设置 OpenStack 高可用集群中 Active 和 Passive 服务。本章不仅利用外部强大工具实现了消息队列、数据库和其他服务的高可用性，还介绍了包括网络服务在内的 OpenStack 原生服务的高可用设计。

第 10 章探讨了 OpenStack 中计量数据收集服务的新特性。本章详细介绍了 OpenStack 最新版本中计量数据收集服务的构成，包括警报、事件和指标。此外，本章还介绍了如何使用 Nagios 等外部流行工具来对云平台进行监控。在本章的后半部分，我们介绍了如何使用不同的故障排除工具和方法来诊断 OpenStack 集群中的常见问题。

第 11 章重点介绍了 OpenStack 中的日志文件，以及在解决 OpenStack 故障时如何使用日志进行深入排查。通过本章的内容，读者将学会如何使用当前流行的管道日志工具，如 ELK（ElasticSearch、LogStash 和 Kibana）堆栈，高效地解析 OpenStack 服务中的日志文件。另外，本章还介绍了 ELK 堆栈架构中最新的稳定版本。同时，本章还对如何使用有效的 ELK 查询来定位、分析问题的根本原因做出了详细说明。

第 12 章重点介绍了 OpenStack 学习使用过程中相对高级的主题，即 OpenStack 基准测试和性能调优。通过本章介绍的专为 OpenStack 测试而开发的性能测试工具 Rally，你将能够更深入地理解 OpenStack 云平台的内部运行机理，而这对于云平台容量及其架构的调优非常关键。此外，本章还介绍了对 OpenStack 数据平面进行测试评估的工具 Shaker，并介绍了如何使用 Shaker 工具对网络带宽进行基准测试。

需要的背景知识

本书假定读者有基本的 Linux 操作系统和云计算概念。新版本基于 OpenStack 中的最近更新功能丰富了大量内容，另外，熟悉 OpenStack 生态系统也非常重要。同时，读者需要具备对网络术语、系统管理工具和架构设计模式等基本知识的掌握和理解。与第 1 版不同，在第 2 版中，我们使用 Ansible 作为 OpenStack 基础架构管理的主要工具。本书使用的是 OpenStack 的 Ansible 官方项目，项目地址为：`https://github.com/openstack/openstack-ansible`。鉴于 Ansible 的使用，如果能够很好地理解 YAML 语法，对于阅读本书将有很大帮助。

你可以使用任何工具来搭建测试环境，例如 Oracle 的 VirtualBox、Vagrant 或 VMware 工作站版本。读者可以使用 github 中 OpenStack-Ansible 项目的 All-In-One（OSA，一体化）方式来构建实验环境。本书建议在物理硬件上安装 OpenStack 以搭建生产就绪的环境。因此，在你的环境中，需要物理网络基础架构。另外，如果正确地配置了虚拟网络环境，也可以在虚拟环境中运行 OpenStack 以进行测试。

本书用到的软件列表如下。

- 操作系统：CentOS 7 或者 Ubuntu 14.04。
- OpenStack：Mitaka 或者更新的发行版。
- VirtualBox：4.5 版或者更新的版本。
- Vagrant：1.7 版或者更新的版本。
- Ansible 服务器：2.2 版或者更新的版本。

如果准备运行 OpenStack 开发环境，下面是最低的硬件需求：

- 一台支持 CPU 硬件虚拟化的物理机。
- 8 核 CPU。
- 12GB 内存。
- 60GB 空余磁盘空间。
- 两张网卡。

下载 OpenStack 和其他工具所需的软件包需要访问 Internet。另外，有关安装最新版

OpenStack 或更新旧版本软件包的详细说明，请参阅 `http://docs.openstack.org` 中给出的指南。

面向的读者

本书主要面向希望部署基于 OpenStack 私有云的云计算工程师、架构师和 DevOps 工程师。本书也适用于那些热衷于 OpenStack 新特性、新功能，以及希望扩展自身知识，并将 OpenStack 生态系统中的新功能和新项目追加至现有生产环境中的云计算从业人士。本书并未提供有关安装、部署和运行 OpenStack 服务的详细步骤，因此，读者可专注于 OpenStack 各种高级特性和方法的理解。在这一版本中，我们提供了部署和运行 OpenStack 环境的更多选择，因此读者可以按照本书每章中的示例进行实际操作。

下载示例代码

本书的示例代码可以从 http://www.packtpub.com 通过个人账号下载，也可以访问华章图书官网 http://www.hzbook.com，通过注册并登录个人账号下载。

关于作者和审校者 *About the Authors & the Reviewer*

Omar Khedher 是一名系统、网络工程师，已从事云计算事业多年，参与了多个基于 OpenStack 的私有云项目，具有丰富的项目实战经验，同时他还负责有关 AWS 公有云的多个项目。

凭借在虚拟化、存储和网络方面的丰富经验，Omar 在位于柏林的领先广告技术公司 Fyber 担任云系统工程师。他是团队中的技术骨干，曾负责过多个项目，包括使用最新的开源工具和 DevOps 理念构建云并将基础架构迁移到云上。

Omar 还是 Packt 出版的第 1 版《Mastering OpenStack》和《OpenStack Sahara Essentials》的作者。此外，他还基于最近所做的云性能提升方面的研究发表了若干学术论文。

Chandan Dutta Chowdhury 是瞻博网络公司的技术带头人，从事 OpenStack Neutron 插件方面的研究工作。他在 Linux 解决方案部署实施方面拥有超过 11 年的工作经验。过去，他一直致力于基于 Linux 集群和部署解决方案的研究开发。他还负责瞻博网络公司的私有云建设和维护工作。

他在 OpenStack 东京峰会上发表了专题演讲，并在会上提出了添加防火墙日志和其他 Neutron 增强功能的想法。他还是奥斯汀峰会的演讲者，在会上他谈到了对 Nova 调度程序的改进。他喜欢探索技术和撰写博客（https://chandanduttachowdhury.wordpress.com）。

审校者 Mohamed Jarraya 分别于 2000 年和 1997 年获得 LAAS-CNRS、Paul Sabatier 大学计算机科学博士和硕士学位。Mohamed 从突尼斯的 ENIT 获得了计算机科学工程文凭。他目前是沙特阿拉伯沙特电子大学计算与信息学院的助理教授。他的研究兴趣包括云计算、性能评估、计算系统建模与安全。

Contents 目录

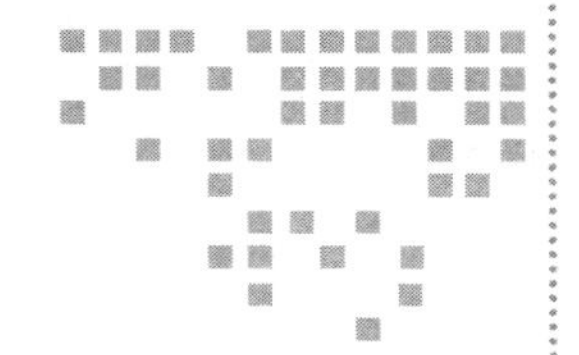

第 1 章 Chapter 1

OpenStack 参考架构设计

云计算改变了企业 IT 服务的运行方式。基于不同的资源使用方式，云计算解决方案可分为私有云、公有云、混合云和社区云。很多组织机构已经迫切地感受到，不论使用哪种云解决方案，都需要在基础架构中引入编排引擎，以便更好地拥抱弹性和扩展性，以及获取极佳的用户体验。当下，OpenStack 这个私有云领域热门的编排解决方案，已让成千上万的企业进入了下一个数据中心时代。在撰写本书时，OpenStack 已经部署在许多大中型企业基础架构中，在各种生产环境中运行着不同类型的工作负载。由于多数 IT 巨头的支持以及遍布全球的庞大开发者社区的共同努力，OpenStack 的成熟度在不断提升。OpenStack 每个新版本都会带来很多出色的新功能。对很多企业而言，拥抱 OpenStack 无疑是最佳选择，因为 OpenStack 不仅可以更好地承载业务负载，还为企业带来了灵活的基础架构设施。

在本书第 2 版中，我们将继续介绍 OpenStack 最新发行版本中的各种新特性，并讨论 OpenStack 在提供极佳云体验方面存在的巨大潜力。

部署 OpenStack 仍然是一个极具挑战的事情。在部署之前，需要我们很好地理解与 OpenStack 有关的自动化、编排和灵活性等概念和知识点。如果对 OpenStack 有一个恰当而合适的期望，那么你会发现挑战将变成机会，值得你投入精力去努力。

在基础架构需求收集完成后，正式启动 OpenStack 项目之前，你需要一个完整的设计方案和基于不同基础架构设备的部署计划。

日本兵法家宫本武藏（Miyamoto Musashi）在 *Start Publishing LLC* 出版的《五轮书》（*The Book of Five Rings*）中写道：

> “在策略上，以近在咫尺的心态看待遥远的事物，而以宏观视角来考虑身旁事物，是非常重要的。”

我们的 OpenStack 之旅将从以下几方面的内容开始：

- 回顾 OpenStack 组件，熟悉 OpenStack 生态系统逻辑架构体系。
- 为恰当的环境选择适当的 OpenStack 核心服务，以便学习如何设计 OpenStack。
- 介绍为扩大 OpenStack 生态系统而在最新稳定版本中引入的新项目。
- 为大规模部署环境设计 OpenStack 初始架构。
- 通过梳理初次部署中的最佳实践，规划未来可能的增长所需的扩容。

1.1 OpenStack 引领新一代数据中心

云计算提供了各种类型的基础设施服务，例如**软件即服务**（SaaS）、**平台即服务**（PaaS）和**基础设施即服务**（IaaS）。公有云提供了敏捷、速度和自助服务。大多数公司都自建有昂贵的 IT 系统，多年来一直在持续开发和部署这些系统，然而它们是孤立的，且经常需要进行人为干预。在很多时候，企业 IT 系统一直在为匹配公有云服务的敏捷和速度而苦苦挣扎。在当今的敏捷服务交付环境中，传统数据中心及其孤立的基础架构并不具备可持续性。事实上，当今的企业数据中心必须专注于快速、灵活和自动化地提供服务，才可能成为高效的下一代数据中心。

软件定义基础架构的重大转变，使得运维管理人员在几分钟内即可提供完全自动化的基础架构。下一代数据中心将基础架构简化为单一、大型、灵活、可扩展和自动化的单元，最终结果是得到了可编程、可扩展和多租户感知的基础架构。这也正是 OpenStack 的发展方向：为下一代数据中心操作系统赋能。事实上，很多大型跨国企业（如 VMware、思科、瞻博网络、IBM、Red Hat、Rackspace、PayPal 和 eBay）都已感受到 OpenStack 无处不在的影响。如今，它们中的多家企业都在其生产环境中运行着基于 OpenStack 的大规模可扩展私有云。如果想要成为云计算行业里的创新企业，那么在 IT 基础架构中采用 OpenStack 将是转向下一代数据中心并获取宝贵云计算经验的最佳选择。

要了解更多有关许多公司成功案例的信息，请访问 https://www.openstack.org/user-stories。

1.2 OpenStack 逻辑架构介绍

在深入研究 OpenStack 架构之前，我们首先需要了解 OpenStack 的基础知识，并理解 OpenStack 每个核心组件的基本概念及其用法。

为了更好地理解 OpenStack 的工作原理，对 OpenStack 组件进行简单的剖析是非常有必要的。在下文中，我们将介绍各种 OpenStack 服务，这些服务协同工作以向终端用户提供各种云计算功能体验。虽然不同的 OpenStack 服务用来满足不同的需求，但是它们的设计都遵循共同的思想，可归纳如下：

- ❑ 大多数 OpenStack 服务都采用 Python 语言进行开发，这极大地提升了开发速度。
- ❑ 所有 OpenStack 服务都提供 REST API。这些 API 是 OpenStack 服务的主要外部访问接口，由其他服务或最终用户使用。
- ❑ OpenStack 服务本身由不同组件实现。服务组件通过消息队列相互通信。消息队列具有很多优点，例如在多个工作守护进程之间实现请求排队、松散耦合和负载均衡。

基于这种通用设计思想，我们现在来对 OpenStack 各核心组件进行仔细分析。对每个组件，我们要问的第一个问题将是：这个组件是干什么的？

1.2.1　认证管理服务 Keystone

从架构角度来看，Keystone 提供了 OpenStack 体系中最简单的服务。它是 OpenStack 的核心组件之一，提供身份认证服务，包括 OpenStack 中租户的身份验证和授权。不同 OpenStack 服务之间的通信都必须经过 Keystone 认证，以确保授权的用户或服务能够访问所请求的 OpenStack 服务对象。Keystone 集成了许多身份验证机制，如基于用户名 / 密码和令牌 / 身份的验证系统。此外，可以将其与现有后端集成，例如**轻量级目录访问协议**（Lightweight Directory Access Protocol，LDAP）和**插拔式验证模块**（Pluggable Authentication Module，PAM）。

Keystone 还提供服务目录（service catalog）作为所有 OpenStack 服务的注册中心。

随着 Keystone 的发展，借助中心化的和联邦的身份解决方案，很多新功能在最新的 OpenStack 发行版本中得以实现。这使得用户可使用已有的、中心化的后端身份验证登录机制，同时可将身份验证机制与 Keystone 解耦。

联邦身份验证解决方案在 OpenStack Juno 版本中已变得更加稳定，这种方案使 Keystone 成为一个**服务供应商**（Service Provider，SP），并使用可信的**身份提供者**（Provider of Identity，IdP）、SAML 断言中的用户身份信息或 OpenID Connect 声明。IdP 可以由 LDAP、活动目录（Active Directory）或 SQL 支持。

1.2.2　对象存储服务 Swift

Swift 是 OpenStack 用户可以使用的一种存储服务。它通过 REST API 提供对象存储功能。与传统存储解决方案（如文件共享存储或基于块的存储）相比，对象存储采用对象方式来处理所存储的数据，并从对象存储中存储和检索对象。我们来抽象地概况一下对象存储。为了存储数据，对象存储将数据拆分为较小的块并将其存储在独立容器中。这些保存数据的容器分布在存储集群节点上，并拥有冗余副本，以提供高可用性、自动恢复能力和水平可伸缩性。

稍后我们会讨论 Swift 对象存储的架构。简单来说，对象存储有以下几个优点：

去中心化，无**单点故障**（Single Point of Failure，SPOF）。

具有自愈能力，这意味着发生故障时能自动恢复。

通过水平扩展可以将存储空间扩展到 PB 级以上。

具有高性能，通过在多个存储节点上分散负载实现。

支持廉价硬件，这些硬件可用于冗余存储集群。

1.2.3 块存储服务 Cinder

你可能会好奇，OpenStack 中是否还有另外的存储服务。事实上，通过 Cinder 服务，OpenStack 提供了持久性块存储服务。它的主要功能是为虚拟机提供块级存储。Cinder 为虚拟机提供了可用作存储磁盘的裸卷。

Cinder 提供的一些特性如下。

- **卷管理**：允许创建或删除卷。
- **快照管理**：允许创建或删除卷的快照。
- 将卷挂载到实例，或将卷从实例上分离。
- 克隆卷。
- 从快照创建卷。
- 从镜像创建卷，以及从卷创建镜像。

需要记住的是，像 Keystone 服务一样，Cinder 支持多个供应商（如 IBM、NetApp、Nexenta 和 VMware）的存储产品驱动插件，从而可以使用不同存储供应商的存储设备作为 Cinder 后端存储。

Cinder 已被证明是一种理想的解决方案，在架构层面上，Cinder 服务替代了 Folsom 版本之前的 nova-volume。更重要的是，Cinder 已经组织并创建了具有多种不同特征的基于块的存储设备的列表。但是，我们必须明确考虑商业存储的限制，例如冗余和自动伸缩。

在 OpenStack Grizzly 版本中，Cinder 实现了一个新功能，允许为 Cinder 卷创建备份（backup）。一个常见的用例是将 Swift 作为备份存储解决方案。在接下来的几个版本中，Cinder 增加了更多备份存储，例如 NFS、Ceph、GlusterFS、POSIX 文件系统和 IBM 备份解决方案 Tivoli Storage Manager。这种出色的备份可扩展功能由 Cinder 备份驱动插件所定义，在每个新版本中都会实现更加丰富的驱动插件。在 OpenStack Mitaka 版本中，Cinder 进一步丰富了其备份方案，引入了一种新的备份驱动插件，能够将卷备份保存到**谷歌云平台**（Google Cloud Platform，GCP）上，这样它就将两种不同类型的云环境连接起来了。这一解决方案使得 OpenStack 实现了混合云备份解决方案，为持久数据提供了灾难恢复策略。这么做安全吗？从 Kilo 版本开始，这个问题已得到圆满解决，因为在开始任何备份操作之前，Cinder 卷都会被加密。

1.2.4　文件共享存储服务 Manila

除了上一节中讨论的块和对象存储之外，从 Juno 版本开始，OpenStack 还提供了一个名为 Manila 的基于文件共享的存储服务。它实现了远程文件系统存储。在使用时，它类似于我们在 Linux 上使用的**网络文件系统**（Network File System，NFS）或 SAMBA 存储服务，而 Cinder 服务则类似于**存储区域网络**（Storage Area Network，SAN）服务。实际上，可以使用 NFS 和 SAMBA 或**通用网络文件系统**（Common Internet File System，CIFS）作为 Manila 服务的后端驱动插件。Manila 服务能在共享服务器上编排文件共享（file share）。

有关存储服务的更多细节将在第 5 章中讨论。

OpenStack 中的每个存储解决方案都是针对特定目的而设计的，并针对不同的目标进行实现。在做出任何架构设计决策之前，了解 OpenStack 中现有存储选项之间的差异至关重要，如表 1-1 所示。

表 1-1　OpenStack 不同存储服务功能对比

规范指标 \ 存储类型	Swift	Cinder	Manila
访问方式	通过 REST API 访问对象	用作块存储设备	以文件方式访问
支持多访问（multi-access）	OK	不支持，只能由一个客户端使用	OK
持久性	OK	OK	OK
可访问性	任何位置	由单个虚拟机使用	被多个虚拟机同时使用
性能	OK	OK	OK

1.2.5　镜像注册服务 Glance

Glance 服务提供了镜像和元数据的注册服务，OpenStack 用户可通过镜像来启动虚拟机。Glance 支持各种镜像格式，用户可以根据虚拟化引擎选择使用，Glance 支持 KVM/Qemu、XEN、VMware、Docker 等镜像。

如果你是 OpenStack 新用户，你可能会问，Glance 和 Swift 有什么不同？两者都有存储功能。它们之间的区别是什么？为什么我需要集成这两个方案呢？

Swift 是一个存储系统，而 Glance 是镜像注册服务（image registry）。两者之间的区别在于，Glance 保持对虚拟机镜像和有关镜像元数据的跟踪。元数据可以是内核、磁盘镜像、磁盘格式等信息，Glance 通过 REST API 向 OpenStack 用户提供此信息。Glance 可以使用各种后端来存储镜像，默认使用文件目录，但在大规模生产环境中，可以使用其他方案进行镜像存储，如 NFS 或者 Swift。

相比之下，Swift 是一个纯粹的存储系统。它专门为对象存储而设计，你可以在其中保存虚拟磁盘、镜像、备份归档等数据。

Glance 的目的是提供镜像注册机制。从架构层次来看，Glance 的目标是专注于通过镜像服务 API 来存储和查询镜像信息。Glance 的典型用例是允许客户端（可以是用户或外部服务）注册新的虚拟磁盘镜像，而存储系统则专注于提供可高度扩展和具备冗余的数据存储。在这个层面上，作为技术运维人员，你所面临的挑战是提供合适的存储解决方案，以兼顾成本和性能要求，这将在本书的后续章节中讨论。

1.2.6 计算服务 Nova

或许你已经知道，Nova 是 OpenStack 中原始和核心的组件。从架构层面来看，它也被公认为是 OpenStack 最复杂的组件之一。Nova 在 OpenStack 中提供计算服务，并管理虚拟机以响应 OpenStack 用户提出的服务请求。

Nova 项目的作用是与大量其他 OpenStack 服务和内部组件进行交互，Nova 必须与各个服务组件相互协作，以响应用户运行虚拟机的请求。

接下来，我们将对 Nova 服务进行剖析。从架构层面来看，Nova 本质上是一个分布式应用程序，用于在不同组件之间进行调度编排以执行任务。

1. nova-api

nova-api 组件接受并响应终端用户的计算服务 API 调用请求。终端用户或其他组件与 OpenStack nova-api 接口通信，以通过 OpenStack API 或 EC2 API 创建实例。

nova-api 启动大多数编排活动，例如运行实例或执行某些特定策略。

2. nova-compute

nova-compute 组件本质上是一个守护进程，其通过虚拟化引擎的 API 接口（XenServer 的 XenAPI、Libvirt 的 KVM 和 VMware 的 VMware API）创建和终止虚拟机（Virtual Machine，VM）实例。

3. nova-network

nova-network 组件从队列中获取网络任务，然后执行这些任务来操作网络（例如设置桥接接口或更改 IP 表规则）。

Neutron 可替代 nova-network 服务。

4. nova-scheduler

nova-scheduler 组件从队列中获取 VM 实例的请求，并确定它应该在哪里运行（具体来说应该运行在哪台计算节点主机上）。在应用架构级别，术语调度（scheduling）或调度程序（scheduler）是指在既定基础架构中，通过系统性搜索算法来找到最佳放置点以提升其性能。

5. nova-conductor

nova-conductor 服务向计算节点提供数据库访问。其出发点是阻止从计算节点直接访问数据库，从而在某个计算节点受到威胁时可增强数据库安全性。

仔细观察 OpenStack 通用组件，我们会发现 Nova 会与几个服务进行交互，如用于身份验证的 Keystone、用于镜像注册的 Glance 和实现 Web 接口界面的 Horizon。其中一个关键的交互是与 Glance 服务的交互，Nova API 进程会将任何与镜像查询有关的请求转发至 Glance，而 nova-compute 会下载镜像以启动实例。

Nova 还提供控制台服务（console service），允许终端用户通过代理（如 nova-console、nova-novncproxy 和 nova-consoleauth）访问虚拟机实例控制台。

1.2.7　网络服务 Neutron

Neutron 为 OpenStack 服务（如 Nova）管理的接口设备提供真正的**网络即服务**（Network as a Service，NaaS）功能。Neutron 具备下述特性：

- 允许用户创建自己的网络，然后将虚拟机接口关联到网络上。
- 可插拔的后端架构设计使得用户可以利用各种通用商业设备或供应商特定的设备。
- 提供扩展功能，允许集成其他网络服务。

Neutron 还有很多新功能在不断成熟和发展的过程中。其中的一些新功能用于实现路由器、虚拟交换机和 SDN 网络控制器。Neutron 包含以下核心资源：

- **端口**（port）：Neutron 中的端口可看成是与虚拟交换机的一种连接方式。这些连接将实例和网络连接在一起。当实例连接到子网时，已定义了 MAC 和 IP 地址的接口将被插入子网中。
- **网络**（network）：Neutron 将网络定义为隔离的第 2 层网段。运维人员将网络视为由 Linux 桥接工具、Open vSwitch 或其他虚拟交换机软件实现的逻辑交换机。与物理网络不同，OpenStack 中的运维人员和用户都可以定义网络。
- **子网**（subnet）：Neutron 中的一个子网代表与某个网络相关联的一个 IP 地址段。该段的 IP 地址将被分配给端口。

Neutron 还提供了额外的扩展资源，以下是一些常用的扩展：

- **路由器**（router）：路由器提供网络之间的网关。
- **私有 IP**（private IP）：Neutron 定义了如下两种类型的网络。
  - **租户网络**（tenant network）：租户网络使用私有 IP 地址。私有 IP 地址在实例中可见，这允许租户在实例之间进行通信，同时保持与其他租户流量的隔离。私有 IP 地址对 Internet 不可见。
  - **外部网络**（external network）：外部网络是可见的，可从 Internet 上路由。它们必须使用可路由的子网段。

- **浮动 IP**（floating IP）：浮动 IP 是外部网络上分配的 IP 地址，Neutron 把它映射到实例的私有 IP。浮动 IP 地址分配给实例，以便它们能够连接到外部网络并访问 Internet。Neutron 通过使用**网络地址转换**（Network Address Translation，NAT）实现浮动 IP 到实例私有 IP 的映射。

Neutron 还提供了其他高级服务来实现 OpenStack 网络相关的功能，如下所示：

- **负载均衡即服务**（Load Balancing as a Service，LBaaS），用于在多个计算实例之间分配流量。
- **防火墙即服务**（Firewall as a Service，FWaaS），用于保护第 3 层和第 4 层网络边界访问。
- **虚拟专用网络即服务**（Virtual Private Network as a Service，VPNaaS），用于在实例或主机之间构建安全隧道。

> 可以参考最新的 Mitaka 版本文档，了解有关 OpenStack 网络的详细信息，请访问 `http://docs.openstack.org/mitaka/networking-guide/`。

Neutron 架构中的三个主要组件是：

- **Neutron 服务器**（Neutron server）：它接受 API 请求并将它们分配到适当的 Neutron 插件以便采取进一步响应。
- **Neutron 插件**（Neutron plugin）：它负责编排后端设备，例如插入或拔出端口、创建网络和子网或分配 IP 地址。
- **Neutron 代理**（Neutron agent）：Neutron 代理在计算节点和网络节点上运行。代理程序从 Neutron 服务器上的插件接收命令，并使更改在各个计算或网络节点上生效。不同类型的 Neutron 代理实现不同的功能。例如，Open vSwitch 代理通过在 Open vSwitch（OVS）网桥上插入和拔出端口来实现 L2 连接，它们在计算和网络节点上运行，而 L3 代理仅在网络节点上运行并提供路由和 NAT 服务。

> 代理和插件因特定云供应商所采用的技术而异，采用的网络技术可能是虚拟或物理 Cisco 交换机、NEC、OpenFlow、OpenSwitch 和 Linux 桥接等。

Neutron 是一种管理 OpenStack 实例之间网络连接的服务，它确保网络不会成为云部署中的瓶颈或限制因素，并为用户提供真正的网络自助服务，这类自助服务也包括网络配置。

Neutron 的另一个优势在于它能够实现不同供应商网络解决方案的集成，并提供一种灵活的网络扩展方式。Neutron 旨在提供插件和扩展机制，为网络管理员提供了通过 Neutron API 启用不同网络技术的选择。有关这一点的更多细节将在第 6 章和第 7 章中进行介绍。

请记住，Neutron 允许用户管理和创建网络，以及将服务器和节点连接到各种网络。

Neutron 的可扩展性优势将在后续**软件定义网络**（Software Defined Network，SDN）和**网络功能虚拟化**（Network Function Virtualization，NFV）主题中继续讨论，这些技术对于寻求高级网络和多租户的很多网络管理员而言是非常具有吸引力的。

1.2.8　计量服务 Telemetry

Telemetry 在 OpenStack 中提供计量服务。在 OpenStack 共享的多租户环境中，计量租户的资源使用率是非常重要的。

Ceilometer 是 Telemetry 的主要组件之一，它负责收集与资源相关的数据。资源可以是 OpenStack 云中的任何实体，例如虚拟机、磁盘、网络和路由器等。资源与计量指标关联在一起。与租户相关的资源使用数据通过计量指标定义的单位进行采样，并存储到相应的数据库中。Ceilometer 内置了资源使用数据的汇总功能。

Ceilometer 从各种数据源收集数据，例如消息总线、轮询资源和集中代理程序等。

Liberty 版本发行后，OpenStack 中 Telemetry 服务在设计上出现了变化，即**报警**（Alarming）服务从 Ceilometer 项目中被剥离出去，并重新孵化了一个名为 Aodh 的新项目。Telemetry 的报警服务专门用于管理报警，并根据收集到的计量数据和预定事件触发报警。

采用时序数据库 Gnoochi，Telemetry 服务得到了很多增强，它可应对大规模指标和事件存储带来的挑战，并可提高其性能。第 10 章中将会更详细地介绍 Telemetry 服务和系统监控。

1.2.9　编排服务 Heat

在 Havana 版本中，OpenStack 首次发行了编排项目 Heat。Heat 最初是针对部分 OpenStack 资源的编排进行开发的，包括计算、镜像、块存储和网络服务。Heat 通过编排不同的云资源，改善 OpenStack 中的资源管理方式。它是通过创建堆栈来编排资源的，最终用户只需点击执行按钮即可运行应用程序。使用简单的模板引擎文本文件——在 OpenStack 中称为 **HOT 模板**（Heat Orchestration Template），用户即可立即创建所需资源并运行应用程序。在最新的 OpenStack 版本中，Heat 成熟度和支持的资源目录在不断增加，因此 Heat 正在成为一个极具吸引力的 OpenStack 项目。基于 Heat 项目，社区已孵化了另外的 OpenStack 项目，如 Sahara（大数据即服务），Sahara 即是使用 Heat 引擎来编排底层资源堆栈创建的项目。Heat 正成长为 OpenStack 中的一个成熟组件，并可以与一些系统配置管理工具集成，如 Chef，从而实现全栈自动化和配置设置。

Heat 模板文件使用的是 YAML 或 JSON 格式，因此代码行的缩进很重要！

OpenStack 中的编排项目将在第 8 章中详细介绍。

1.2.10 仪表盘服务 Horizon

Horizon 是 OpenStack 中的 Web 控制面板项目，它将 OpenStack 生态系统中的全部组件整合在一起进行展示。

Horizon 为 OpenStack 服务提供了 Web 前端。目前，它实现了所有 OpenStack 服务以及一些孵化项目的可视化。Horizon 被设计为无状态和无数据的 Web 应用程序，它只不过是将用户请求转化为对 OpenStack 内部服务的 API 调用，并将 OpenStack 的调用结果返回给 Horizon 进行显示。除了会话信息之外，Horizon 不会保留任何额外数据。Horizon 是一种参考架构设计，云管理员可根据需求对其进行定制和扩展。部分公有云的 Web 界面正是基于 Horizon 构建的，其中比较著名的就是惠普公有云，核心思想就是通过 Horizon 的扩展模块来进行构建。

Horizon 由一系列**面板模块**（panel）构成，这些面板模块定义了每个服务的交互。根据特定需求，用户可以启用或禁用这些模块。除了具备灵活性的功能，Horizon 还具有**层叠样式表**（Cascading Style Sheet，CSS）风格。

1.2.11 消息队列

消息队列（Message Queue，MQ）提供了一个中心化的消息交换器，用于在不同服务组件之间传递消息。MQ 是不同守护进程之间共享信息的地方，这些进程以异步方式实现消息互通。队列系统的主要优势就是它可以缓冲请求，并向消息订阅者提供单播和基于组的通信服务。

1.2.12 数据库

数据库存储了云基础架构中大多数的构建时和运行时状态，包括可供使用的实例类型、正在使用的实例、可用网络和项目等。数据库提供了以上信息的持久存储，以便保留云基础架构的状态。数据库是所有 OpenStack 组件进行信息共享的重要组件。

1.3 资源准备与虚拟机创建

1.3.1 准备虚拟机资源

下面，我们通过一系列步骤将前面介绍的全部核心服务串联到一起，进而了解 OpenStack 的工作原理。

（1）第一步要执行的操作是身份验证。这是 Keystone 要做的事情。Keystone 根据用户名和密码等凭据对用户进行身份验证。

（2）Keystone 提供服务目录，其中包含有关 OpenStack 服务和 API 端点的信息。

（3）可以使用 Openstack CLI 获取服务目录：

```
$ openstack catalog list
```

服务目录是一种 JSON 结构，它列出了授权令牌请求上全部可用资源。

（4）通常，通过身份验证后，即可与 API 节点通信。OpenStack 生态系统中有不同的 API（OpenStack API 和 EC2 API）。图 1-1 显示了 OpenStack 工作原理的抽象视图。

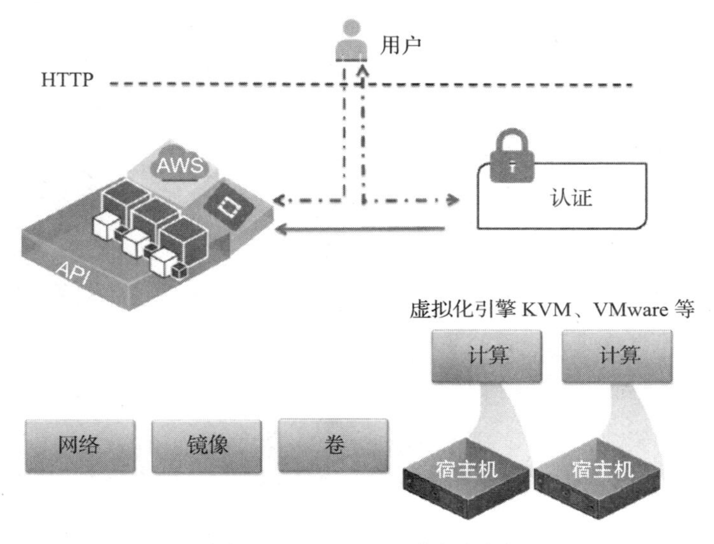

图 1-1　OpenStack 高级视图

（5）OpenStack 架构设计中的另一个关键点是调度器。调度器由基于工作守护进程构建的 OpenStack 服务实现。工作守护进程管理各个节点上的实例启动，并跟踪运行实例物理节点上的可用资源。OpenStack 服务中的调度器会查看物理节点上的资源状态（由工作守护程序提供），并从候选节点中选取一个最佳节点用于启动虚拟机。这种设计架构的一个实现就是 nova-scheduler。nova-scheduler 将选择合适的计算节点来运行虚拟机，而 Neutron L3 调度程序将决定在哪个 L3 网络节点上运行虚拟路由器。

OpenStack Nova 中的调度过程可以执行不同的算法，例如简单算法（simple）、机会算法（chance）和可用区算法（zone）。一种高级实现方法是利用权重计算（weighting）和过滤器（filter）对服务器进行排序。

1.3.2　虚拟机创建流程

理解 OpenStack 中的不同服务是如何协同工作以提供虚拟机服务是非常重要的。前文中，我们已经看到 OpenStack 中的请求是如何通过 API 进行处理的。接下来，通过图 1-2，我们来描述 OpenStack 虚拟机创建的整个流程。

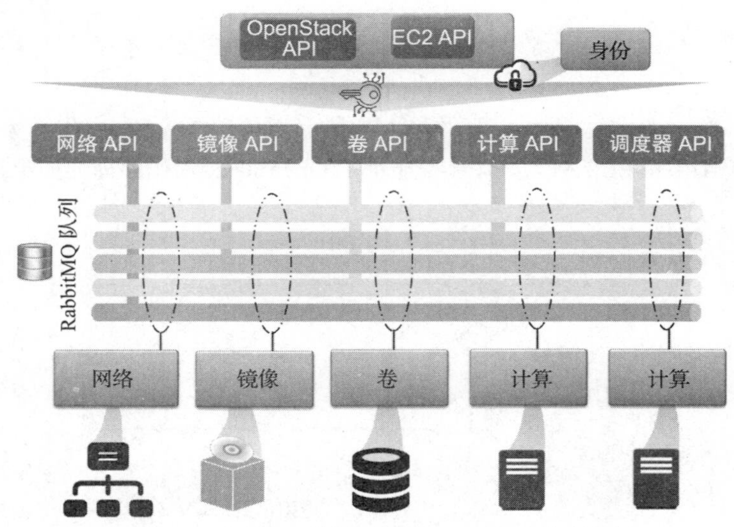

图 1-2 OpenStack 创建虚拟机 API 请求处理流程

虚拟机的启动过程涉及构建实例的多个 OpenStack 核心服务之间的交互，包括计算、网络、存储和基础镜像。如图 1-2 所示，OpenStack 服务通过在消息队列总线中提交和提取 RPC 调用来实现彼此之间的交互。虚拟机创建过程中每个步骤的信息都由 OpenStack 服务通过消息总线进行验证和传递。从架构设计角度来看，子系统调用是在 OpenStack API 端点（endpoint）包括 Nova、Glance、Cinder 和 Neutron 中定义和处理的。

另一方面，OpenStack 中 API 的相互通信需要一种可信的身份验证机制，这由 Keystone 实现。

从身份认证服务开始，以下步骤简要总结了基于 OpenStack 中 API 调用的虚拟机创建流程：

- 调用身份认证服务进行身份验证。
- 生成用于后续调用的令牌。
- 访问镜像服务以获取镜像列表，并获取目标基础镜像。
- 处理计算服务 API 请求。
- 处理计算服务对安全组和密钥的调用请求。
- 调用网络服务 API 确定可用网络。
- 通过计算节点调度程序选择 Hypervisor 节点。
- 调用块存储服务 API 为实例分配卷。
- 通过计算服务 API 调用在 Hypervisor 节点启动实例。
- 调用网络服务 API 为实例分配网络资源。

需要记住的是，在每个 API 调用和服务请求中，OpenStack 中的令牌是有时间限制的。OpenStack 中创建操作失败的主要原因之一是在后续 API 调用期间令牌失效了。此外，令牌管理方式在不同的 OpenStack 版本中可能不同。在 Liberty 发布之前，OpenStack 中使用以下两种令牌管理方法：

- UUID（Universally Unique Identifier）：在 Keystone V2 中，将会生成 UUID 令牌，并在客户端 API 调用之间互传，并且需要返回给 Keystone 进行验证。事实证明，UUID 类型的令牌管理方式导致了 Keystone 的性能问题。
- PKI（Public Key Infurastructure）：在 Keystone V3 中，Keystone 在每次 API 调用时都不再验证令牌。各 API 端点可通过检查最初生成令牌时添加的 Keystone 签名来验证令牌。

从 Kilo 版本开始，Keystone 中的令牌引入了更复杂的加密身份验证令牌方法，如 Fernet，从而获得了进一步增强。基于 Fernet 的令牌有助于解决 UUID 和 PKI 令牌引起的性能问题。Mitaka 版本完全支持 Fernet，社区正在推动将其作为默认版本。此外，PKI 令牌在以后的 Kilo 版本中将被弃用，默认并且推荐使用 Fernet 令牌。

第 3 章简要介绍了 Keystone 中引入的有关新增功能的更多高级主题。

1.4 OpenStack 逻辑概念设计

OpenStack 的部署基于前面介绍的各个组件。部署是对你是否已完全理解 OpenStack 集群环境架构设计的一种确认。当然，考虑到这种云管理平台的多功能性和灵活性，OpenStack 提供了多种可能性，而这正是 OpenStack 的一种优势。但是，也正是由于这种灵活性，要实现一个满足自身需求的架构设计，反而不是一件轻松的事情。

最终的一切，都要归结到你所提供的云服务上去。

大多数企业通过三个阶段来成功地设计它们的 OpenStack 环境：从概念模型设计，到逻辑模型设计，再到物理设计。很明显，从概念设计到逻辑设计以及从逻辑设计到物理设计，复杂性都在增加。

1.4.1 概念模型设计

作为第一个概念设计阶段，我们对于自己所需要的 OpenStack 功能类型或服务项目要有一个较高层次的定位，表 1-2 是 OpenStack 主要功能项目的划分和角色定位。

表 1-2 OpenStack 功能项目的划分与角色定位

功能类别	角色
计算（Compute）	存储虚拟机镜像 提供用户接口
镜像（Image）	存储磁盘文件 提供用户接口
对象存储（Object Storage）	存储对象 提供用户接口

（续）

功能类别	角色
块存储（Block Storage）	提供卷 提供用户接口
网络（Network）	提供网络连接 提供用户接口
计量（Telemetry）	提供度量、指标和报警 提供用户接口
文件共享（File Share）	为 OpenStack 提供横向扩展的文件共享系统 提供用户接口
身份认证（Identity）	提供认证
仪表盘（Dashboard）	提供图形化用户界面
编排（Orchestration）	为堆栈创建提供编排引擎 提供用户接口

我们可以将表 1-2 中的功能组件映射到图 1-3 中。

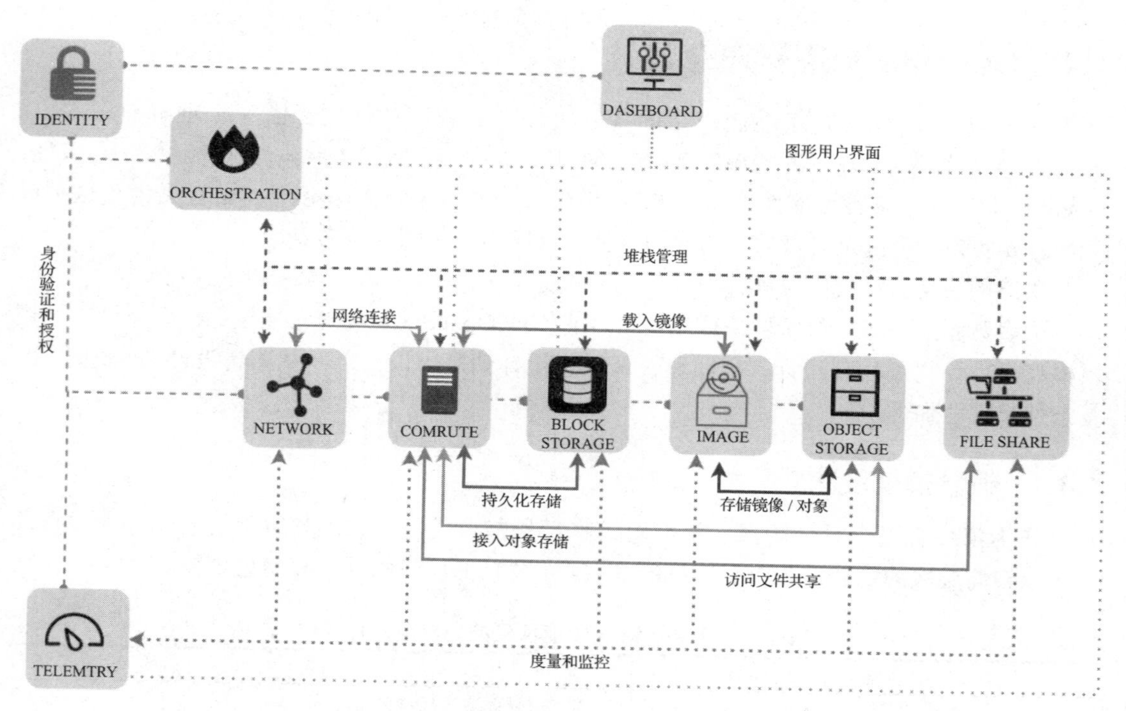

图 1-3　OpenStack 服务类别

请记住，图 1-3 可能会被反复定义和修改，因为我们的目标是在架构设计中集成更多的 OpenStack 服务。换句话说，我们遵循渐进式的设计方法，并且充分利用 OpenStack 架构设计的灵活性。

就这个层面而言，我们无须担心细节，只要找准主要目标的愿景和方向即可。

1.4.2　逻辑模型设计

基于对概念设计的反复思考，你很可能会对 OpenStack 的不同核心组件又有了新的想法，这将进一步推动逻辑设计。

首先，我们需要梳理清楚 OpenStack 核心服务之间的依赖和相关关系。在本节中，我们将探索 OpenStack 的部署架构。首先确定运行 OpenStack 服务的节点：云控制器、网络节点和计算节点。你可能会好奇为什么这里需要考虑物理设计上的分类。实际上，将云控制器和计算节点看成封装了大量 OpenStack 服务的简单软件包将有助于完善早期阶段的设计。此外，此方法还有助于提前一步规划高可用性和伸缩性需求，后面会对它们进行更详细的介绍。

第 3 章深入介绍如何在云控制器和计算节点之间分布各种 OpenStack 服务。

基于先前理论阶段的工作，通过为设计模型分配参数和值，将进一步细化物理模型设计。图 1-4 是逻辑设计模型的第一次迭代。

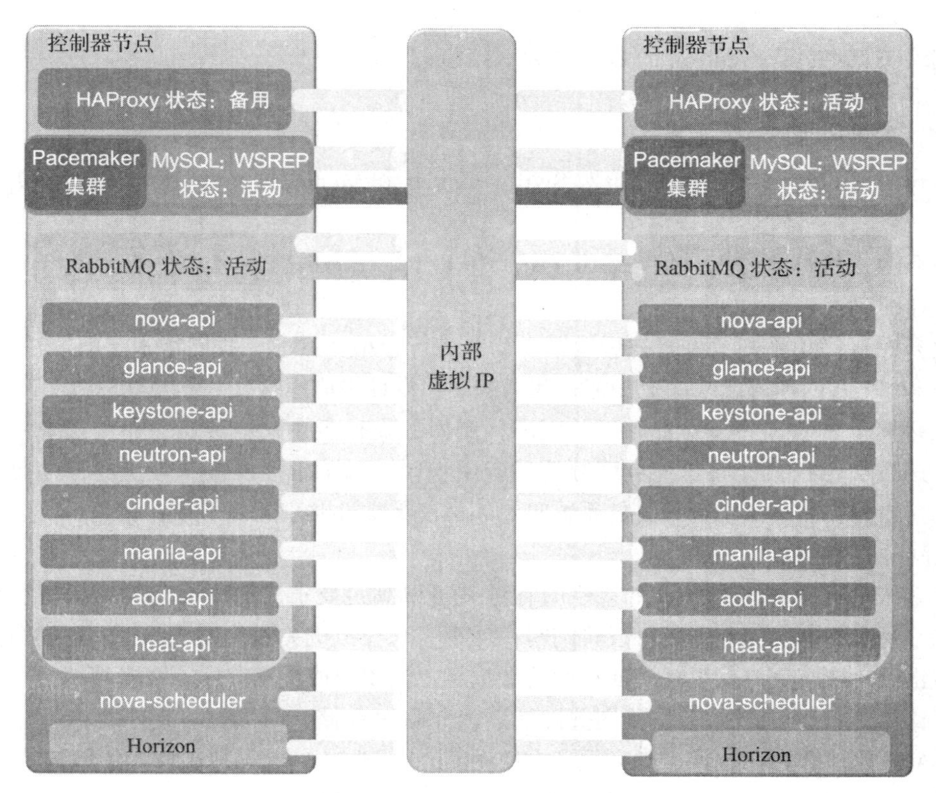

图 1-4　OpenStack 逻辑设计

很显然，在高可用集群配置中，我们应该为 OpenStack 中的每个服务实现一定程度的冗余。你可能会好奇本章上半部分介绍的 OpenStack 关键组件，即数据库和消息队列，为什么不在独立集群中部署或隔离封装起来？这是一个好问题。请记住，我们目前处在第二个逻辑设计阶段，我们是在没有更多细节信息的情况下来试图慢慢深入了解 OpenStack 基础架构。另外，我们将会从一个简单、通用的设计架构转向针对特定用例的设计。就现阶段而言，将 RabbitMQ 和 MySQL 等基础设施组件与 OpenStack 服务分离，就意味着直接跳过初级简单设计阶段了。

什么是高可用（High Availability）？

图 1-4 描述了实现 OpenStack 高扩展性和冗余性的几个基本解决方案，如**虚拟 IP**（VIP）、HAProxy 和 Pacemaker。这些高可用技术将在第 9 章中进行更详细的讨论。

计算节点相对简单，因为它们仅用于运行虚拟机。为了管理虚拟机，nova-compute 服务将运行在每个计算节点上。此外，计算节点并非孤立节点，Neutron 网络代理和可选的 Ceilometer 计算代理都可以运行在这些计算节点上。

网络节点将运行 Neutron 的 DHCP 和 L3 代理。

1.4.3 存储选型考虑

通过前面的介绍，现在你应该对 Swift、Cinder 和 Manila 这几种存储类型有了更深入的了解。

事实上，到目前为止，我们还未正式介绍基于第三方的软件定义存储、Swift 和 Cinder 相关的详细内容。

更多的存储相关细节，将在后续第 5 章中进行介绍。目前，我们将基于前期对 Cinder、Manila 和 Swift 的理解，来决定如何在我们的逻辑设计中应用这些存储模块。

在存储设计时，你需要自问一些问题，例如，我有多少数据需要存储？我未来的应用场景中是否会存在运行高负荷数据分析的应用程序？对于虚拟机快照备份的存储要求是什么？我真的需要在存储上管理文件系统吗？还是仅需文件共享就足够了？我是否需要实现虚拟机之间的存储共享？

很多人会问这样的问题：如果临时存储就可以满足要求，那为什么还要提供块和共享存储呢？要回答这个问题，你可以将临时存储视为与虚拟机关联的系统磁盘，这类存储在虚拟机终止后，终端用户就无法访问上面的数据了。当用户或应用程序不在虚拟机上存储数据时，可认为虚拟机状态并不是特别关键的，因此临时存储有时候也可用于生产环境中。然而，如果需要永久保存数据，则必须考虑使用 Cinder 或 Manila 等持久性存储服务。

需要指出的是，我们当前的逻辑设计是针对大中型 OpenStack 基础设施进行的。而临时存储也可以作为某些用户的选择，例如，在构建测试环境时就可考虑直接使用临时存储。Swift 也是一种持久性存储，我们之前介绍过对象存储也可用于存储虚拟机镜像，但是我们在什么时候才需要使用这种解决方案呢？简单来说，就是当你认为你的云环境中有很多关键数据，并且开始有数据复制（replication）和冗余（redundancy）需求时，便需考虑这种方案。

1.4.4　逻辑网络设计

在所有 OpenStack 的服务中，最复杂的可能就是网络了。OpenStack 允许灵活多样的网络配置和隧道网络（tunneled network），如 GRE、VXLAN 等。在我们的设计中，在没有获得特定应用场景的情况下，是很难实现 Neutron 的，因为 Neutron 并不是一个容易理解的项目。这也意味着你的网络设计可能因不同的网络拓扑结构而不同，因为针对每个给定的网络用例，其工作模式和实现方式都是不同的。

OpenStack 已经从简单的网络功能转变为更复杂的网络服务，当然也带来了更大的网络灵活性！而这也正是我们使用 OpenStack 的原因，它具备了足够的灵活性！与网络相关的决策并不是随机决定的，下面我们来看看有哪些可用的网络模式。我们将对这些网络模式一一过滤，直到找到满足目标的网络拓扑为止，表 1-3 是对不同网络模式的描述。

表 1-3　不同网络模式对比

网络模式	网络特征	实现
nova-network	扁平网络设计，无租户流量隔离	nova-network Flat DHCP
	租户流量隔离和预定义的固定私有 IP 地址范围 有限的租户网络（VLAN 总数限制为 4K）	nova-network VLAN 管理程序
Neutron	租户流量隔离 有限的租户网络（VLAN 总数限制为 4K）	Neutron VLAN
	租户网络数量增加 数据包大小增加 性能较低	Neutron 隧道网络（GRE、VXLAN 等）

表 1-3 显示了 OpenStack 两种不同逻辑网络设计之间的简单区别。每种逻辑网络都给出了自己的需求，这一点是非常重要的，在部署之前应该对其进行充分考虑。

就我们的示例而言，因为我们的目标是部署一个非常灵活的大规模网络环境，因此我们将选择 Neutron 网络而不是传统的 nova-network。

请注意，你也可以继续使用 nova-network，但必须考虑基础架构中可能存在的任何**单点故障**（Single Point Of Failure，SPOF）。这里选择的是 Neutron，因为我们将从最基本的网络部署开始。在后续章节中将会介绍更多的高级功能。

与 nova-network 相比，Neutron 的主要优势就是 OSI 网络模型中第 2 层和第 3 层的虚拟化实现。

接下来，让我们一起来剖析逻辑网络设计。出于性能考虑，我们强烈建议实现这样一个网络拓扑：使用隔离的逻辑网络来处理不同类型的网络流量。通过这种方式，随着网络的增长，如果突然出现瓶颈或意外故障影响了网络，你的整个虚拟化网络仍然是可管理的。下面，我们来看看 OpenStack 环境中传输不同数据的网络。

1. 物理网络层

我们将从探讨云平台的物理网络需求开始分析物理网络。

2. 租户数据网络

数据网络的主要特征，就是它为 OpenStack 租户创建的虚拟网络提供了物理路径。租户网络将租户数据流与 OpenStack 服务组件之间相互通信的数据流进行了隔离。

3. 管理和 API 网络

在小规模部署中，OpenStack 组件之间的管理和通信流可以共享相同的物理网络。该物理网络提供了各种 OpenStack 组件（如 REST API 访问和数据库流量）之间的通信路径，以及用于管理 OpenStack 节点的路径。

对于生产环境，可以进一步细分网络以便提供更好的流量隔离，以将网络负载隔离到一个独立网络中去。

4. 存储网络

存储网络为虚拟机和存储节点之间的存储数据流提供了物理连接和隔离。由于存储网络的流量负载非常高，因此最好将存储网络负载与管理和租户流量隔离开来。

5. 虚拟网络类型

现在我们来看一下虚拟网络的类型及其功能。

- 外部网络

外部或公共网络的功能特征如下：

- 提供全局互联并使用可路由的 IP 寻址。
- 提供 SNAT 实现机制，以实现虚拟机对外部网络的访问。

> SNAT 指的是**源网络地址转换**（Source Network Address Translation）。它允许来自私有网络的流量进入 Internet。OpenStack 通过 Neutron 路由器 API 接口实现 SNAT。更多信息请参考 `http://en.wikipedia.org/wiki/Network_address_translation`。

- 提供 DNAT 实现机制，以实现外部网络对虚拟机的访问。

> 在使用 VLAN 时，通过标记网络并将多个网络组合到一个**网卡**（NIC）中，可以选择丢弃 NIC 中没有打标记的网络流量，从而简化对 OpenStack 仪表板和公共 OpenStack API 端点的访问。

❑ 租户网络

租户网络的功能特征如下：

❑ 它在虚拟机之间提供专用网络。

❑ 使用私有 IP 空间。

❑ 提供租户流量隔离，允许网络服务的多租户需求。

图 1-5 是对我们上述网络逻辑设计的具体呈现。

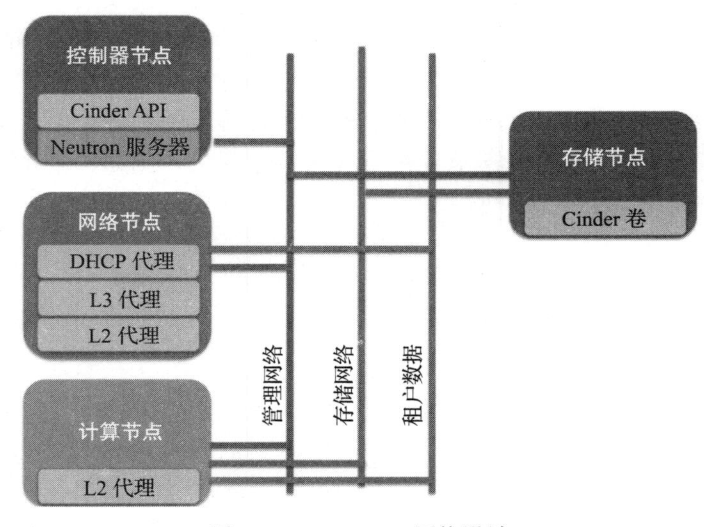

图 1-5　OpenStack 网络设计

1.5　OpenStack 物理模型设计

最后，我们将以物理设计的形式来实现逻辑设计。一开始，我们的目标只是为云环境实现初次部署，因此仅使用小规模数量的服务器集群。要实现**大规模集群架构**，你必须慎重考虑商业硬件设备的选择。

1.5.1　估算硬件容量

由于架构被设计为可水平扩展的，因此可以在集群中添加更多的服务器。我们一开始将使用低成本的商用服务器。

为了实现预期的经济成本，在首次部署时，对硬件成本进行评估是非常必要的。

在部署之前，你需要考虑到 CPU、RAM、网络和磁盘等资源存在争抢的可能性，你不能等到某些物理设备出现故障了才采取措施，这会使问题变得非常复杂。

我们来看下低估了容量规划进而造成影响的现实例子。某个云托管公司配置了两台中型服务器，一台用于电子邮件服务器，另一台用于托管官方网站。该公司是我们的一个客户，在几个月内发展壮大，最终耗尽了磁盘空间。通常，解决此类问题预计将花费几个小时，而实际上却花费了几天的时间。这是由于云服务本质上能被按需获取，因此用户没能正确地使用云资源。这直接导致了**平均修复时间**（Mean Time To Repair，MTTR）呈指数增长。云供应商肯定不希望看到这种情况！

这件事充分说明恰当的容量规划对云基础架构的重要性。容量管理是日常职责，在软件和硬件升级后，也必须更新容量管理。通过对资源使用进行持续监控，可以降低 IT 风险并快速响应客户需求。在硬件部署之初，就应该通过反复调整、监视和分析来保证你的容量管理过程。

下一步就是考虑调整参数，并对硬件或软件进行适当的升级更新，这就涉及变更管理过程。下面，我们来根据特定需求进行第一次容量评估，例如，假设我们的目标是在 OpenStack 环境中运行 200 个虚拟机。

1.5.2 CPU 评估

以下是与评估相关的假设：

- 200 台虚拟机。
- 没有 CPU 超分。

CPU 超分（over subscription）定义为分配给所有已打开电源的虚拟机的 CPU 总数乘以硬件 CPU 核心（core/processor）。如果此数字大于购买的 GHz 数，则超分。

- 每个物理核心 GHz 数 = 2.6GHz。
- 物理核心超线程支持 = 使用因子 2。
- 每个虚拟机 GHz 数（平均计算单位）= 2GHz。
- 每个虚拟机 GHz 数（最大计算单位）= 16GHz。
- 每个 Intel Xeon E5-2648L v2 CPU 的核心数 =10。
- 每台服务器的 CPU 插槽数 = 2。

计算 CPU 核心总数的公式如下：

（虚拟机数量 × 每个虚拟机的 GHz 数）/ 每个 CPU 核心的 GHz 数

$$(200\times2)/2.6 = 153.846$$

我们为 200 个虚拟机准备 153 个 CPU 核心。计算总 CPU 插槽数的公式如下：

CPU 核心 / 每个 CPU 的核心数

$$153/10 = 15.3$$

我们需要 15 个物理 CPU 插槽。计算物理服务器数量的公式如下：

CPU 插槽总数 / 每台服务器的 CPU 插槽数

$$15/2 = 7.5$$

你将需要大约 7 ～ 8 台双插槽服务器（通常称为双路服务器）。如果有 8 台双插槽服务器，则我们可以在每台服务器上部署 25 个虚拟机：

虚拟机数 / 服务器数

$$200/8 = 25$$

1.5.3　内存评估

根据前面的估算，每个计算节点可以部署 25 个虚拟机。内存大小调整对于避免进行不合理的资源分配也很重要。

我们先来假设一个资源清单（这取决于你的预算和需求）：

- 每个虚拟机配置 2GB 内存。
- 每个虚拟机最多动态分配 8GB 内存。
- 计算节点支持的内存条规格：2GB、4GB、8GB 和 16GB。
- 每个计算节点可以使用的内存：

$$8 \times 25 = 200\text{GB}$$

考虑到服务器中内存支持的限制，你需要安装大约 256GB 内存。因此，安装的内存条总数可以通过以下方式计算：

总可用内存 / 最大可用内存条规格

$$256/16 = 16$$

1.5.4　网络评估

为了完成前面的规划架构，我们假设：

- 每个虚拟机带宽是 200Mbps。
- 最小网络延迟。

为此，可以通过为每个服务器使用 10GB 网卡来为我们的虚拟机提供服务，最终结果是：

$$10\ 000\text{Mbps}/25 = 400\text{Mbps}$$

这是一个非常令人满意的数值。我们还需要考虑另一个因素：高可用网络架构。因此，一个可采用的方案就是使用两个数据交换机，最少有 24 个数据端口。考虑到以后的扩容，我们将使用两个 48 端口交换机。

如何应对机架空间不够使用的情况？这种情况下，应该考虑在聚合中的交换机之间使用**多设备链路聚合**（Multi-Chassis Link Aggregation，MCLAG/MLAG）技术，此功能允许每个服务器机架在这对交换机之间划分其链路，以实现强大的活动 – 活动（Active-Active）转发，同时使用全带宽功能而无须启用生成树协议（spanning-tree protocol）。

MCLAG 是连接到交换机的服务器之间的第 2 层链路聚合协议，提供到核心网络冗余的、负载均衡的连接，并替换生成树协议。

网络配置还高度依赖于所选的网络拓扑。如图 1-5 所示，你应该要清楚，OpenStack 环境中的所有节点都必须相互通信。基于这个要求，管理员需要标准化每个单元并计算出所需的公共和浮动 IP 地址数。这个估算取决于 OpenStack 环境所配置的网络类型，包括 Neutron 或之前的 nova-network 服务。规划清楚哪些 OpenStack 单元需要使用公共 IP 或浮动 IP 是非常重要的。在我们的示例中，假设各个单元需要使用的公共 IP 地址如下：

- 云控制器节点：3 个。
- 计算节点：15 个。
- 存储节点：5 个。

在这种情况下，我们最初需要至少 18 个公共 IP 地址。此外，如果使用了负载均衡器高可用设置，则负载均衡器前端的虚拟 IP 地址将被视为附加的公共 IP 地址。

在 OpenStack 中使用 Neutron 网络，意味着需要准备用于与其他网络节点和私有云环境进行网络交互的虚拟设备和接口，我们假设：

- 20 个租户需要的虚拟路由器：20 个。
- 15 个计算节点可以容纳的最大虚拟机数量：375 个。

在这种情况下，我们最初需要至少 395 个浮动 IP 地址，因为每个虚拟路由器都要能够连接到公共网络。此外，应提前考虑增加可用带宽，因此，我们需要考虑使用 NIC 绑定，所以需要将网卡的数量乘以 2。网卡绑定将增强云网络的高可用性并实现网络带宽性能的提升。

1.5.5 存储评估

考虑到前面的示例，需要为每台服务器估算初始存储容量，每个服务器将为 25 个虚拟机提供服务。一个简单的计算是，假设每个虚拟机需要 100GB 的临时存储，则每个计算节点上需要 25 × 100GB = 2.5TB 的本地存储空间。可以为每个虚拟机分配 250GB 的持久存储，以使每个计算节点具有 25 × 250GB = 5TB 的持久存储。

在很多情况下，你可能想利用 OpenStack 中对象存储的副本机制，这意味着需要 3 倍的存储空间。换句话说，如果计划将 *X* TB 数据用于对象存储，则存储空间的需求为 3*X* TB。

关于存储，还有一些其他的考虑因素，例如使用 SSD 将得到最佳的存储性能，实现更好的吞吐量，可以投入更多的 SSD 来获得更高的 IOPS。例如，在具有 8 个插槽驱动器的服务器中安装具有 20K IOPS 的 SSD，你所得到的读写 IOPS 为：

（20K × 8）/25 = 6.4K 读取 IOPS 和 3.2K 写入 IOPS

对于生产环境来说，这已经很不错了！

1.6　OpenStack 设计最佳实践

下面，通过仔细分析 OpenStack 设计架构，我们介绍一些最佳实践。在典型的 OpenStack 生产环境中，每个计算节点的磁盘空间最低要求为 300GB，最小 RAM 为 128GB，两路 8 核 CPU。

我们假设这样一个场景，由于预算限制，你的第一个计算节点拥有 600GB 磁盘空间、16 核 CPU 和 256GB RAM。假设 OpenStack 环境持续增长，你可能决定购买更多硬件。然后，第二个计算节点的扩容完成了。

之后不久，可能发现需求又在增加。这时候，你开始将请求拆分到不同的计算节点，但仍然进行硬件扩容。此时，可能会收到超出预算限额的提醒！有时候，最佳实践实际上对你的设计并非最佳。前面的示例仅是 OpenStack 部署中的一个通用需求。

如果严格遵循最佳实践推荐的最低硬件配置要求，则可能导致硬件费用呈指数上升，特别是对于刚入门的项目实施者，经常会碰到这种情况。因此，应该正确选择适合你自身环境的配置，并考虑到你自身环境中存在的约束。

请记住，最佳实践是一个指导原则，当你清楚需要部署的内容以及如何配置它们的时候，可以直接应用最佳实践。

另一方面，不要一味追求数字，而要追寻规则背后的精髓。我们再来看下前面的示例，与水平扩展（scaling out 或者 scaling horizontally）相比，纵向扩展（scaling up）存在更多的风险，并可能导致失败。这种设计背后的原因，就是以较低的计算成本和较小的系统代价，快速替换大规模集群中的功能模块。这也正是 OpenStack 的设计方式：功能已降级的单元可被丢弃，失效的工作负载可被替换。

计算节点中的事务和请求可能会在短时间内大幅增长，导致具有 16 核 CPU 的单个大型计算节点在性能方面出现问题，而多个仅有 4 核 CPU 的小型计算节点却可以继续成功完成作业。正如我们在上一节中论述的，容量规划是一项非常烦琐的工作，但是对于构建成功的 OpenStack 云平台却是至关重要的。

对于扩容的考虑和如何实现扩容，是在 OpenStack 原始设计中就必须思考的问题。我们所要考虑的是基于需求的增长，而 OpenStack 的中负载增长是弹性而非线性的。虽然之前的资源估算示例可能有助于我们规划 OpenStack 初期的资源需求，但是真正达到现实可接受的容量规划仍然需要我们进行更多的考虑和行动，例如，根据工作负载的增长对云性能进行详细分析。此外，通过使用更为复杂的监控工具，管理员应持续跟踪运行在 OpenStack 环境中的每个服务单元，例如，随着时间推移的整体资源消耗以及导致性能下降的某些单元的过度使用情况。由于我们对未来的硬件资源容量进行了粗略估算，因此可以在首次部署后利用每个计算主机节点上实例的规格来强化这个估算模型，并在具备了详细资源监控的情况下对其实现按需调整。

1.7 总结

本章回顾了 OpenStack 中最基本的组件，并介绍了一些新功能，比如计量服务、编排服务和文件共享项目等。

我们实现了初期的 OpenStack 设计架构，并为将来要做的部署针对逻辑设计模型做了持续优化。作为介绍性的章节，我们重新介绍了 OpenStack 的每个组件，并简要讨论了每个服务组件的用例及其在生态系统中的角色。我们还介绍了一些策略性提示，以规划和应对 OpenStack 生产环境中未来可能的扩容需求。

本章是其余章节的主要参考，后续我们将扩展本章所涉及的基本介绍来深入了解 OpenStack 中的每个组件和新功能。在接下来的章节中，我们将继续 OpenStack 之旅，并通过稳定、高效的 DevOps 方式来部署 OpenStack 集群。

第 2 章 Chapter 2

基于 DevOps 的 OpenStack 部署

"黑科技之外，就只有自动化和机械化了。"

——费德里科 · 加西亚 · 洛尔迦（Federico Garcia Lorca）

如第 1 章所述，基于逻辑设计来部署 OpenStack 环境并不简单。虽然我们在设计时已经考虑到与可伸缩性和性能相关的几个方面，但最终我们还得把它们变为现实。如果你仍然认为 OpenStack 是一个单一系统，那你可能需要回去重温第 1 章中的内容。此外，在第 1 章中，我们介绍了 OpenStack 在下一代数据中心中的作用。具有数千台服务器的云供应商大型基础架构需要采用完全不同的构建方法。

在我们的案例中，部署和运行 OpenStack 云并不像想象的那么简单。因此，需要使运维工作更容易，或者换句话说，需要自动化。

在本章中，我们将介绍有关部署 OpenStack 的内容，具体将涵盖以下几点：

- 了解 DevOps 是什么，以及如何在云中采用它。
- 了解如何将基础架构视为代码，以及如何维护代码。
- 通过在云中包含配置管理，从而更接近 DevOps。
- 使 OpenStack 环境设计可自动化部署。
- 使用 Ansible 开始第一个 OpenStack 环境部署。

2.1 DevOps 与 CI/CD

DevOps 这个术语是开发（软件开发人员）和运维（管理软件并将软件投入生产）的结

合。许多 IT 组织已经开始采用这种概念，但问题是如何采用？为什么要采用？这是一个工作吗？还是一个过程或实践？

DevOps 是开发（development）和运维（operation）的结合，它定义了基本的软件开发方法。它描述了简化软件交付流程的实践，描述了开发人员、运维（包括管理员）和质量保证团队之间的沟通和整合。DevOps 的本质在于利用协作带来的好处。不同的学科可以以不同的方式与 DevOps 相关联，并在 DevOps 旗帜下将它们的经验和技能结合在一起以获得**共享价值**。

因此，DevOps 是一种整合了多种学科的方法论，如图 2-1 所示。

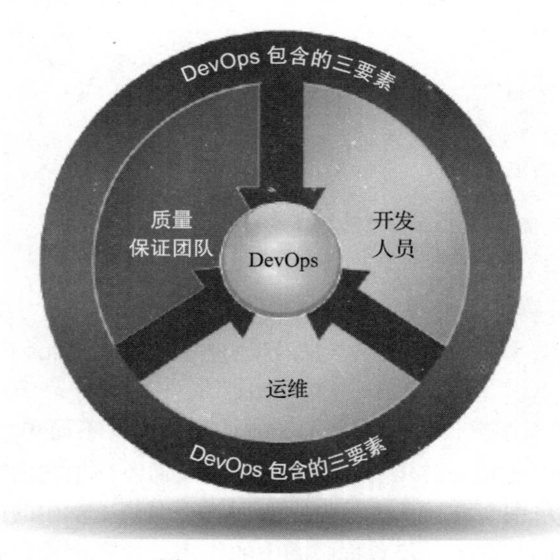

图 2-1　DevOps 模型图

这一新举措旨在解决开发人员和运维之间的冲突。发布新版本会影响生产系统，因各自目标不同，发布新版本会让各团队处于不同的冲突位置，例如，开发团队希望他们的最新代码能够上线，而运维团队希望有更多的时间在进入生产之前在测试和预发布环境中进行验证。DevOps 鼓励开发人员和运维之间进行协作，来弥补彼此之间的鸿沟并简化变更流程。

DevOps 既不是工具箱也不是工作；而是一种协同，它简化了变更过程。

接下来，我们来看看 DevOps 是如何孵化一个云项目的。

2.1.1　一切皆代码

让我们看看云计算架构。在讨论云基础架构时，必须记住，我们讨论的是一个大型的、可伸缩的环境！转向更大的环境要求我们尽可能地简化一切。系统架构和软件设计变得越来越复杂。每个新版本的软件都提供了新的功能和配置。

如果不采用新的理念，即**基础架构即代码**（Infrastructure as Code，IaC），就无法管理和部署大型基础架构。

当基础架构被视为代码时，每个基础架构的组件都会被建模为代码模块。你需要做的是将基础架构的功能抽象为离散的可重用组件，将基础架构提供的服务设计为代码模块，最后将它们自动化地实现[⊖]。此外，在这样的范例中，必须遵守与基础架构开发人员相同的完善的软件开发规则。

DevOps的本质是要求开发人员、网络工程师和运维必须相互协作，来部署、运维和维护将驱动下一代数据中心的云基础架构。

2.1.2　DevOps与OpenStack

如上一节所述，在大型基础架构上部署复杂软件需要采用新策略。OpenStack等软件和部署大型云基础架构的持续增长的复杂性都必须被简化。基础架构中的所有内容都必须自动化！这就是OpenStack与DevOps的结合方式。

将OpenStack分解成多个部分

现在，我们把前面的内容汇总起来，向第一个OpenStack部署环境迈出两步：

- 将OpenStack基础架构分解为独立且可重用的服务。
- 也可以在OpenStack环境中以提供预期功能的方式来集成服务。

很明显，如第1章中所述，OpenStack包含许多服务。我们首先需要做的是将这些服务视为代码包。下一步将研究如何集成这些服务并自动化地部署它们。

将服务部署为代码与编写软件应用程序类似。以下是在整个部署过程中应记住的一些要点：

- 简化和模块化OpenStack服务。
- 像开发构建模块一样开发OpenStack服务，通过整合各个模块来构建完整的系统。
- 在不影响整个系统的情况下，促进服务的定制和改进。
- 使用正确的工具来构建服务。
- 确保服务在相同输入下输出相同的结果。
- 将服务愿景从如何做切换到要做什么。

自动化是DevOps的精髓。事实上，如今许多系统管理工具由于它们的部署效率而被广泛地使用了。换句话说，自动化是有需求的！你可能已经使用了一些自动化工具，例如Ansible、Chef、Puppet等。在讨论它们之前，我们需要创建一个简洁、专业的代码管理方式。

⊖ 关于云原生基础架构的设计与最佳实践，可以参考机械工业出版社出版的《云原生基础架构》。——译者注

2.1.3 基础架构部署代码

在将基础架构作为代码处理时，抽象、建模和构建 OpenStack 基础架构的代码必须以源代码方式进行管理。这是跟踪我们的自动化代码中的变更和产生的结果所必需的。最终，我们必须达到这样的程度，即遵循着最新的软件开发最佳实践，我们可将 OpenStack 基础架构从代码库转化为部署好的系统。

在此阶段，应该了解 OpenStack 基础架构部署的质量，基本上这取决于描述它的代码的质量。

重要的是要强调在所有部署阶段应牢记的关键点：自动化系统无法理解人为错误。你需采用敏捷方式来走完一系列阶段和周期，最终得到一个基本上没有错误的版本，然后升级到生产环境。

另一方面，如果错误无法完全消除，你应为持续开发和测试代码做好计划。代码的生命周期管理如图 2-2 所示。

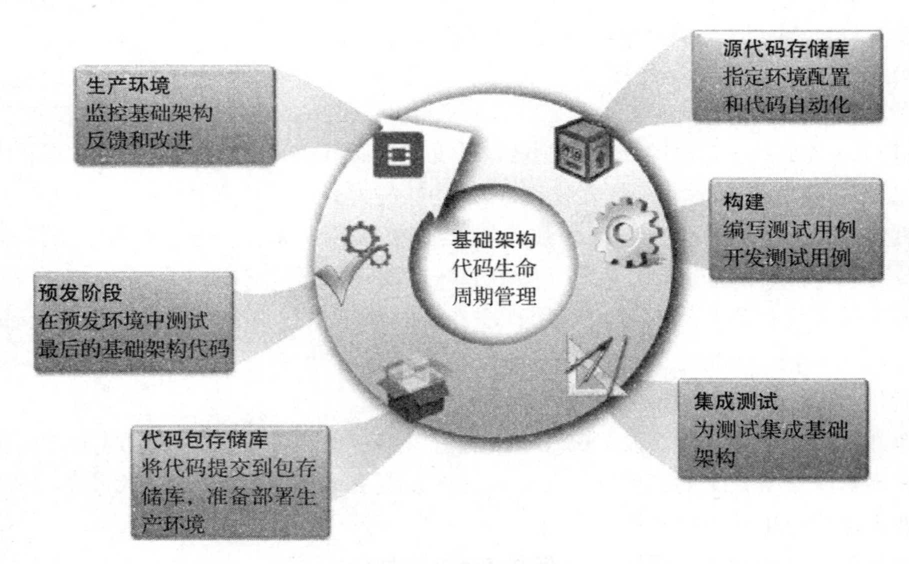

图 2-2　代码生命周期管理

更新可能会很疯狂！要做好更新，建议执行以下操作：

- 跟踪和监控每个阶段的变化。
- 代码要有灵活性，需易于更改。
- 当代码变得难以管理时重构代码。
- 测试，测试，再测试你的代码。

不断检查这里所列出的每一点，直到你对通过代码来管理 OpenStack 基础架构变得很自信了。通过将基础架构看作代码，运维能够克服任何动态基础架构所带来的挑战，因为系统可以轻松地被重新部署。请记住，随着新软件包因不同的配置需求而更新时，系统设计也需相应地变化。一个精简的变更管理过程有助于交付一个能轻松而且安全地进行更新的健壮的基础架构。

2.1.4 OpenStack中的CI/CD

为了使OpenStack环境不出差错，并确保代码能提供所需的功能，我们必须不断跟踪基础架构代码的开发。

我们将OpenStack部署代码连接到一个工具链，在持续开发和优化代码的过程中，它将一直被监控和测试。该工具链由跟踪、监控、测试和报告等阶段组成，这就是众所周知的**持续集成和持续开发**（CI-CD）流程。

持续集成和持续交付

让我们看看自动化代码的**持续集成**（CI）和生命周期将如何通过以下几类工具进行管理。

- **系统管理工具组件**（System Management Tool Artifact，SMTA）：这可以是任何IT自动化工具，例如Chef cookbook、Puppet manifest、Ansible playbook或juju charms。
- **版本控制系统**（Version Control System，VCS）：跟踪基础架构部署代码的更新。常用的版本控制系统（如CVS、Subversion或Bazaar）都可用于此目的。Git是一个很好的VCS工具。
- Jenkins：这是一个完美的工具，它监控版本控制系统的变化，进行持续的集成测试并报告结果。
- Gerrit：这是一个Git审查系统，旨在审查每次Git推送时的代码更改。它为每个更新创建补丁集，并能根据评分来审查每行代码。

看一下图2-3中的模型。

基础架构即代码的生命周期由基础架构配置文件（例如，Ansible playbook和Vagrant文件）组成，这些文件记录在VCS中，并通过持续集成（CI）服务器（在我们的示例中为Jenkins）进行持续构建。

基础架构配置文件可用于设置单元测试环境（例如使用Vagrant的虚拟环境），并使用任何系统管理工具来创建基础架构（Ansible、Chef、Puppet等）。

对于添加的每个补丁，Gerrit会在CI服务器中触发一个事件，以在发布审核结果之前执行测试和构建。

CI服务器不断监听版本控制系统中的更新，并自动发布要测试的任何新版本，然后它将监听生产环境中的目标系统。

Vagrant能轻松构建虚拟环境，可以在https://www.virtualbox.org/下载它。它可以运行虚拟机，在继续安装测试环境之前，你将需要这些虚拟机。

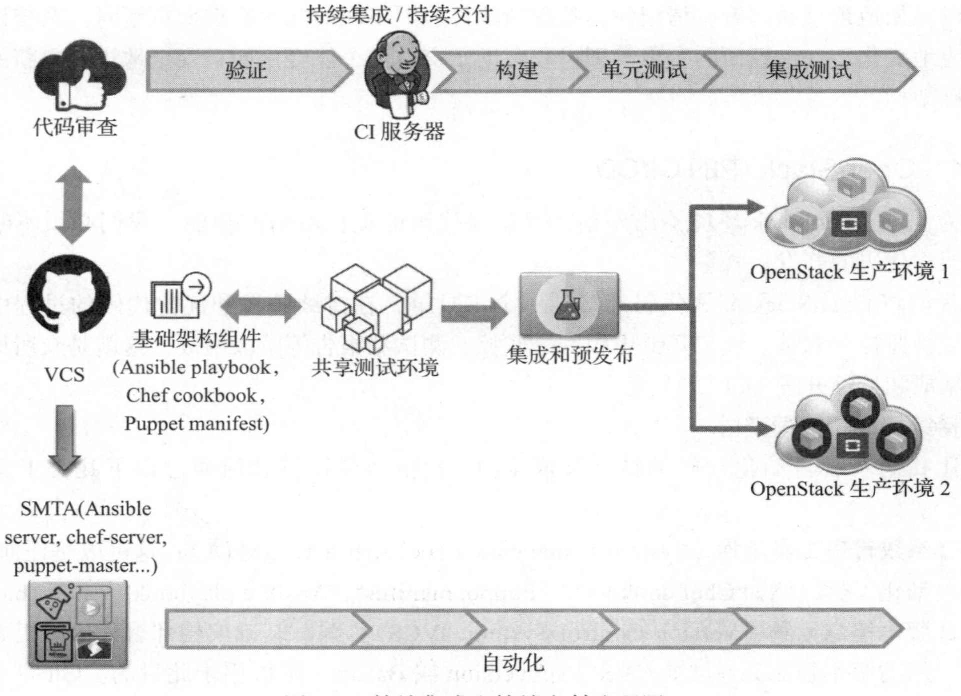

图 2-3　持续集成和持续交付流程图

建议的基础架构代码生命周期强调了在转向生产之前的测试环境的重要性。应该对测试阶段给予足够重视，尽管这可能是一项非常耗时的任务。

特别是在我们的环境中，由于部署 OpenStack 的基础架构代码非常复杂，并且对其他系统有很多依赖，因此测试的重要性无论如何强调都不过分。这使得对基础架构代码进行自动化和进行持续测试成为当务之急。

要做到这一点，最好的方法是反复彻底地进行测试，直到你对代码有了信心。

2.2　DevOps 工具与 OpenStack 自动化部署

乍一看，你可能想马上知道哪个自动化工具对我们是最有用的。我们已经选择 Git 和 Jenkins 来持续集成和测试。现在，是时候选择合适的自动化工具了。

选择正确的工具可能很难。最有可能的是，必须在几个工具之间做出选择。要介绍所有现有的 IT 自动化工具，那可以写一本书，甚至是几本书了。因此，对不同的工具给出一些简单说明，可能就有助于在不同场景下选择合适的工具。当然，我们仍然在谈论大型基础架构，它具有大型网络和多种分布式服务。

Ansible 已成为一个非常成熟的工具，它在云自动化领域中具有良好的集成性，我们将在下一个部署阶段使用它。

2.2.1　Ansible介绍

我们已选择Ansible来自动化云基础架构。Ansible是一个基础架构自动化引擎。它很容易上手，但又足够灵活，可以处理复杂的相互依赖的系统。

Ansible的架构包括安装Ansible自身的部署系统，以及由Ansible管理的目标系统。它不需要代理（agent）就能将变更推送到目标系统，因为它使用SSH协议作为将变更推送到目标系统的传输机制。这也意味着目标系统上不需要额外安装软件。无代理架构使Ansible的配置变得非常简单。

Ansible通过SSH将模块复制到目标系统之中，然后执行它们以更改目标系统的状态。执行后，Ansible模块将被清除，目标系统上不会留下任何痕迹。

Ansible默认使用基于SSH的推送模型（push model）来将变更推送到目标系统。如果你认为这种机制对于你的基础架构扩展性不够，Ansible还支持基于代理的拉取模型（pull model）。Ansible是用Python开发的，附带了大量的核心自动化模块。

Ansible的配置文件称为playbook，它们是用YAML编写的，YAML只是一种标记语言。YAML很容易理解，它是为编写配置文件而定制的。这使得学习Ansible自动化变得更加容易。Ansible Galaxy是可用于你的项目的可重复使用的Ansible模块的集合。

要了解有关Ansible的更多信息，请参阅官方网站，官方网站上包含很棒的wiki文档：`http://docs.ansible.com/ansible/intro.html`。

■ **模块**

Ansible模块（module）是封装系统资源或操作的组件。模块对资源及其属性进行建模。Ansible附带了包含各种核心模块的软件包，这些核心模块代表了各种系统资源；例如，file模块对系统中的文件进行封装，它具有诸如所有者、组、模式等属性。这些属性表示系统中文件的状态；通过更改资源的属性，我们可以描述系统所需的最终状态。

Ansible还为多个云供应商和虚拟化引擎（包括OpenStack）提供了优秀且稳定的模块。请查看官方网站，以了解支持的OpenStack模块：`http://docs.ansible.com/ansible/list_of_cloud_modules.html#openstack`。

■ **变量**

模块表示系统中的资源和操作，变量（variable）代表更新中的动态部分。变量可用于修改模块的行为。

可以为主机的运行环境定义一些变量，例如，主机名、IP地址、安装在主机上的软件和硬件的版本等。

它们也可以是用户自定义的，或作为模块的一部分提供。用户自定义的变量可以表示主机资源的分类或其属性。

■ 清单

清单（inventory）是由 Ansible 管理的主机列表。清单列表支持将主机（host）分类到多个组中。在最简单的形式中，清单可以是一个 INI 文件。这些组被表示为 INI 文件中的分段（section）。分类可以基于主机的角色或任何其他系统管理需求。一个主机可以出现在清单文件的多个分段中。以下示例显示了一个简单的主机清单：

```
logserver1.example.com

[controllers]
ctl1.example.com
ctl2.example.com

[computes]
compute1.example.com
compute2.example.com
compute3.example.com
compute[20:30].example.com
```

清单文件支持表示大规模主机组的特殊范式。Ansible 默认在 /etc/ansible/hosts 中获取清单文件，也可以通过 Ansible 命令行来自定义该位置。Ansible 还支持动态清单，这些清单可以通过执行脚本生成，也可以从其他管理系统（如云平台）中获取。

■ 角色

角色（role）是基于 Ansible 的部署的构建块。它们表示在一组主机上配置服务时必须执行的任务集合。角色封装了在主机上部署服务所需的任务、变量、处理程序和其他相关功能。例如，要部署多节点 Web 服务器群集，可以为基础架构中的主机分配角色，例如 Web 服务器、数据库服务器、负载平衡器等。

■ playbook

playbook 是 Ansible 中的主要配置文件。它们描述了完整的系统部署计划。playbook 由一系列任务组成，从上到下执行。任务指向利用角色进行部署的一组主机。Ansible playbook 是用 YAML 写的。

以下是一个简单的 Ansible playbook 示例。

```
---
- hosts: webservers
  vars:
    http_port: 8080
  remote_user: root
  tasks:
  - name: ensure apache is at the latest version
    yum: name=httpd state=latest
  - name: write the apache config file
    template: src=/srv/httpd.j2 dest=/etc/httpd.conf
    notify:
  - restart apache
  handlers:
```

```
  - name: restart apache
    service: name=httpd state=restarted
```

2.2.2　Ansible 与 OpenStack 自动化

OpenStack Ansible（OSA）是一个正式的 OpenStack 大帐篷项目⊖。它聚焦于提供多个角色（role）和 playbook，用于部署可扩展的、可立即投入生产的 OpenStack 环境。它有一个非常活跃的社区，开发人员和用户通过相互协作来使得部署 OpenStack 功能越来越稳定，并为其添加新特性。

官方 OpenStack-Ansible 存储库和文档可以在 GitHub 上找到：`https://github.com/openstack/openstack-ansible`。

OSA 项目的一个独特功能是使用容器来隔离和管理 OpenStack 服务。OSA 在 LXC 容器中安装 OpenStack 服务，为每个服务提供隔离环境。LXC 是一个操作系统级容器，它包含一个完整的操作系统环境，包括单独的文件系统、网络堆栈，并使用 cgroups 进行资源隔离。

容器化技术增强了 Linux 操作系统中的 chroot 概念。LXC 是 Linux 中非常流行的容器实现，允许隔离包括文件系统在内的资源，以运行多个应用程序和一组进程，而不会相互干扰。

OpenStack 服务在单独的 LXC 容器中生成，并使用 REST API 相互通信。OpenStack 基于微服务的架构有利于使用容器来隔离服务。它还将服务与物理硬件分离，这为提供可移植性、高可用性和冗余奠定了基础。

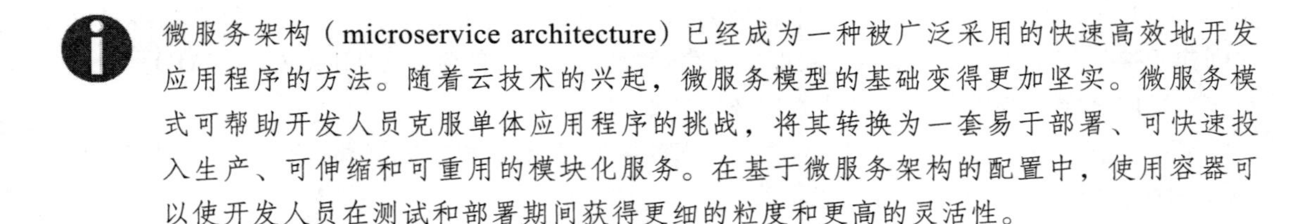

微服务架构（microservice architecture）已经成为一种被广泛采用的快速高效地开发应用程序的方法。随着云技术的兴起，微服务模型的基础变得更加坚实。微服务模式可帮助开发人员克服单体应用程序的挑战，将其转换为一套易于部署、可快速投入生产、可伸缩和可重用的模块化服务。在基于微服务架构的配置中，使用容器可以使开发人员在测试和部署期间获得更细的粒度和更高的灵活性。

OSA 部署从初始化一台部署主机（deployment host）开始。部署主机安装有 Ansible，运行 OSA playbook，负责编排目标主机上的 OpenStack 安装，OSA 的部署架构如图 2-4 所示。

⊖ 大帐篷（big tent）是 OpenStack 项目划分的一种方法。——译者注

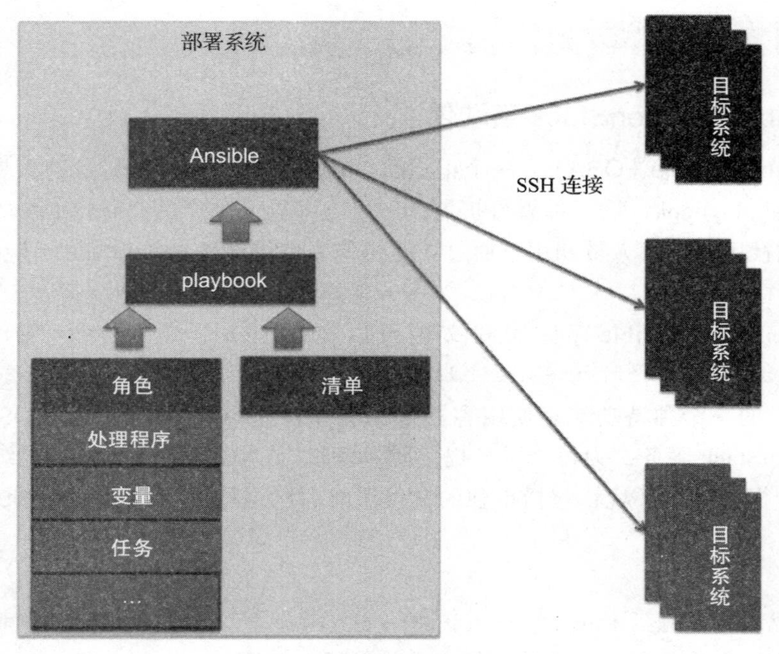

图 2-4　OSA 部署架构图

Ansible 目标主机（target host）是将运行 OpenStack 服务的主机。目标主机上可安装 Ubuntu 14.04 LTS 操作系统，并配置基于 SSH 密钥的身份验证，以允许从部署主机上登录。

2.2.3　开发和生产环境架构

在生产环境中部署 OpenStack 的一个要求是不断测试和改进配置。这意味着我们需要拥有一个与生产环境的部署架构非常相似的测试环境，它不能太复杂，一个开发者很容易就能创建出来。OpenStack Ansible 提供了开发者模式，支持**多合一**（All-in-One，AIO）节点安装。我们将在本章后面讨论设置开发环境的细节。

另一方面，生产环境需要非常健壮，能提供服务冗余和服务隔离，并且是可扩展的。OSA 的推荐架构将目标主机分为以下几组：

- 基础架构和控制平面主机。
- 日志主机。
- 计算主机。
- 可选的存储主机。

建议的架构至少使用三台基础架构和控制平面主机来提供服务冗余。我们还需要一个运行 OSA playbook 的部署主机。

基础架构主机安装有以下常用服务：

- 安装了 MySQL Galera 集群的数据库服务器

- RabbitMQ 消息服务器
- Memcached
- 代码仓库服务器

它们还托管 OpenStack 控制平面服务，例如：

- 认证服务（Keystone）。
- 镜像服务（Glance）。
- 计算管理服务（Nova）。
- 网络服务（Neutron）。
- 其他 API 服务，如 Heat、Ceilometer 等。

日志服务器使用 Logstash 和 Elasticsearch 托管一个集中式日志服务器（如 rsyslog）和一个日志分析器。计算主机上运行 Nova 计算服务，以及网络和日志代理，日志管理系统如图 2-5 所示。

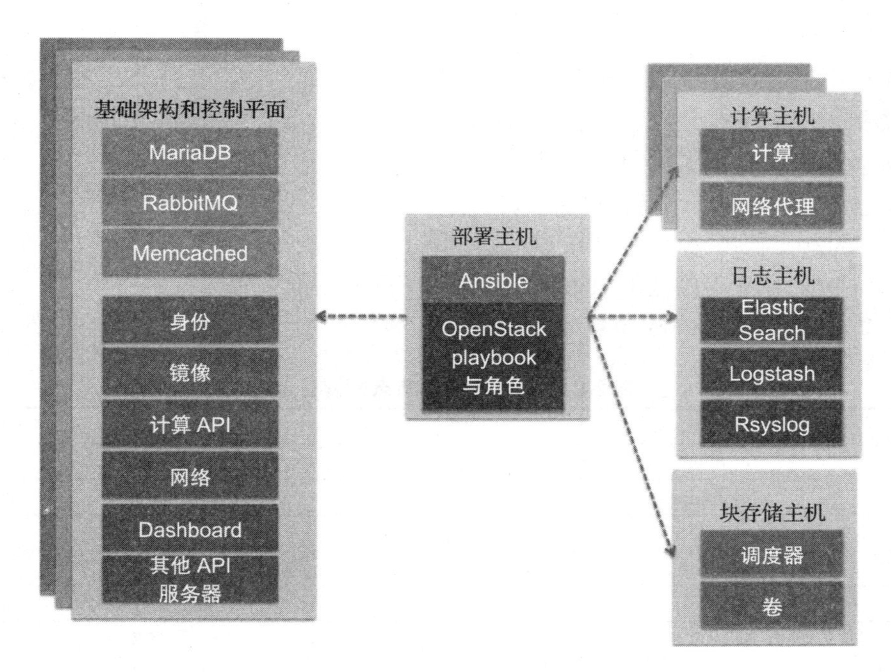

图 2-5　日志服务工作原理

对于生产环境，需要单独的存储主机来运行 Cinder 调度器和 Cinder 卷服务，以提供存储服务。

2.2.4　硬件与软件需求规划

建议的目标节点的硬件和软件需求如表 2-1 所示。

表 2-1 目标节点软件和硬件需求

	部署主机	计算主机	存储主机	基础架构主机	日志主机
磁盘大小	100GB	100GB SSD 磁盘	1TB	100GB	50GB
网络	多网卡绑定	多网卡绑定	多网卡绑定	多网卡绑定	多网卡绑定
软件	Ubuntu 14.04 LTS, OpenSSH, Python 2.7	Ubuntu 14.04 LTS, OpenSSH, Python 2.7	Ubuntu 14.04 LTS, OpenSSH, Python 2.7	Ubuntu 14.04 LTS, OpenSSH, Python 2.7	Ubuntu 14.04 LTS, OpenSSH, Python 2.7
CPU		虚拟化支持		具有超线程的多核	

尽管 OpenStack 可以安装在规格低得多的硬件上，但在生产环境中，需要更高的冗余性和服务隔离，以使得一个服务的故障对云基础架构的影响非常小。表 2-1 中提到的需求是 OpenStack Ansible 项目的建议，此外，我们还必须考虑第 1 章中所讨论的物理模型设计、硬件规格和硬件需求估算。

2.2.5 网络需求规划

由于使用容器隔离 OpenStack 服务，部署需要特殊的网络配置。OSA 使用各种网桥为 LXC 容器提供网络连接。以下是为 OpenStack 节点间的连接而创建的网桥列表。

- br_mgmt：提供对容器的管理访问。
- br_storage：提供对存储服务的访问。
- br_vxlan：使用 vxlan 提供隧道网络。
- br_vlan：用于提供基于 vlan 的租户网络。

表 2-2 总结了 OpenStack 节点的网络连接。

表 2-2 OpenStack 节点的网络连接

网桥名	配置在
br-mgmt	所有节点
br-storage	所有存储节点
	所有计算节点
br-vxlan	所有网络节点
	所有计算节点
br-vlan	所有网络节点
	所有计算节点

OpenStack 节点配置有绑定的网络链路，以提供冗余的网络连接。每个节点都安装有四块物理网卡。图 2-6 显示了使用 Linux 网桥的绑定接口和连接的配置。

我们将在后续章节中查看每个 OpenStack 服务，但如果需要立即安装生产就绪的 OpenStack 环境，请按照以下文档进行操作：https://docs.openstack.org/developer/openstack-ansible/。在下一节中，我们将开始讨论与生产设置非常相似的测试环境。

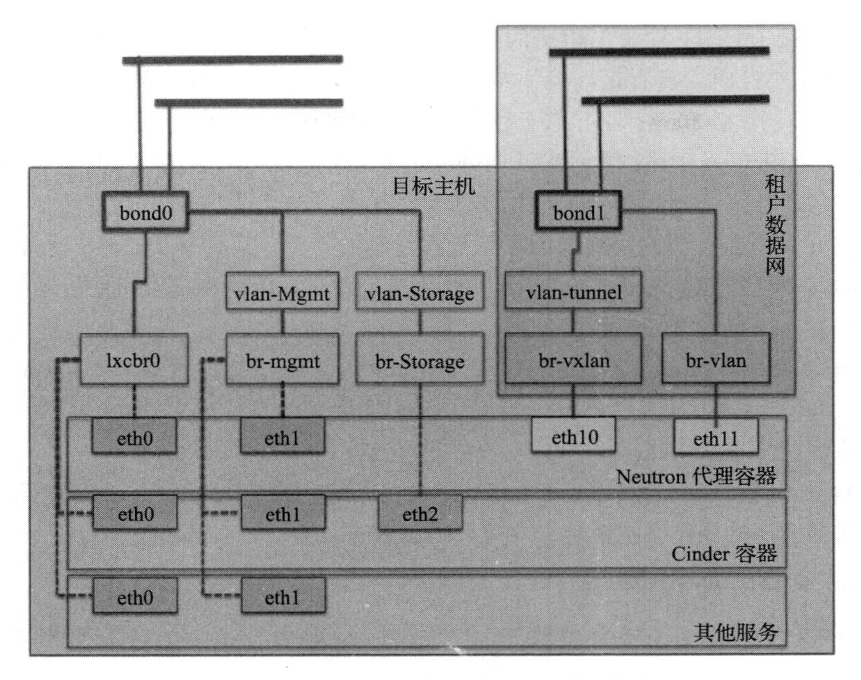

图 2-6 Linux 网桥的绑定接口和连接的配置

2.2.6 开发环境构建

OpenStack Ansible 提供适合开发和测试环境的 AIO 模式。即使在 AIO 模式下，安装过程也使用容器化服务方法，并在多个 LXC 容器中运行 OpenStack 服务。这样做是为了模仿生产环境。

由于所有服务都有自己的私有容器，因此 AIO 环境对系统要求非常高。在撰写本书时，AIO 开发环境要求至少 60GB 的磁盘空间、8GB 的 RAM 和 8 个 CPU。AIO 环境可以安装在虚拟机中。Ubuntu 14.04 LTS 或更高版本支持 AIO 安装，并且需要内核版本 3.13.0-34-generic 或更高版本。在撰写本书时，对 Red Hat/CentOS7 的支持正在进行中。

要了解 OpenStack Ansible 项目和 AIO 设置的进度，请参阅 OpenStack 官方网站：`http://docs.openstack.org/developer/openstack-ansible/`。

配置开发机器

虽然 OpenStack Ansible 可以自动完成配置开发和测试 OpenStack 环境的整个过程，但它需要一台安装了正确硬件和软件的机器。这使得启动开发机器并运行比如正确的操作系统这样的基本软件和硬件仍然是一项手动工作。

这就是 Vagrant 等工具派上用场的地方。Vagrant 有助于自动化创建可重复使用的开发环境。Vagrant 通过启动具有正确操作系统镜像的虚拟机来实现此目的。它还配置对虚拟机的 SSH 访问。使用 Vagrant，可以轻松快速地在笔记本电脑上启动开发和测试环境。

Vagrant 使用 VirtualBox 作为默认 Hypervisor（虚拟机管理程序），但也可以利用其他 Hypervisor（如 VMware 和 HyperV）来启动虚拟机。

要启动开发机器，我们所需要的只是操作系统的镜像。可以在 Vagrant 配置文件中描述开发机器的其他硬件配置和所需的定制。然后，Vagrant 就可以在虚拟机中启动开发环境了。

让我们看一下创建开发机器的过程。

（1）开始使用 Vagrant 前，我们需要 Vagrant 安装程序，它可以从 Vagrant 网站下载：`https://www.vagrantup.com/downloads.html`。

（2）在主机上安装 Vagrant。

（3）Vagrant 根据操作系统的镜像启动虚拟机，它称之为盒子（box）。接下来我们将为开发机器找到合适的操作系统镜像，并将其添加到 Vagrant：

```
# vagrant init ubuntu/trusty64
```

（4）上述命令将为 amd64 架构下载 Ubuntu Trusty 14.04 并创建一个具有默认值的 Vagrant 文件。此处显示了 Vagrant 文件的一个示例：

```
# -*- mode: ruby -*-
# vi: set ft=ruby :

# All Vagrant configuration is done below. The "2" in Vagrant.configure
# configures the configuration version (we support older styles for
# backwards compatibility). Please don't change it unless you know what
# you're doing.
Vagrant.configure(2) do |config|
  # The most common configuration options are documented and commented below.
  # For a complete reference, please see the online documentation at
  # https://docs.vagrantup.com.

  # Every Vagrant development environment requires a box. You can search for
  # boxes at https://atlas.hashicorp.com/search.
  config.vm.box = "ubuntu/trusty64"

  # Disable automatic box update checking. If you disable this, then
  # boxes will only be checked for updates when the user runs
  # `vagrant box outdated`. This is not recommended.
  # config.vm.box_check_update = false

  # Create a forwarded port mapping which allows access to a specific port
  # within the machine from a port on the host machine. In the example below,
  # accessing "localhost:8080" will access port 80 on the guest machine.
  # config.vm.network "forwarded_port", guest: 80, host: 8080

  # Create a private network, which allows host-only access to the machine
  # using a specific IP.
  # config.vm.network "private_network", ip: "192.168.33.10"

  # Create a public network, which generally matched to bridged network.
  # Bridged networks make the machine appear as another physical device on
  # your network.
  # config.vm.network "public_network"

  # Share an additional folder to the guest VM. The first argument is
  # the path on the host to the actual folder. The second argument is
  # the path on the guest to mount the folder. And the optional third
```

```
# argument is a set of non-required options.
# config.vm.synced_folder "../data", "/vagrant_data"

# Provider-specific configuration so you can fine-tune various
# backing providers for Vagrant. These expose provider-specific options.
# Example for VirtualBox:
#
# config.vm.provider "virtualbox" do |vb|
#   # Display the VirtualBox GUI when booting the machine
#   vb.gui = true
#
```

（5）Vagrant 通过 Vagrantfile 提供各种其他自定义功能，生成的文件中提供了这些配置选项的默认值。

（6）接下来，必须使用 Vagrantfile 为开发机器定制硬件。编辑 Vagrantfile 并添加以下设置：

```
config.vm.provider "virtualbox" do |v|
  v.memory = 8192
  v.cpus = 8
end
```

上述设置将配置对开发虚拟机的 root 访问权限，并设置内存和 CPU 要求。

（7）最后，可以使用以下 Vagrant 命令启动并登录到开发计算机：

```
# vagrant up --provider virtualbox
# vagrant ssh
```

做完上述步骤后，你应该能够以 Vagrant 用户身份登录了。使用 sudo-i 成为 root 用户并继续执行下面的步骤，以创建 Ansible OpenStack 多合一开发配置，如下一节所述。

由于开发环境需要大磁盘容量，因此必须扩展 Vagrant 启动的虚拟机的大小。你可以创建自己的带有更大磁盘容量的 Vagrant 镜像，以满足开发计算机的要求，创建 Vagrant box 的步骤详见：`https://www.vagrantup.com/docs/virtualbox/boxes.html`。

2.2.7　基础架构代码环境准备

我们已选择 Git 作为版本控制系统。让我们继续在开发系统上安装 Git 包。

安装 Git：

```
$ sudo apt-get install git
```

检查 Git 安装是否正确：

```
$ git --version
```

如果你决定使用诸如 eclipse 之类的 IDE（集成开发环境）进行开发，那么安装 Git 插件到 IDE 会便于你进行开发。例如，EGit 插件可用于在 Eclipse 中使用 Git 进行

开发。我们通过导航到**帮助 | 安装新软件（Help | Install New Software）**菜单项来完成此操作。你需要添加以下 URL：`http://download.eclipse.org/egit/update`。

准备开发配置

安装过程分为以下几个步骤：

（1）配置 OSA 存储库。

（2）安装并引导 Ansible。

（3）初始化主机引导程序。

（4）运行 playbook。

要开始安装，首先配置 OSA Git 存储库：

```
# git clone https://github.com/openstack/openstack-ansible
/opt/openstack-ansible
# cd /opt/openstack-ansible
```

查看要安装的所需分支：

```
# git branch -r
# git checkout BRANCH_NAME
```

查看分支上的最新标签：

```
# git describe --abbrev=0 -tags
# git checkout TAG_NAME
```

配置设置

AIO 开发环境使用 test/roles/bootstrap-host/defaults/main.yml 中的配置文件。

此文件描述了主机配置的默认值。除配置文件外，配置选项还可以通过 shell 环境变量传入。

BOOTSTRAP_OPTS 变量由引导脚本作为以空格分隔的键值对读取。它可用于传入值以覆盖配置文件中的默认值：

```
# export BOOTSTRAP_OPTS="${BOOTSTRAP_OPTS}
bootstrap_host_loopback_cinder_size=512"
```

OSA 还允许覆盖服务配置的默认值。这些值在 /etc/openstack_deploy/user_variables.yml 文件中提供。以下是使用覆盖文件覆盖 nova.conf 中的值的示例：

```
nova_nova_conf_overrides:
  DEFAULT:
    remove_unused_original_minimum_age_seconds: 43200
  libvirt:
    cpu_mode: host-model
    disk_cachemodes: file=directsync,block=none
  database:
    idle_timeout: 300
    max_pool_size: 10
```

此覆盖文件将使用以下选项填充 nova.conf 文件：

```
[DEFAULT]
remove_unused_original_minimum_age_seconds = 43200

[libvirt]
cpu_mode = host-model
disk_cachemodes = file=directsync,block=none

[database]
idle_timeout = 300
max_pool_size = 10
```

也可使用 /etc/openstack_deploy/openstack_user_config.yml 中的每个主机配置分段来传递覆盖变量。

完整的配置选项集已在 OpenStack Ansible 文档中描述：http://docs.openstack.org/developer/openstack-ansible/install-guide/configure-openstack.html。

构建开发设置

要开始安装过程，请执行 Ansible 引导程序脚本（boostrap script）。此脚本将下载并安装正确的 Ansible 版本。它还为 ansible-playbook 创建了一个名为 openstack-ansible 的封装脚本，它会加载 OpenStack 用户变量文件：

```
# scripts/bootstrap-ansible.sh
```

下一步是为多合一环境配置系统。执行以下脚本来完成此操作：

```
# scripts/bootstrap-aio.sh
```

此脚本执行以下任务：

- 应用 Ansible 角色来安装所需的基本软件，例如 openssh 和 pip。
- 应用 bootstrap_host 角色来检查硬盘和交换空间。
- 创建用于 Cinder、Swift 和 Nova 的各种环回卷（loopback volume）。
- 准备网络。

最后，运行 playbook 来启动 AIO 开发环境：

```
# scripts/run-playbooks.sh
```

该脚本将执行以下任务：

- 创建 LXC 容器。
- 对主机应用安全加固。
- 重新建立网桥。

- 安装 MySQL、RabbitMQ 和 Memcached 等基础设施服务。
- 最后，安装各种 OpenStack 服务。

运行 playbook 来构建容器并启动 OpenStack 服务将需要很长的时间。完成后，所有 OpenStack 服务将在其私有容器中运行。以下命令行输出显示了使用容器化 OpenStack 服务部署的 AIO 服务器：

```
root@os-aio1:~# lxc-ls --fancy
NAME                                          STATE    IPV4                                             IPV6  AUTOSTART
-------------------------------------------------------------------------------------------------------------------------------------------
aio1_aodh_container-23d40fcb                  RUNNING  10.255.255.143, 172.29.239.138                   -     YES (onboot, openstack)
aio1_ceilometer_api_container-16d5c4ac        RUNNING  10.255.255.41, 172.29.237.191                    -     YES (onboot, openstack)
aio1_ceilometer_collector_container-b8a6b87c  RUNNING  10.255.255.131, 172.29.238.75                    -     YES (onboot, openstack)
aio1_cinder_api_container-fb2b1757            RUNNING  10.255.255.246, 172.29.238.250, 172.29.244.84    -     YES (onboot, openstack)
aio1_cinder_scheduler_container-687e8178      RUNNING  10.255.255.28, 172.29.239.168                    -     YES (onboot, openstack)
aio1_galera_container-00db0032                RUNNING  10.255.255.173, 172.29.239.87                    -     YES (onboot, openstack)
aio1_galera_container-54bd128c                RUNNING  10.255.255.139, 172.29.238.66                    -     YES (onboot, openstack)
aio1_galera_container-d16bd93f                RUNNING  10.255.255.211, 172.29.236.136                   -     YES (onboot, openstack)
aio1_glance_container-82b3c4c5                RUNNING  10.255.255.42, 172.29.239.250, 172.29.245.51     -     YES (onboot, openstack)
aio1_heat_apis_container-e531e4fe             RUNNING  10.255.255.109, 172.29.237.12                    -     YES (onboot, openstack)
aio1_heat_engine_container-56984b7e           RUNNING  10.255.255.247, 172.29.239.103                   -     YES (onboot, openstack)
aio1_horizon_container-4a52b4ab               RUNNING  10.255.255.62, 172.29.236.189                    -     YES (onboot, openstack)
aio1_horizon_container-b23effb5               RUNNING  10.255.255.251, 172.29.238.222                   -     YES (onboot, openstack)
aio1_keystone_container-b79ecc7d              RUNNING  10.255.255.220, 172.29.237.218                   -     YES (onboot, openstack)
aio1_keystone_container-e29d298d              RUNNING  10.255.255.64, 172.29.237.197                    -     YES (onboot, openstack)
aio1_memcached_container-3d69da4a             RUNNING  10.255.255.175, 172.29.238.10                    -     YES (onboot, openstack)
aio1_neutron_agents_container-bcbf8a14        RUNNING  10.255.255.149, 172.29.236.236, 172.29.241.144   -     YES (onboot, openstack)
aio1_neutron_server_container-ad2cc458        RUNNING  10.255.255.144, 172.29.239.222                   -     YES (onboot, openstack)
aio1_nova_api_metadata_container-fa462c7e     RUNNING  10.255.255.88, 172.29.238.139                    -     YES (onboot, openstack)
aio1_nova_api_os_compute_container-6f39acb3   RUNNING  10.255.255.24, 172.29.239.93                     -     YES (onboot, openstack)
aio1_nova_cert_container-222c4ebe             RUNNING  10.255.255.240, 172.29.236.167                   -     YES (onboot, openstack)
aio1_nova_conductor_container-01c0347b        RUNNING  10.255.255.114, 172.29.239.73                    -     YES (onboot, openstack)
aio1_nova_console_container-475ecfd5          RUNNING  10.255.255.250, 172.29.238.194                   -     YES (onboot, openstack)
aio1_nova_scheduler_container-006e779a        RUNNING  10.255.255.190, 172.29.238.52                    -     YES (onboot, openstack)
aio1_rabbit_mq_container-3466f631             RUNNING  10.255.255.44, 172.29.237.64                     -     YES (onboot, openstack)
aio1_rabbit_mq_container-4c722c96             RUNNING  10.255.255.162, 172.29.237.108                   -     YES (onboot, openstack)
aio1_rabbit_mq_container-a54fc4d2             RUNNING  10.255.255.43, 172.29.239.171                    -     YES (onboot, openstack)
aio1_repo_container-2d6f82c0                  RUNNING  10.255.255.197, 172.29.239.52                    -     YES (onboot, openstack)
aio1_repo_container-7b1c3dd3                  RUNNING  10.255.255.230, 172.29.236.230                   -     YES (onboot, openstack)
aio1_rsyslog_container-bfb9264d               RUNNING  10.255.255.142, 172.29.237.44                    -     YES (onboot, openstack)
aio1_swift_proxy_container-127e077e           RUNNING  10.255.255.53, 172.29.238.39, 172.29.247.246     -     YES (onboot, openstack)
aio1_utility_container-962c9996               RUNNING  10.255.255.238, 172.29.238.160                   -     YES (onboot, openstack)
```

可以使用 `lxc-ls` 命令列出开发计算机上的服务容器：

```
# lxc-ls --fancy
```

使用 `lxc-attach` 命令连接到任何容器，如下所示：

```
# lxc-attach --name <name_of_container>
```

使用 `lxc-ls` 输出中的容器名称来附加到容器。LXC 命令可用于启动和停止服务容器。

> AIO 环境启动了一个 MySQL 集群。如果开发计算机重启了，那在启动 MySQL 群集时要特别小心。有关操作 AIO 环境的详细信息，请参阅 OpenStack Ansible 快速入门指南：`http://docs.openstack.org/developer/openstack-ansible/developer-docs/quickstart-aio.html`。

尽管这不是一个预发布环境（staging environment），但还是需要考虑将 Ansible 主机文件分成面向不同OpenStack节点的更多单元。OSA部署能将OpenStack服务隔离开来，并使单独维护每个服务变得简单和安全。当前的开发环境对于运行OpenStack playbook的功能测试至关重要，它能生成关于Ansible代码一致性的第一手反馈。采用多节点来运行一个容器化环境，将有助于你在后续阶段中做更多的测试，再将部署代码推送到预发布环境，然后再部署到生产环境。

2.2.8 代码变更追踪

OSA项目本身在OpenStack Git服务器的版本控制下维护其代码：http://git.openstack.org/cgit/openstack/openstack-ansible/tree/。

OSA配置文件位于部署主机上的/etc/openstack_ansible/之中。这些文件定义部署环境和用户覆盖变量。要确保对部署环境的控制，必须在版本控制系统中跟踪对这些配置文件的更改，同时，为了确保对开发环境的跟踪，需要确保在版本控制系统中也跟踪Vagrant配置文件。

2.3 总结

在本章中，我们介绍了使用DevOps方式开发和维护基础架构代码的几个主题和方法。将OpenStack基础架构部署视为代码不仅可以简化节点配置，还可以改善自动化过程。应该记住，DevOps既不是项目也不是目标，而是一种通过多个部门之间分工协作来进行成功部署的方法论。尽管有无数的系统管理工具能够使OpenStack以自动化方式启动和运行，但我们还是选择了Ansible来实现基础架构的自动化。

Puppet、Chef、Salt和其他工具都能做同样的事情，只是方式不同。你要知道不是只有一种方法可以执行自动化。Puppet和Chef都在OpenStack“大帐篷”下拥有自己的OpenStack部署项目。

你可以选择任何满足你的生产需求的自动化工具。请记住关键的一点，要管理大型生产环境，必须通过执行以下操作来简化操作：

- 尽可能将部署和维护自动化。
- 在版本控制系统中跟踪任何更改。
- 持续集成代码，以保持基础架构是最新的、无错误的。
- 监控和测试基础架构代码，使其更加健壮。

在本章中，我们只部署了一个基本的OpenStack AIO配置。在后续章节中，我们将继续扩展设计，引入集群模式，定义各种基础架构节点、控制器和计算节点。

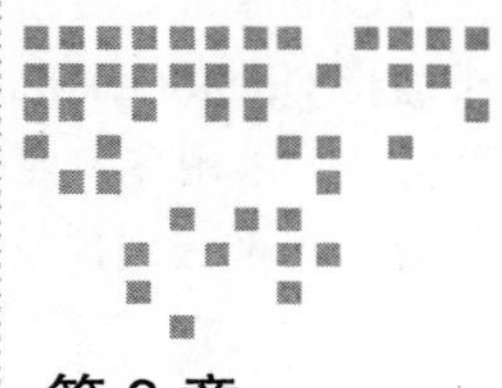

Chapter 3 第3章

OpenStack集群——云控制器和公共服务

“独行欲速，同行致远。”

——非洲谚语

在前面的章节中，我们了解了如何通过自动化方式部署一个大型OpenStack基础架构。现在，我们来更深入地学习OpenStack中的各种概念性设计。在一个大型基础架构中，如果想要所有服务都一直运行着，我们必须确保OpenStack基础架构是可靠的，是能够保证业务连续性的。我们已经在第1章中讨论了几个与设计相关的方面，并重点介绍了OpenStack中可扩展架构模型的一些最佳实践。然后，我们还讨论了自动化的效率问题，还使用OpenStack Ansible部署工具在一个一体化（all-in-one）环境中配置了云控制节点和计算节点。

本章一开始会介绍一些集群知识。它将会引导大家更深入地学习OpenStack设计模式，这些模式在聚焦于云控制器的同时，还将功能分解为不同的服务。请注意，本章不会详细介绍高可用性，也不会涵盖所有OpenStack服务层；相反，本章将概述OpenStack集群设计的几种可能性。在强调标准化和持续IT构建的OpenStack环境中，集群是一项非常关键的基础性技术。

本章主要包括以下内容：

- 简要介绍集群的概念。
- 介绍OpenStack环境中的云控制器和公共服务。
- 基于控制节点上的各服务的功能来介绍其他OpenStack集群模型。
- 理解公共基础架构服务。

- 学习 OpenStack 控制节点中的各种服务。
- 掌握使用 Ansible 来自动化 OpenStack 基础架构部署。

3.1　集群核心概念

您不要害怕声称在一个给定的基础架构中，实际上是集群（clustering）在提供高可用性。两台或多台服务器的能力聚合（capacity aggregation）就是服务器集群。通过堆积机器这种方式，就能实现这种聚合。

不要混淆了向上扩展（scale up，也称为垂直扩展（vertical scaling））和向下扩展（scaling down，也称为水平扩展（horizonal scaling））这两个概念。水平扩展是指增加更多的标准商用服务器，而垂直扩展是指向服务器添加更多的 CPU 和内存。

我们还需要区分高可用性（high availability）、负载均衡（load balancing）和故障切换（failing over）这几个术语。这些概念将在第 9 章进行详细介绍。请记住这一点，对于前面提到的所有术语，它们的配置往往是从集群概念开始的。我们将在下一节中了解如何区分它们。

3.1.1　非对称集群

非对称集群（asymmetric clustering）通常用于高可用目的，比如扩展数据库、消息系统或者文件系统的读写能力。在这种系统中，备服务器（standby server）只有在主服务器（master server）发生故障时才会接管系统。备服务器是个沉睡中的观察者（sleepy watcher），它包含了故障切换配置。

3.1.2　对称集群

在对称集群（symmetric clustering）中，所有节点都是活动的（active），都参与请求处理。因为所有节点都服务于应用和用户，这种配置往往具备成本效益。故障节点会被集群丢弃，其他节点将接管其工作负载并继续处理事务。可以将对称集群视为类似于负载均衡集群。在云基础架构中，负载均衡集群的所有节点都会共享工作负载，以增强性能和服务的扩展性。

3.1.3　集群分而治之

OpenStack 被设计成可实现水平扩展。它的设计采取了分而治之（Divide and conquer）的策略，其功能被广泛分布到多个服务中。这些服务本身由 API 服务、调度器（scheduler）、工作程序（worker）和代理（agent）组成。OpenStack 控制器运行 API 服务，计算、存储和网络节点运行各种代理和工作程序。

3.2 云控制器及其服务

云控制器（cloud controller）的概念旨在为您的 OpenStack 部署环境提供集中管理和控制。例如，我们可以认为云控制器管理着所有 API 调用和消息传递事务。

设想一个中型甚至大型基础架构，毫无疑问，我们需要的肯定不仅仅是单个节点。从 OpecStack 操作人员的角度来看，云控制器可以被视为服务聚合体，其中运行着 OpenStack 所需的大多数管理服务。

我们来看看云控制器主要做什么：

- ❑ 作为访问云管理和服务的网关（gateway）。
- ❑ 提供 API 服务，使得各个 OpenStack 组件能相互通信，并为最终用户提供服务接口。
- ❑ 通过各种集群和负载均衡工具实现高可用集成服务机制。
- ❑ 提供关键的基础架构服务，例如数据库和消息队列。
- ❑ 提供持久存储，其后端可能在多个分开的存储节点上。

您很可能在第 1 章中就已经注意到了云控制器中的主要服务，但那时我们并没有深入探讨为什么这些服务应该运行在控制节点中。在本章中，我们将详细研究云控制节点。控制节点聚合了 OpenStack 的多个最关键服务。下面来看看控制节点上的服务，如图 3-1 所示。

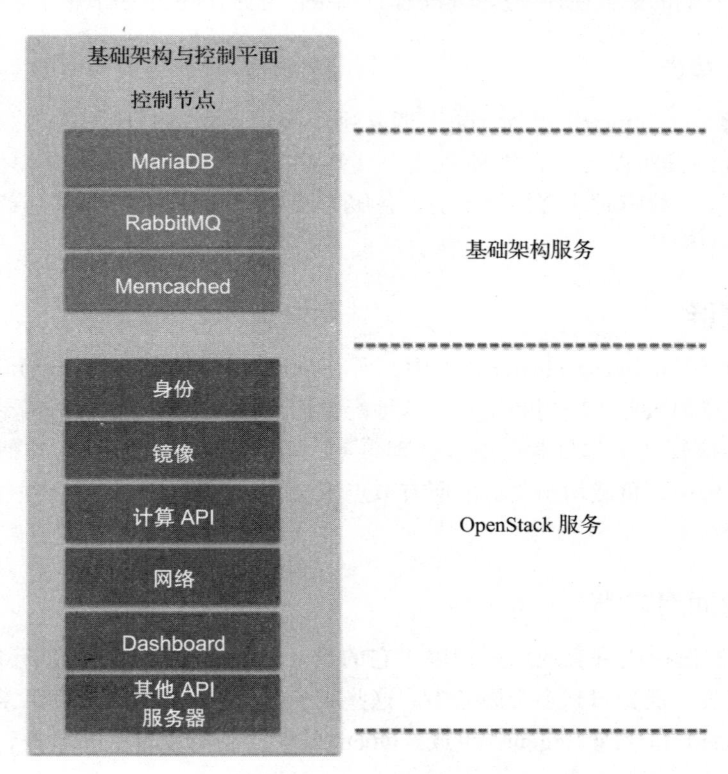

图 3-1　OpenStack 控制节点服务

3.2.1 Keystone 服务

Keystone 服务在 OpenStack 中提供身份（identity）认证和服务目录（service catalog）功能。OpenStack 中的所有其他服务必须向 Keystone 注册其 API 端点（API endpoint）。因此，Keystone 中保存着在 OpenStack 云中运行的各种服务的目录。可以使用 Keystone REST API 查询该目录。

Keystone 还维护着一个策略引擎（policy engine），该引擎提供基于规则的访问和服务授权。Keystone 服务自身由多个提供者（provider）组成，这些提供者彼此协同工作。每个提供者实现了 Keystone 架构中的一个概念（如图 3-2 所示）：

- ❑ Identity（身份）
- ❑ Resource（资源）
- ❑ Authorizaiton（认证）
- ❑ Token（令牌）
- ❑ Catalog（目录）
- ❑ Policy（策略）

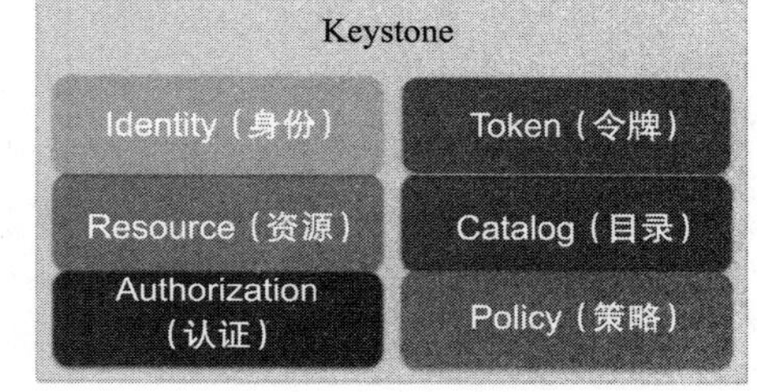

图 3-2 Keystone 功能集

1. 身份提供者

身份提供者（identity provider）负责校验用户和用户组的身份凭据（credential）。OpenStack Keystone 包含一个内置的身份提供者，它可以用于创建和管理用户和用户组的身份凭据。Keystone 还能整合外部身份提供者，比如 LDAP。OpenStack Ansible 项目提供了将 LDAP 服务作为外部身份提供者整合进 Keystone 的 playbook。

为了管理 OpenStack 服务的访问级别（access level），Keystone 支持多种用户类型。用户可以是以下几种类型之一：

- ❑ 服务用户（service user），它关联到 OpenStack 中运行的一个服务。
- ❑ 管理员用户（administrative user），它拥有资源和服务的管理权限。
- ❑ 终端用户（end user），它只是 OpenStack 资源的消费者，没有别的访问权限。

2. 资源提供者

资源提供者（resource provider）实现了 Keystone 中的项目（project）和域（domain）这两个概念。域的概念为 Keystone 中的实体（entity）提供了一个容器，包括用户、用户组和项目，可以将域看成一个企业或者一个服务提供商。

3. 认证提供者

从概念上来说，认证（authorization）是指 OpenStack 用户和用户组与他们的角色（role）之间的关系。角色被用于管理对 OpenStack 中服务的访问。Keystone 策略提供者（policy provider）根据用户所属的组和角色来强制执行规则（rule）。

4. 令牌提供者

要访问 OpenStack 中的服务，用户必须通过身份提供者（identity provider）的认证。一旦校验完成，令牌提供者（token provider）就会产生一个令牌（token），用于该用户访问 OpenStack 服务的身份认证。令牌只在一段时间内有效。访问 OpenStack 服务需要一个有效的令牌。

5. 目录提供者

前面提到过，所有 OpenStack 服务都必须在 Keystone 中注册。目录提供者（catalog provider）维护服务和相关联端点的目录。这样，Keystone 就提供了发现 OpenStack 集群中所有服务的入口。

6. 策略提供者

策略提供者（policy provider）与允许访问 OpenStack 资源的规则（rule）相关联。策略（policy）由多条规则组成，每条规则定义了哪些用户和角色被允许访问哪些资源。比如，只允许具有管理员角色的用户向组添加用户。

前面我们学习了身份服务的主要概念。现在我们来学习 Keystone 服务的一些高级特性，这些特性包括：

- 联邦 Keystone（Federated Keystone）
- Fernet 令牌

7. 联邦 Keystone

联邦身份（federated identity）是一种使用**外部身份提供者**（external Identity Provider，IdP）提供的身份服务来访问**服务提供商**（Service Provider，SP）可用资源的机制。在 OpenStack 中，身份提供者可以是第三方，而 OpenStack 则充当服务提供商，拥有诸如虚拟存储、网络和计算实例资源。

使用联邦身份比在 OpenStack 中维护身份验证系统有一些优势：

- 一个组织可以使用现有的身份源（如 LDAP 或 Active Directory）在 OpenStack 中提供用户身份验证。它消除了为 OpenStack 用户管理单独身份源的必要性。
- 使用身份服务有助于与不同的云服务集成。
- 它提供了单一的事实和用户管理源。因此，如果用户是身份服务的一部分，那就会非常容易地给予他访问 OpenStack 云基础架构的权限。
- 因为不需要为 OpenStack 用户运行另一个身份系统，从而降低了安全风险。
- 它有助于为 OpenStack 用户提供更好的安全性和单点登录。

因此，一个显而易见的问题是：Federated 身份是如何运作的呢？为了理解这一点，让我们看一下用户如何与 SP 和 IdP 服务进行交互。简而言之，使用 Federated 身份验证用户将包含以下步骤：

- 用户尝试去访问 SP 的某个可用资源。
- SP 检查用户是否已有经过认证了的会话（session）。如果没有，他将被重定向至身份提供者的身份认证 URL。
- 身份提供者提示用户输入身份凭证，例如用户名和密码，然后验证其身份，并发放无作用域令牌（unscoped token）。无作用域令牌包含通过了身份验证的用户所属的组的列表。

- 然后，用户使用无作用域令牌来确定服务提供商的云中的可访问的域和项目列表。
- 然后，用户使用无作用域令牌为他感兴趣的项目和域获取有作用域令牌（scoped token），并可以开始使用云上的资源。

联邦身份的一个有趣用例是使用来自两个不同云基础架构的 Keystone 服务，这两个云基础架构分别充当服务提供者和身份提供者（也称为 K2K 或 Keystone 到 Keystone 用例），从而允许来自作为身份提供者的第一个 Keystone 的用户访问作为服务提供者的另一个云基础架构上的资源。

我们在第 2 章中讨论过的 OpenStack Ansible 项目为 Keystone Federated 服务提供了丰富的配置选项。例如，您可在以下位置获得 Mitaka 版本中发布的配置选项的详细信息：`https://docs.openstack.org/developer/openstack-ansible/mitaka/install-guide/configure-federation.html`。

8. Fernet 令牌

过去，Keystone 向通过了身份验证的用户发放基于公钥基础结构（Public Key Infrastructure，PKI）的令牌。用户使用这些令牌访问各种 OpenStack 服务。PKI 令牌以 JSON 格式封装了用户身份和授权上下文（authorization context）。这使得 PKI 令牌很大。此外，这些令牌需要被存储在数据库中以允许令牌撤销。PKIZ 令牌是对 PKI 令牌的增强，因为它们通过压缩来减小令牌的大小，但因为要保存所有已发放的令牌，仍然在数据库上产生了相当大的压力。

为了克服 KPI 令牌太大以及数据库高负载这些缺点，Keystone 中引入了 Fernet 令牌，现在它已成为默认令牌格式。Fernet 令牌相对较小。使用 Fernet 令牌的主要优点是它们不需要存储在数据库中。由于不涉及数据库交互，因此创建这种令牌的速度会快很多。Fernet 令牌包含用户身份、项目授权范围和过期时间。使用密钥加密身份和授权会生成 Fernet 令牌。它们比 PKI 令牌小得多，速度也快很多。

要在 Keystone 中启用 Fernet 令牌，需要对令牌提供者做如下修改：

```
keystone.token.providers.fernet.Provider
```

OpenStack Ansible 项目默认使用 Fernet 令牌，但您可以使用用户变量 keystone_token_provider 来修改配置。由于 Fernet 使用加密密钥生成新令牌，为了维护系统安全性，这些密钥需要时不时地进行轮换（rotate）。使用 Fernet 提供者的 Keystone 服务将同时激活多个 Fernet 密钥。密钥轮换机制是可配置的，它确定了活动密钥的数量和轮换频率。需要注意那些用于配置 Fernet 密钥轮换的变量，它们是密钥存储库位置、活动密钥数目和轮换机制。

以下是 OpenStack Ansible 工具提供的默认值：

```
keystone_fernet_tokens_key_repository: "/etc/keystone/fernet-keys"
keystone_fernet_tokens_max_active_keys: 7
keystone_fernet_rotation: daily
keystone_fernet_auto_rotation_script: /opt/keystone-fernet-
rotate.sh
```

您可以在这个链接中找到 Ansible Keystone 剧本（playbook）所使用的默认配置设置：https://github.com/openstack/openstack-ansible-os_keystone/blob/master/defaults/main.yml。

3.2.2 nova-conductor 服务

如果您曾安装过 OpenStack Grizzly 版本，现在当您查看 OpenStack 节点中运行的 Nova 服务时，您可能会注意到一个名为 nova-conductor 的新服务。不用诧异！这项令人惊叹的新服务改变了 nova-compute 服务访问数据库的方式。增加该服务是为了解绑从计算节点上直接访问数据库而增强安全性。运行 nova-compute 服务的易受攻击的计算节点有可能受到各种攻击。您可以想象通过攻击虚拟机来将计算节点置于攻击者的控制之下。更糟糕的是，这可能危及数据库。然后，您会猜到结果：整个 OpenStack 集群都受到了攻击！ nova-conductor 的工作是代表计算节点执行数据库操作，并提供一层数据库访问隔离。

所以，可以认为 nova-conductor 是在 nova-compute 之上增加了一个新层。此外，不同于其他解决数据库访问瓶颈的方法，nova-conductor 将来自计算节点的请求并行化。

如果您在 OpenStack 环境中使用 nova-network 和多主机（multihost）网络，nova-compute 仍然需要直接访问数据库。但是对于每个 OpenStack 新版本，运营商可以迁移到 Neutron 以满足其网络需求。

3.2.3 nova-scheduler 服务

近些年来，在云计算领域中已经有了很多工作流调度方面的研究和实现，其目的都是为了确定资源创建的最佳放置位置。在 OpenStack 中，我们需要决定在哪个计算节点上创建虚拟机。值得注意的是，OpenStack 中已经有了一系列调度算法。

Nova-scheduler 还可能影响虚拟机的性能。因此，OpenStack 支持一组过滤器（filter），它们会检查计算节点上资源的可用性，然后通过加权机制（weighting mechanism）来过滤出计算节点列表，然后再确定启动虚拟机的最佳节点。调度程序允许您可以根据一定数量的度量标准和策略考量来配置其选项。此外，nova-scheduler 可以被视为云控制节点中的决策者（decision-maker box），它使用复杂的算法来有效地利用和放置虚拟机。

最后，正如前面所提到的，OpenStack 中的调度程序将在云控制节点中运行。试问一下：

高可用性环境中的调度程序有何不同？此时，我们可利用 OpenStack 体系结构的开放性，每个调度程序都运行多个实例，它们一同监视同一个调度请求队列。

顺便说一下，其他 OpenStack 服务也实现了调度程序。例如，cinder-scheduler 是 OpenStack 中块存储卷的调度服务。类似地，Neutron 实现了调度程序以在网络节点之间分配诸如虚拟机路由器（vRouter）和 DHCP 服务器之类的网络组件。

调度程序可以通过各种选项来进行配置，这些配置选项位于 /etc/nova/nova.conf 中。要阅读 OpenStack 调度的更多细节，请参阅以下链接：`https://docs.openstack.org/mitaka/config-reference/compute/sched uler.html`。

3.2.4　API 服务

我们已经在第 1 章中简要介绍了 nova-api 服务。现在，我们向前进一步，来学习作为云控制器中的编排引擎（orchestrator engine）的 nova-api 服务。nova-api 服务运行在控制节点中。

Nova-api 服务能将消息写入数据库和消息队列来向其他守护进程传递消息，这使得它能够处理复杂请求。该服务也是基于端点（endpoint）概念，端点是所有 API 查询的发起点。它提供两种不同的 API，OpenStack API 和 EC2 API。因此，在部署云控制节点之前，您需要决定使用哪种 API。如果两种都使用的话，可能会有一些问题。这是因为每种 API 信息呈现的异质性（heterogeneity）。例如，OpenStack API 使用名称和数字来引用实例，而 EC2 API 使用基于十六进制值的标识符。

此外，我们还将计算、身份、镜像、网络和存储 API 服务放在控制节点中，还可以运行其他 API 服务。例如，我们往往将大部分 API 服务运行在云控制节点上来满足部署要求。

应用程序编程接口（API）允许公共访问 OpenStack 服务，并提供与它们交互的方式。API 访问可以通过命令行或 Web 执行。要阅读有关 OpenStack 中 API 的更多信息，请参阅以下链接：`http://developer.openstack.org/#api`。

3.2.5　镜像管理

云控制器还将托管用于镜像管理的 Glance 服务，该服务使用 glance-api 和 glance-registry 来存储、列表和获取镜像。Glance API 提供外部 REST 接口，用于查询虚拟机镜像及相关元数据。Glance registry 将镜像元数据存储在数据库中，并利用存储后端来存储实际镜像。因此，在设计镜像服务时，需要决定采用哪种存储后端。

`glance-api` 支持几种后端存储来存储镜像。Swift 是一个很好的选择，它将镜像存储为对象，并且具有良好的扩展性。还有其他替代方案，例如文件系统后端、Amazon S3 和 HTTP。接下来的第 5 章会详细介绍 OpenStack 中的不同存储模型。

3.2.6 网络服务

就像 OpenStack 中的 Nova 服务向计算资源的动态请求提供 API 一样，网络服务也采用类似概念，通过驻留在云控制器中的 API 来提供服务。它还支持通过扩展（extension）来提供高级网络功能，例如防火墙、路由、负载均衡等。正如前面所讨论的，我们强烈建议将大多数网络工作进程（worker）分开。

另一方面，您还需考虑到云控制器运行多个服务时会遇到的大流量；因此，您应该牢记可能面临的性能挑战。在这种情况下，集群最佳实践可帮助您的部署更具可伸缩性并可提高其性能。前面提到的那些技术是必不可少的，但还不够。例如，还需要带有至少 10GB 的网卡绑定的服务器。

网卡绑定（NIC bonding）技术用于增加可用带宽。两块或者多块绑定在一起的网卡就像一块物理网卡一样工作。

您可以随时参考第 1 章中的内容，通过周密计算，以使您的云控制器能够顺利响应所有请求而不会出现瓶颈。在早期阶段过多考虑性能对于获得良好的拓扑弹性可能没有什么帮助。要实现弹性，您可以随时利用扩展性功能来改进部署环境。我们建议在需要的时候采用水平扩展方式。

3.2.7 Horizon 仪表板服务

OpenStack 仪表板（dashboard）运行在 Apache web 服务器后端，基于 Python Django web 应用框架。因此您可考虑将 Horizon 仪表板运行在一个可以访问 API 端点的单独节点上，以减轻云控制节点的负载。像大多数部署环境一样，您可以将 Horzion 运行在控制节点上，但建议对它密切监控，以便在需要时把它分离到一个单独节点上。

3.2.8 计量服务

在 Liberty 之前的 OpenStack 版本中，计量服务（telemetry service）最初只由 Ceilometer 这一个组件组成，来提供 OpenStack 中资源利用率的计量。在多用户共享的基础架构中，跟踪资源使用情况至关重要。资源利用率数据可用于多种目的，例如计费、容量规划、按需求和吞吐量的虚拟基础架构自动扩展等。

Ceilometer 最初被设计为 OpenStack 计费解决方案的一部分，但后来却发现了把它作为一个独立项目的许多用例。自 Liberty 版本以来，又有两个新服务从计量服务中分离出来成为独立服务。

- Aodh：一个子项目，负责在资源利用率超过预定义阈值时生成告警。
- Gnocchi：一个子项目，负责大规模存储度量（metric）和事件（event）数据。

Ceilometer 采用基于代理（agent）的架构。服务本身由 API 服务、多个数据收集代理和数据存储组成。Ceilometer通过REST API收集数据，监听通知（notification）并直接轮询资源。以下是数据收集代理及其角色。

- Ceilometer轮询代理（polling agent）：其提供了一个插件框架来收集各种资源的利用率数据。它在控制节点上运行，并以插件方式实现了一个灵活的框架来方便添加各种数据收集代理。
- Ceilometer中央代理（central agent）：其主要在控制节点上运行，并使用其他OpenStack服务公开的REST API来轮询租户创建的虚拟资源。中央代理可以轮询对象和块存储、网络以及使用SNMP轮询物理硬件。
- Ceilometer计算代理（compute agent）：在计算节点上运行，其主要目的是收集虚拟机管理程序（hypervisor）的统计信息。
- Ceilometer IPMI代理（IPMI agent）：在被监控的计算节点上运行。它通过服务器上的智能平台管理接口（IPMI）来收集物理资源利用率数据。被监视的服务器必须配备IPMI传感器并安装ipmitool程序。它使用消息总线发送收集到的数据。
- Ceilometer通知代理（notification agent）：从OpenStack消息总线上获取各个组件的通知数据。它也在控制节点上运行。

1. 告警

除了各种数据收集代理外，Ceilometer还包含告警（alarm）通知代理（notification agent）和评估代理（evaluation agent）。告警评估代理判断资源使用数值是否超过阈值，并使用通知代理发出相应的通知。告警系统可用于构建自动缩放的基础架构，或采取其他纠正措施。Aodh子项目旨在将告警与Ceilometer分离。您可以在部署全新OpenStack环境时启用这种分离配置。

2. 事件

事件（Event）描述了OpenStack中资源的状态变化；例如，卷创建、虚拟机实例启动等。事件可用于向计费系统提供数据。Ceilometer监听从各种OpenStack服务发出的通知，并将它们转换为事件。有关OpenStack中计量服务和监控的更多详细信息和更新，将在第10章中介绍。

3.2.9 基础架构服务

基础架构服务（Infrastructure service）不是OpenStack公共服务，但被多个OpenStack组件使用，例如数据库、消息队列和缓存等。我们来看看这些服务的性能和可靠性要求。

1. 规划消息队列

消息队列系统（message queue system）是另一个关键子系统，它必须是集群式的。如果消息队列出现故障，那么整个OpenStack集群将停止运行。OpenStack支持多种消息队列方案，包括以下几种：

- RabbitMQ

- ❑ ZeroMQ
- ❑ Qpid

我们选择 RabbitMQ 作为消息队列系统，因为它原生支持集群模式。要在 OpenStack 环境中提供高可用消息队列，RabbitMQ 消息服务器必须以集群方式运行。请记住，默认情况下，消息队列服务器集群只会复制消息服务器运行在高可用模式下所需的状态数据，但不会复制队列。队列驻留在最初被创建时所在的单个节点上。为了提供可靠消息传递服务，我们还应该启用镜像队列（mirrored queue）。

应该注意的是，即使在采用镜像队列的集群中，客户端也会始终连接到主节点（master）以发送和使用消息，从节点（slave）只会复制消息。从节点会一直保留消息，直到主节点确认消息被删除了。要提供完全集群式的活动 – 活动（active-active）消息服务，队列还需要与 Pacemaker 和 DRBD 等集群方案集成。

另一方面还要考虑消息队列中通信的安全性。RabbitMQ 使用 TLS 提供传输安全性。使用 TLS，客户端可以获得受保护不会被篡改的消息。TLS 使用 SSL 证书加密和保护通信。SSL 证书可以是自签名的，也可以由 CA 提供。此外，RabbitMQ 还基于用户名和密码提供身份验证和授权。

一个好的做法是，当我们启动一个运行有 RabbitMQ 服务的简单云控制器时，也要考虑到这些复杂的挑战。可喜的是，我们的设计是富有弹性的，可以通过增加控制节点来扩展集群。我们还可以将 RabbitMQ 服务从控制节点分离出去，以简化控制节点。

参考 OpenStack Ansible 文档中配置 Mitaka 版本中的 RabbitMQ 部分，比如：https://docs.openstack.org/develope r/openstack-ansible/mitaka/install-guide/configure-rabbitmq.html。我们将在第 9 章中深入介绍 RabbitMQ 的高可用性。

2. 整合数据库

IT 基础架构中发生的大多数灾难都可能导致数据丢失，不仅是生产数据，还包括历史数据。数据丢失可能导致 OpenStack 环境不能运行甚至无法恢复。因此，我们需要在早期阶段就采用 MySQL 集群和高可用性方案。我们可在云控制器中运行 MySQL Galera。有关配置 MySQL 集群的更多详细信息将在第 9 章中介绍。

在 OpenStack 集群中启用计量服务后，我们还需要安装 No-SQL 数据库来存储计量信息。我们将使用 MongoDB 作为 No-SQL 数据库。

3.3 云控制器集群部署准备

作为物理云控制器的支持者，为实现机器集群所做的努力被认为是向实现高可用性在正确方向上迈出的第一步。第 9 章中将讨论几种高可用（HA）拓扑。

正如我们已经看到几个服务用例，包括分离式和集群式，我们将扩展第 1 章中描述的云控制器的逻辑设计。请记住，OpenStack 是一个具有高度可配置性的平台，它能满足特定需求和特别的条件。下一步是确认第一个逻辑设计。可能会出现以下问题：它是否满足某些需求？所有服务都在安全的高可用区吗？

好吧，请注意我们采用了 MySQL Galera 集群来确保数据库高可用。这意味着云控制器集群中需要至少引入第三个控制器，以支撑 Galera 基于法定人数的一致系统（quorum-based consensus system）。

由此产生的问题是：我是否应该添加额外的云控制器来实现复制和数据库高可用？还需要第四个或第五个控制器吗？好！请一直保持这种心态吧。这个时候，您的设计方向已经是对的了，并且您已经知道必须做一些更改以应对某些物理约束。在早期阶段，我们需要确保我们的设计都是高可用的。请记住，设计的每一层都不能有故障单点！

冗余（redundeny）是通过虚拟 IP 和 Pacemaker 实现的。然后，利用 HAProxy 实现负载均衡。MySQL 使用 Galera 进行复制，RabbitMQ 被构建为集群模式，数据库和消息队列服务器被实现为 active-active 高可用模式。通过与 Corosync、Heartbeat 或 Keepalived 集成，我们的设计还有其他选择。第 9 章中将详细介绍负载均衡、高可用性和故障切换的相关解决方案。

预先准备好如何实现云控制器集群非常重要。您可以参考第 9 章的内容以查看更多详细信息和实际例子。例如，整个 OpenStack 云应能通过添加运行各种服务的节点轻松得以扩展。我们稍后会通过一种自动化方法来实现云的横向扩展。

3.3.1　OpenStack Ansible 安装部署

上面我们已经讨论了运行在控制节点上的各种服务。现在，我们来使用 OpenStack Ansible（OSA）开始部署控制节点。我们建议生产环境控制器的配置包括至少三个节点，这些节点运行 OpenStack API 服务并承载基础架构服务，例如 MySQL 服务、memcached 和 RabbitMQ 服务等。这符合我们的集群需求。

此外，除 OpenStack 控制节点之外，我们还需要一个节点来运行 OpenStack Ansible 工具，它被称为部署节点，如图 3-3 所示。

部署节点

部署节点（deployment node）上运行着 Ansible OpenStack 工具，它将在目标节点（target node）上编排 OpenStack 云节点。部署节点安装 Ubuntu 14.04 LTS 64 位操作系统。要在部署节点上运行 OpenStack Ansible，需执行以下步骤。

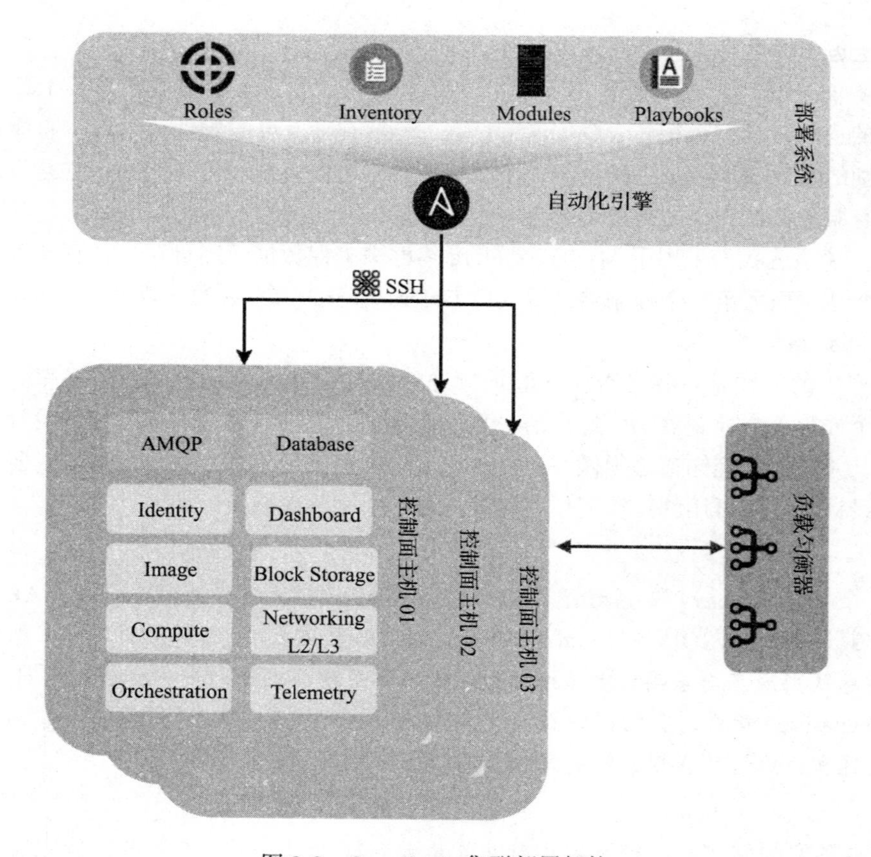

图 3-3 OpenStack 集群部署架构

（1）安装必要的软件包，包括 Git、ntp、sudo 和 openssh-server：

```
# apt-get install aptitude build-essential git ntp ntpdate
openssh-server python-dev sudo
```

（2）配置 NTP 来从网络同步时间。

（3）配置网络，使得目标主机可以从部署主机上访问到。

（4）克隆 OpenStack Ansible 代码仓库：

```
# git clone -b TAG https://github.com/openstack/openstack-
ansible.git /opt/openstack-ansible
```

（5）启动 OpenStack Ansible：

```
# cd /opt/openstack-ansible
# scripts/bootstrap-ansible.sh
```

（6）在部署节点上生成 SSH 密钥。

3.3.2　控制节点环境准备

现在我们来看一下控制节点。我们需要安装所有 API 服务，以及公共的和基础架构服务。本节中，我们会介绍用于部署控制节点的所有 OpenStack Ansible 剧本（playbook）。

1. 目标主机

控制节点是 OpenStack Ansible 的目标主机（target host）中的一部分。所有目标节点都安装 Ubuntu 14.04 LTS 64 位操作系统。

从 OpenStack Ocata 版本开始，OSA 已支持 Centos 7 了。

节点必须安装最新的系统软件包更新：

```
# apt-get dist-upgrade
```

目标节点上必须安装网卡绑定（NIC bonding）、VLAN、网桥（bridging）等软件包：

```
# apt-get install bridge-utils debootstrap ifenslave
ifenslave-2.6 lsof lvm2 ntp ntpdate openssh-server sudo
tcpdump vlan
```

配置目标节点与 NTP 服务器同步。在撰写本书时，OpenStack Ansible 最低需要内核版本 3.13.0-34-generic。

接下来，从 OpenStack Ansible 部署主机上向目标节点部署 SSH 密钥。这可以通过将部署主机的公钥添加到每个目标主机上的 `authorized_keys` 文件来实现。目标主机上能可选地配置名为 `lxc` 的 LVM 卷组（LVM volume group）。如果目标主机上存在 LVM 卷组 `lxc`，则 `lxc` 文件系统会被创建在卷组上；否则，它会被创建在 `/var/lib/lxc` 内。

2. 配置网络

目标节点的网络设置必须为以下服务提供通信路径：

- 管理网络
- 存储管理
- 租户网络

OpenStack Ansible 使用网桥（bridge）在目标节点上提供上述通信路径。租户网络既可以实现为基于 VLAN 的网段，也可以使用隧道网络（如 VXLAN）。可通过从单个网卡或多个绑定的网卡上创建子接口来提供到网桥的物理链接。管理网络由 br-mgmt 网桥提供，存储网络由 br-storage 网桥提供，租户网络由 br-vlan 和 br-vxlan 网桥提供。图 3-4 显示了采用网卡绑定（bonding）和多网卡的详细网桥配置：

尽管多网卡和绑定接口不是必需的，但我们建议在生产环境中采用这种配置。

要了解参考网络配置的详情，请访问：`https://docs.openstack.org/developer/openstack-ansible/`。

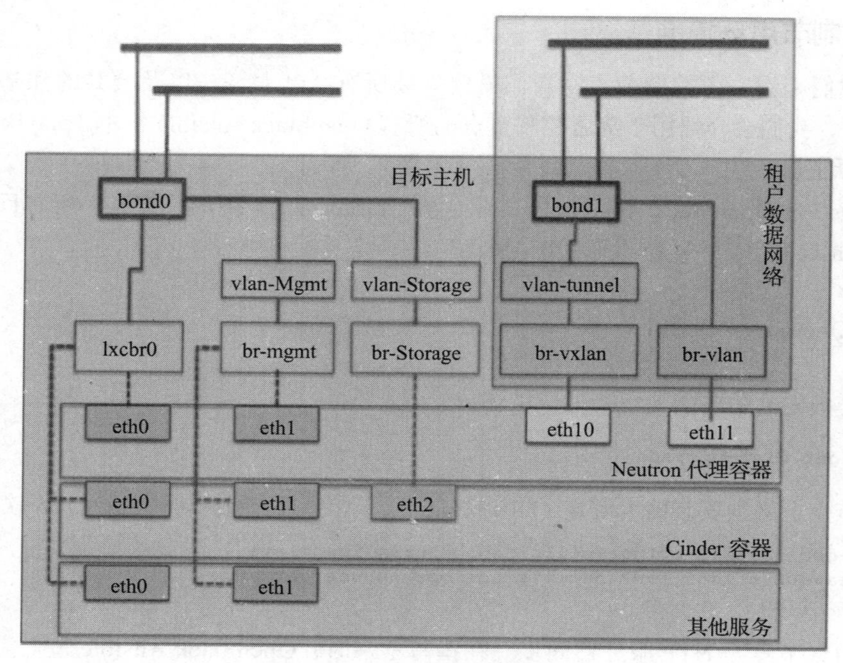

图 3-4 网卡绑定与多网桥

尽管多网卡和绑定接口不是必需的，但我们建议在生产环境中采用这种配置。要了解参考网络配置的详情，请访问：https://docs.openstack.org/developer/openstack-ansible/。

3.4 使用 OpenStack playbook 部署集群

OSA 提供 playbook（剧本）来配置各 OpenStack 服务。这些 playbook 会运行任务来在目标节点上配置 OpenStack 服务。

3.4.1 配置 OpenStack Ansible

使用 OSA 部署 OpenStack 是通过一系列配置文件来控制的。配置文件必须放在 `/etc/openstack_deploy` 文件夹中。AIO 存储库中有示例目录结构。我们可以从存储库中复制示例配置文件开始，然后再根据需求进行调整：

```
#cp /opt/openstack-ansible/etc/openstack_deploy /etc/openstack_deploy
#cd /etc/openstack_deploy
#cp openstack_user_config.yml.example openstack_user_config.yml
```

现在开始为我们的部署定制用户配置文件。openstack_user_config.yml 使用主机组（host group）来定义运行特定服务的目标主机。

3.4.2　网络配置

下一步是为我们在前面讨论中提到的不同网络路径配置网络地址。这包括用于访问服务容器（service container）的管理网络、存储和隧道网络的CIDR。以下是AIO存储库中openstack_user_config.yaml文件的示例：

```
cidr_networks:
  container: 172.47.36.0/22
  tunnel: 172.47.40.0/22
  storage: 172.47.44.0/22
```

用于容器的CIDR应与实验室管理网络相同。这些CIDR地址映射到管理、存储和隧道网桥。使用used_ips组将CIDR范围内的已在基础架构中被使用了的所有IP地址都排除掉。使用提供者网络级别（provider network level）来定义各种网络路径，例如br-mgmt、br-storage、br-vxlan和br-vlan。OSA存储库中的示例配置文件openstack_user_config.yml.example中有示例配置和详细注释。

3.4.3　配置主机组

表3-1列出了OpenStack Ansible使用的主机组及其用途。一个主机可以在多个主机组中。主机使用其管理IP地址进行标识。在openstack_user_config.yml文件中，可以添加新的分段（section）来描述我们的OpenStack基础架构，包括控制节点。在多节点安装环境中，每个分段描述一组按角色组织的目标主机，汇总如表3-1所示。

表3-1　OpenStack Ansible主机角色定义

OpenStack Ansible 主机组	角色
repo-infra_hosts	用于运行软件包仓库。shared-infra_hosts可以被分配repo-infra_hosts角色
shared-infra_hosts	运行共享基础架构服务，比如MySQL、RabbitMQ和memcached
os-infra_hosts	运行OpenStack API服务，比如Glance API、Nova API、Ceilometer API等
identity_hosts	运行身份服务
network_hosts	运行网络服务
compute_hosts	列出运行nova-compute服务的主机
storage-infra_hosts	运行Cinder API服务
storage_hosts	运行Cinder volume服务
log_hosts	列出运行日志服务的主机
haproxy_hosts	列出运行HAProxy服务的主机。在生产环境中，目标主机可以指向硬件负载均衡器

如第1章中所述，我们将使用三个控制节点来运行公共OpenStack服务，包括API服务。通过指定将哪个主机组分配给控制节点，从一个文件就可以轻松地把控制节点部署出来。在openstack_user_config.yml文件中，首先调整共享服务的shared-infra_hosts定义段，例如数据库和消息队列：

```
shared-infra_hosts:
cc-01:
  ip: 172.47.0.10
cc-02:
  ip: 172.47.0.11
cc-03:
  ip: 172.47.0.12
```

然后 os-infra_hosts 定义段将告知 Ansible 在 OpenStack 控制节点上安装 OpenStack 的 API 服务：

```
os-infra_hosts:
cc-01:
  ip: 172.47.0.10
cc-02:
  ip: 172.47.0.11
cc-03:
  ip: 172.47.0.12
```

我们还可以通过将控制节点列表加入 storage-infra_hosts 定义段，来将块存储 API 服务部署到这些节点上：

```
storage-infra_hosts:
cc-01:
  ip: 172.47.0.10
cc-02:
  ip: 172.47.0.11
cc-03:
  ip: 172.47.0.12
```

调整 identity_hosts 定义段，使 Keystone 部署在控制节点上：

```
identity_hosts:
cc-01:
  ip: 172.47.0.10
ccr-02:
  ip: 172.47.0.11
cc-03:
  ip: 172.47.0.12
```

可选地，通过修改 repo-infra_hosts 定义段，控制节点还可用于运行安装包仓库：

```
repo-infra_hosts:
cc-01:
  ip: 172.47.0.10
ccr-02:
  ip: 172.47.0.11
cc-03:
  ip: 172.47.0.12
```

要对 API 做负载均衡，在 haproxy_hosts 分段，可配置 Ansible 在每个控制节点上安装 HAProxy 作为虚拟负载均衡器：

```
haproxy_hosts:
cc-01:
  ip: 172.47.0.10
cc-02:
  ip: 172.47.0.11
cc-03:
  ip: 172.47.0.12
```

根据控制节点的 HA 设置，建议在生产环境中使用硬件负载均衡器。在 Ansible 中配置这两种负载均衡器的方法有所区别。

要在每个控制节点上安装 HAProxy，需要在 Ansible 配置文件 /etc/openstack_deploy/user_variables.yml 中做额外的设置来配置 Keepalived：

- 配置所有 HAProxy 实例共享的外部和内部 CDIR 虚拟 IP：

```
haproxy_keepalived_external_vip_cidr
haproxy_keepalived_internal_vip_cidr
```

- 配置所有 HAProxy 实例上 keepalived 绑定内部和外部 VIP 的虚拟网络设备：

```
haproxy_keepalived_external_interface
haproxy_keepalived_internal_interface
```

控制节点和 API 服务的高可用设置将在第 9 章中更详细地介绍。

Ansible OpenStack 采用不同的方式来处理服务配置的秘密（secret）和密钥（key），例如数据库根密码和计算服务密码短语（passphrase）。秘密保存在另一个文件 /etc/openstack_deploy/user_secrets.yml 中。

以纯文本形式在存储库中保存密码和密码短语存在高安全性问题，必须使用加密机制来解决。Ansible 提供了更多高级功能，可使用 Vaults 功能将密码数据和密钥保存在加密文件中。要阅读 Ansible 中有关 Vaults 的更多信息，请参阅官方 Ansible 网页：http://docs.ansible.com/ansible/playbooks_vault.html。

在重新审视 Ansible 控制平面的网络设置和主机服务设置之后，我们继续简要介绍哪些 playbook 将用于部署控制节点和公共 OpenStack 服务。

3.4.4　用于集群部署的 playbook

OpenStack Ansible playbook（剧本）是描述如何在目标系统上部署服务的蓝图（blueprint）。playbook 由任务组成，Ansible 必须执行这些任务才能启动 OpenStack 服务。另一方面，这些任务指向封装了服务部署所有细节的特定角色。

表 3-2 列出了部署各种服务的 playbook。使用 openstack-ansible 命令来运行 playbook。这是一个封装脚本，它为 ansible-playbook 命令提供了 OpenStack 配置：

```
# openstack-ansible playbook-name.yaml
```

可将 playbook-name 替换为您想要运行的 playbook 的名称。

表 3-2 OpenStack Ansible playbook

playbook 名称	OpenStack 服务
os-keystone-install.yml	身份（Identity）服务
os-glance-install.yml	镜像（Image）服务
os-cinder-install.yml	块存储（Block Storage）服务
os-nova-install.yml	计算（Compute）服务
os-neutron-install.yml	网络（Network）服务
os-heat-install.yml	编排（Orchestration）服务
os-horizon-install.yml	仪表板（Horizon）服务
os-ceilometer-install.yml os-aodh-install.yml os-gnocchi-install.yml	计量（Telemetry）服务

每个 playbook 都使用 Ansible 变量（variable）提供配置选项。playbook 将角色应用于目标主机。OpenStack Ansible 将 OpenStack 服务维护为外部角色存储库。例如，Keystone 的部署使用 os_keystone 角色，这可以在 playbook 源代码中找到：

```
...
roles:
- role: "os_keystone"
...
```

该角色的 Git 仓库地址是 https://github.com/openstack/openstack-ansible-os_keystone。

要部署控制节点，只需运行 playbook，然后 Ansible 将负责根据用户和变量配置文件编排每个服务的安装。这首先需要运行在 /etc/openstack_deploy/ 下的 setup-hosts.yml playbook，以在目标控制器主机上安装和配置容器（container）：

```
# openstack-ansible setup-hosts.yml
```

对于控制平面，我们需要安装基础架构服务，包括 Galera、MariaDB、memcached 和 RabbitMQ。这可以通过运行在 /etc/openstack_deploy/ 下的 setup-infrastructure.yml playbook 来完成：

```
# openstack-ansible setup-infrastructure.yml
```

包括镜像、网络、身份、仪表板、计算 API、计量和编排服务的 OpenStack API 服务，可以通过运行在 /etc/openstack_deploy/ 下的 setup-openstack.yml playbook 来安装：

```
# openstack-ansible setup-openstack.yml
```

由于尚未定义计算和网络目标主机，OpenStack 环境的 Ansible 配置仍然是不完整的。在接下来的章节中更详细地介绍它们之前，了解 OpenStack-Ansible playbook 如何按角色组织是至关重要的。

要通过在每个控制节点中部署HAProxy来安装虚拟负载均衡器，请使用/etc/openstack_deploy/下的haproxy-install.yml playbook，如下所示：

```
# openstack-ansible haproxy-install.yml
```

使用HAProxy来设置HA的更详细细节，会在第9章中进行介绍。

此外，在运行Ansible封装的命令行接口之前，运维人员可以通过为每个playbook配置文件设置多个选项来获得更大的灵活性。可以通过https://github.com/openstack/openstack-ansible-os_Service/blob/master/defaults/main.yml上的每个OpenStack playbook角色来自定义OpenStack配置控制平面。在使用Ansible进行部署之前，您需要对每个OpenStack服务进行配置。位于defaults目录下的每个main.yml文件都暴露了一系列选项和指令，它们会在应用角色时被应用于目标节点。例如，通过设置/openstack-ansible-os-horizon/defaults/main.yml文件中的horizon_enable_neutron_lbaas值为true，可自定义Horizon playbook以默认启用Neutron Load Balancer as a Service（LBaaS）。

应用Ansible OpenStack playbook时，user_variables.yml会被更高优先级地使用。在user_variables文件中被调整了的附加指令都将默认被加载并应用于目标主机。

3.5 总结

在本章中，我们研究了OpenStack控制节点。我们简要讨论了高可用性的需求和集群的重要性。我们将在第9章中详细讨论高可用和故障切换。我们讨论了在控制节点上运行的各个服务，以及运行OpenStack集群所需的公共服务。我们分析了Keystone服务及其对各种后端的支持，这些后端可用于提供身份和认证。我们还讨论了Keystone支持Federated身份验证这一新趋势。

之后，我们介绍了OpenStack Ansible工具，以及启动控制节点所涉及的各个playbook。我们还研究了将用于启动OpenStack服务的目标服务器的基本配置。我们讨论了网络配置，并查看了OpenStack Ansible自动化工具提供的一些自定义选项。下一章将讨论计算节点安装和各种配置选项。

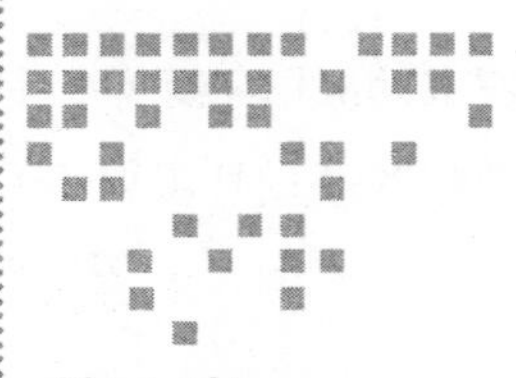

Chapter 4 第 4 章

OpenStack 计算——Hypervisor 选择与节点隔离

把脚放在合适的位置，才能站得更稳！

——亚伯拉罕·林肯（Abraham Lincoln）

舞台上一切乐器就绪后，就只差演奏者了。前面章节中，我们主要讨论了控制节点服务，这些节点负责管理和控制整个 OpenStack 集群。在 OpenStack 这个大舞台上，控制节点就如舞台上的指挥家，计算节点就像演奏者，负责管理该节点上的虚拟机，每个节点上的虚拟机就像一个演奏者所演奏的那些乐器。

计算节点应在集群中独立部署，它们构成了 OpenStack 基础架构的资源部分。计算服务器是云计算服务的核心，因为它们提供被终端用户直接使用的资源；因此，不能忽视计算节点资源在处理能力、内存、网络和存储等方面的能力。

从部署角度来看，OpenStack 计算节点的安装可能并不复杂，因为基本上它只运行 nova-compute 和 Neutron 的网络代理（network agent）。但是，它的硬件和规格选择可能并不那么显而易见。云控制器提供广泛的服务，因此我们使用高可用群集和控制器的单独部署方案来加强云控制器设置。这样，我们就可以减少服务宕机风险。另一方面，计算节点将是虚拟机运行的空间；换句话说，这是终端用户所关注的空间。终端用户只想按下按钮，就能让应用程序在你的 IaaS 层上运行。你需要确保资源充足，以使你的终端用户能实现他们的目标。

一个好的云控制器设计是必需的，但还不够；我们还需关注计算节点。在前面的章节中，我们已经讨论了 Nova API 服务。在本章中，我们将详细介绍 Nova 计算服务。

本章将重点从以下几方面进行介绍：

❑ 逐个介绍虚拟机管理程序（Hypervisor）。

- 定义计算集群的扩展和隔离（segregation）策略。
- 介绍计算节点的不同硬件要求。
- 了解启动新虚拟机的详情。
- 了解如何使用Ansible将新计算节点添加到OpenStack集群。
- 设置灾难恢复计划，以备OpenStack部署环境中的计算节点故障。

4.1　计算服务组件

计算服务（compute service）由多个组件组成，它们负责接收请求、启动和管理虚拟机。以下是计算服务的各种组件的摘要：

- nova-api服务与管理计算实例的用户API调用交互。它通过消息总线与计算服务的其他组件通信。
- nova-scheduler服务侦听消息总线上创建新实例的请求。此服务的责任是为新实例选择最佳计算节点。
- nova-compute服务负责启动和终止虚拟机。此服务在计算节点上运行，并通过消息总线侦听新建虚拟机请求。

计算节点不能直接访问数据库。此设计限制了攻击者利用攻陷了的计算节点完全访问数据库的风险。计算节点的数据库访问调用由nova-conductor服务处理。Nova使用元数据服务（metadata service）为虚拟机提供用于初始化和配置实例的配置数据。除此之外，nova-consoleauth守护进程为VNC代理提供身份验证，例如novncproxy和xvncproxy能通过VNC协议访问实例控制台。

4.2　Hypervisor决策

Hypervisor是OpenStack计算节点的核心。它也称为**虚拟机监视器**（VMM），为虚拟机提供一组访问硬件层所需的可管理性功能。OpenStack中虚拟机管理程序令人赞叹的一点是它能支持各种VMM，包括KVM、VMware ESXi、QEMU、UML、Xen、Hyper-V、LXC、裸机（bare metal）以及最近的Docker。

如果你已经有了一个或者多个Hypervisor的经验，那再来了解一下它们在架构层面的差异。目前，在编写本书时最新的OpenStack版本是Ocata，它添加或扩展了许多Hypervisor功能。请记住，并非所有的Hypervisor所支持的功能都相同。Hypervisor支持矩阵（`https://wiki.openstack.org/wiki/HypervisorSupportMatrix`）是一个很好的参考，可以帮助你做出适合需求的选择。

显然，OpenStack中的Hypervisor支持不都是一模一样的。例如，Quick EMUlator（QEMU）和**用户模式**Linux（UML）一般用于开发目的，而Xen则需要在半虚拟化平台

（paravirtualized platform）上安装 nova-compute。

半虚拟化（para-virtualization）是一种改进了的虚拟化技术，其中客户操作系统（guest operating system）需要被修改才能在 Hypervisor 上运行。来做一下对比，完全虚拟化 Hypervisor 模拟硬件平台并且能够不加修改地运行操作系统，而半虚拟化 Hypervisor 通过取消一些昂贵的硬件仿真来提供增强的性能，但需要客户操作系统被特别地编译过。Xen 和 IBM 采用了这项技术，请记住它是一种高性能方案。操作系统和 Hypervisor 高效地协同工作，这有助于避免原生系统资源仿真带来的开销。

另一方面，大多数 OpenStack nova-compute 部署都将 KVM 作为主要 Hypervisor。事实上，KVM 最适合使用 libvirt 的无状态的工作负载。

KVM 是 OpenStack 计算的默认 Hypervisor。要查看计算节点采用的 Hypervisor，请查看 `/etc/nova/nova.conf` 中的以下行：

```
compute_driver=libvirt.LibvirtDriver
libvirt_type=kvm
```

要正确无误地使用 KVM，首先检查计算节点是否加载了 KVM 模块：

```
# lsmod | grep kvm
kvm_intel or kvm_amd
```

否则，请使用下面的命令来加载必要的模块：

```
# modprobe -a kvm
```

为了使这些模块在节点重启时自动被加载（这显然是需要的），如果计算节点使用 Intel 处理器，可将以下行添加到 `/etc/modules` 文件中：

```
kvm
kvm-intel
```

如果使用的是 AMD 处理器，请将 `kvm-intel` 替换为 `kvm-amd`。后面计算节点的部署将基于 KVM。

4.3 Docker 容器与 Hypervisor

你很可能已听说过前面提到的那些 Hypervisor，但你听说过 Docker 吗？这时我们会发现 OpenStack 吸引人的一点，那就是 OpenStack 稳步增长，不断支持其生态系统中出现的虚拟化技术，例如 OpenStack nova-compute 的 Docker 驱动程序。

虚拟机提供完整的虚拟硬件平台，在该平台上可以以传统方式安装操作系统和部署应用程序，然而，容器（container）提供隔离的用户空间（user space）来托管应用程序。容器使用主机操作系统的底层内核。在某种程度上，容器提供了一种封装机制，用于封装应用程序的用户空间配置及其依赖项。这种封装的应用程序运行时环境能被打包到可移植镜像（image）中。这种方法的优点是可以以自包含镜像形式发布应用程序及其依赖项和配置，如图 4-1 所示。

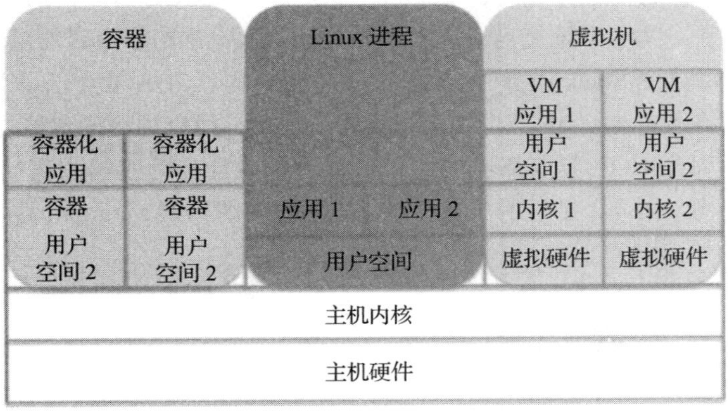

图 4-1　容器、进程与虚拟机

开箱即用，Docker 有助于企业将应用程序部署在高度可移植和自给自足的容器中，而独立于硬件和托管商。它将软件部署带入安全、自动化和可重复的环境中。一台机器上能运行大量容器，这使得 Docker 与众不同。此外，当它与 Nova 一起使用时，它会变得更加强大。因此，现在有可能管理数百甚至数千个容器，这使得它非常奇妙。你可能想知道 Docker 的用例，尤其是在 OpenStack 环境中。好吧，如前所述，Docker 基于容器，容器不是虚拟机的替代品，但它们非常适合特定部署。容器非常轻量和快速，是开发新应用的一个好的选择，甚至能更快速地移植老应用。设想一种抽象方法，它可以让任何应用与它自己的特定运行环境和配置捆绑在一起，而不会相互干扰。这都是 Docker 为我们带来的。Docker 可以将容器的状态保存为通过中央镜像仓库（central image registry）共享的映像。这使得 Docker 非常棒，因为它创建了一个可在不同云环境中共享的可移植映像。

4.4　OpenStack 容器服务项目 Magnum

OpenStack 中的容器支持存在一些混淆，特别是对于 Nova 中的 Docker 驱动程序和 Magnum 项目。OpenStack Magnum 项目提供**容器即服务**（Container-as-a-Service）功能。那两种方法有什么区别呢？好吧，Nova Docker 驱动程序旨在将 Docker 添加为 Nova 支持的 Hypervisor。这使 OpenStack Nova 能够以类似于虚拟机实例的方式启动和管理 Docker 容器的生命周期。

然而，人们很快就发现容器，尤其是应用程序容器，不像虚拟机。在容器中托管应用程序通常要部署多个容器，每个容器只运行一个进程；然后，这些容器化进程相互协作，以提供应用程序的完整功能。这意味着，与虚拟机不同，运行一个进程的容器很可能需要成组地被创建，它们需要网络连接用于协作进程之间通信，并且还需要存储。这是 OpenStack Magnum 项目背后的理念。Magnum 旨在支持使用**容器编排引擎**（Container Orchestration Engine，COE），如 Kubernetes、Apache Mesos、Docker Swamp 等来编排连接着的容器组。

与 Nova Docker 驱动程序相比，Magnum 首先要部署 COE 节点，然后启动容器组以在其中部署应用程序。COE 系统充当编排器（orchestrator），来跨多个容器启动应用程序。

Magnum 利用 OpenStack 服务来提供 COE 基础架构。COE 节点部署为 Nova 实例。它使用 Neutrons 网络服务在 COE 节点之间提供网络连接，而应用程序容器之间的网络连接由 COE 自身处理。每个 COE 节点都连接到 Cinder 卷，它会作为容器的存储。Heat 用于编排 COE 虚拟基础架构。图 4-2 显示了托管容器化应用程序的典型 Magnum 部署方式。

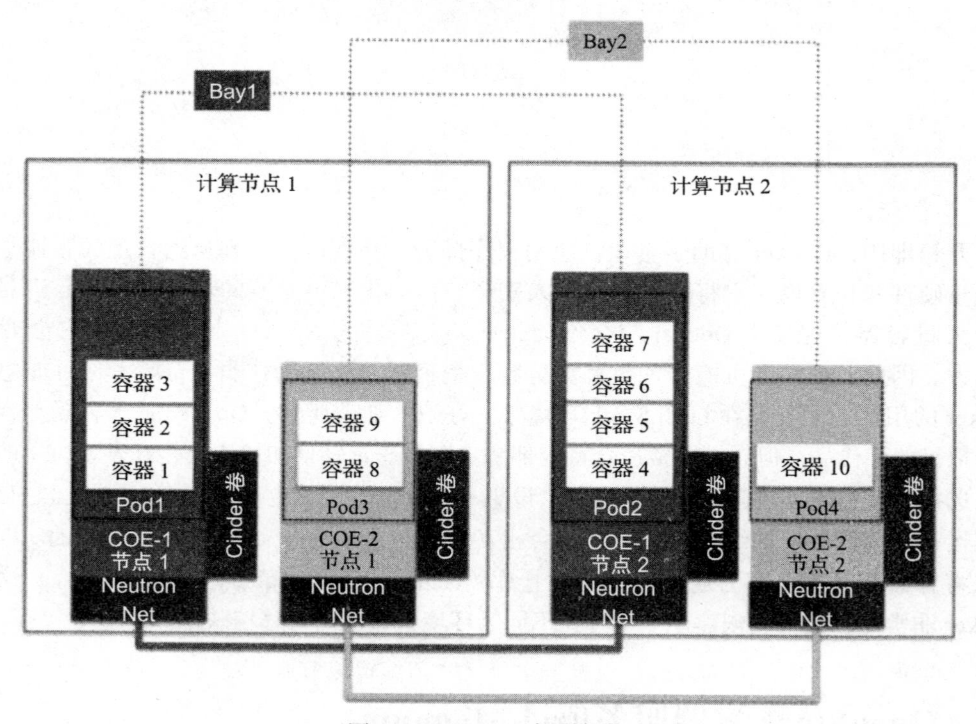

图 4-2 Magnum 部署架构

我们深入探讨一下 Magnum 概念，以及它是如何实现容器编排的。如图 4-2 所示，Magnum 定义了以下组件：

- Bay 是一组运行 COE 软件的节点。节点可以运行 API 服务，或作为计算节点（minion）。COE 体系结构包含一个 API 服务器，它接收用户的编排请求。然后，API 服务器与启动 Container 的计算服务器进行交互。
- Pod 是运行在同一节点上的一组容器。一个 Service 由一个或多个 Pod 组成，提供可使用的服务。Service 抽象是必要的，因为 Pod 可以随时被创建或删除，而 Service 则可保持可用。

- BayModel 是用于创建 Bay 的模板；它类似于用于创建虚拟机实例的 Nova flavor 概念。

Replication Controller 进程负责通过确保 Pod 有多个副本在运行来提供冗余性。它还负责在容器故障时重建容器。

Magnum 项目仍在成熟之中，变化也很大。跟踪该项目的开发是值得的，因为它为不断发展的容器技术和编排引擎提供了强大支持。要了解 Magnum 项目的开发，请参阅官方开发者 OpenStack 网站：`https://docs.openstack.org/developer/magnum/`。

4.5　计算云中的分区与隔离

随着云基础架构的规模不断扩大，你需要制定策略以维持 API 服务的低延迟和服务冗余。为了应对由于自然力或 Hypervisor 自身造成的意外停机，运营商必须规划服务连续性。

OpenStack Nova 提供了几个可帮助你隔离云资源的概念。每种隔离策略都有其自身的优点和缺点。我们必须进行讨论，从而了解 OpenStack 云运营商可用的工具，以管理计算服务器的规模和可用性需求。

4.5.1　可用区

Nova 中**可用区**（Availability Zone，AZ）的概念是将计算节点按故障域分组：例如，一个机架上的所有计算节点。如果所有节点都连接到同一个**架顶式交换机**（Top-of-Rack，ToR），或者由同一个**配电单元**（PDU）供电，那么它们就形成了一个故障域，因为它们依赖于同一个基础架构资源。可用区的概念可映射到硬件故障域概念。设想一种场景，因为 ToR 交换机故障而使所有网络连接中断，或者因为 PDU 故障导致机架所有计算节点掉电。

配置了可用区后，终端用户可选择可用区来启动实例。需要记住的是，一个计算节点不能在多个可用区之中。要为计算节点配置可用区，请编辑该节点上的 `/etc/nova.conf` 文件并更新 `default_availability_zone` 值。更新后，节点上的 Nova 计算服务需要被重启。

4.5.2　主机聚合

主机聚合（Host Aggregate）是一种计算节点分组策略，它将提供特定能力的计算节点分组。假设你有一些计算节点具有更好的处理器或更好的网络功能。然后，你就可确保需要更好物理硬件支持的这类虚拟机会被调度到这些计算节点上。

将一组元数据附加到主机组可以创建 Host Aggregate。要使用 Host Aggregate，终端用户需要使用附加了相同元数据的 Nova flavor。我们将在下面的章节中详细介绍 Host

Aggregate，并演示如何使用此概念在多 Hypervisor 环境中启动虚拟机。

4.5.3 Nova 单元

在传统 OpenStack 环境中，所有计算节点都需要与消息队列和数据库服务器通信（使用 nova-conductor）。此方法会在消息队列和数据库上产生大量负载。随着云的增长，越来越多的计算节点会连接到相同的基础架构资源，这可能会导致出现瓶颈。这就是 Nova cell（Nova 单元）概念的出发点，它将有助于扩展云计算资源。Nova cell 是通过将基础结构资源（例如数据库和消息队列）上的负载分配到多个实例来扩展计算工作负载的一种方法。

Nova cell 架构创建了几组计算节点，这些计算节点被组织为树（tree），称为 cell（单元）。每个单元都有自己的数据库和消息队列。其策略是将数据库和消息队列通信限制在单个单元中。

那么单元架构如何工作呢？让我们看一下单元架构中涉及的组件及其关联关系。如前所述，多个单元被组织为树。树的根是 API 单元，它运行 Nova API 服务但不运行 Nova 计算服务，而其他节点（称为计算单元）运行所有 Nova 服务。

单元架构将接收用户输入的 Nova API 服务与 nova-compute 的所有组件分离。Nova API 和其他 Nova 组件之间的交互由基于消息队列的 RPC 调用取代。一旦 Nova API 收到启动新实例的调用，它就会使用单元 RPC 调用在其中一个可用计算单元上调度实例创建。每个计算单元运行自己的数据库、消息队列和一组完整的 Nova 服务，但不包括 Nova API 服务。然后，计算单元通过在计算节点上调度实例来启动该实例，如图 4-3 所示。

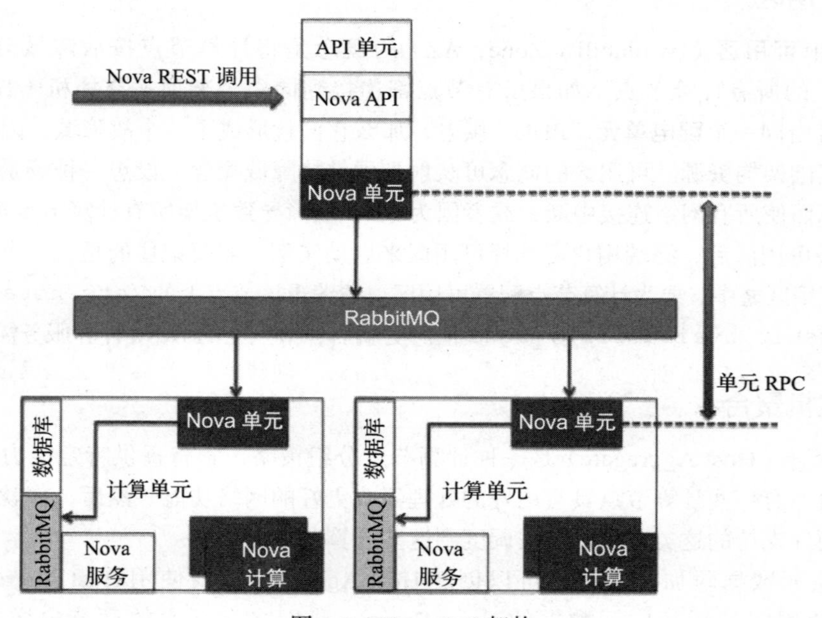

图 4-3 Nova Cell 架构

虽然 Nova 单元的实现已经有些时日了，但还没得到广泛部署，并且仍然被标记为实验性的。直到今天，Nova 单元仍是一个可选功能，但 Nova 项目正努力更新单元架构的实现，其愿景是使 Nova 单元成为实现计算云的默认架构。在当前单元架构中，实例调度需要两级调度。第一级调度选择放置新虚拟机的单元。单元被选中后，第二级调度将选择计算节点来创建虚拟机。除了其他改进之外，新的实现（V2 API）将消除对两级调度的需要。

4.5.4 区域

Nova 单元概念通过将计算节点分组来扩展计算云，它还维护了唯一 Nova API 端点。Nova 区域（Region）采用正交方法（orthogonal approach），允许使用多个 Nova API 端点来启动虚拟机。每个 Nova 区域都安装了完整的 Nova，各自都有自己的一组计算节点和 Nova API 端点。OpenStack 云的不同 Nova 区域共享同一个 Keystone 服务，用于身份验证和 Nova API 端点广告。终端用户需要选择他希望启动虚拟机的区域。Nova 单元和区域之间的另一个差异是 Nova-cell 的实现使用 RPC 调用，而区域使用 REST API。

4.5.5 工作负载隔离

虽然工作负载隔离不仅仅是 OpenStack 云的可用性功能，但还是值得在云隔离讨论中提一下。在前面的部分中，我们讨论了可用区（Availability Zone）和主机聚合（Host Aggregate），两者都能影响虚拟机实例在 OpenStack 云中的放置方式。到目前为止的讨论都只涉及单个虚拟机的调度。但是，如果你需要放置多个互相关联的虚拟机又要如何做呢？此时，需要利用亲和性策略（affinity policy）来隔离工作负载。

为了使表述更清楚，我们来举个例子，假设你有两台虚拟机并希望它们放在同一个计算节点上。另一个示例是你希望运行一应用程序的多台虚拟机并以高可用（HA）模式运行。显然，你不希望这些虚拟机都被放在同一计算节点上。

要使用工作负载隔离，必须配置 Nova 过滤器调度程序使用 Affinity 过滤器。添加 `ServerGroupAffinityFilter` 和 `ServerGroupAntiAffinityFilter` 到调度程序过滤器列表中：

```
scheduler_default_filters = ServerGroupAffinityFilter,
ServerGroupAntiAffinityFilter
```

使用 Nova 客户端创建服务器组（server group）。创建时使用亲和性（affinity）或反亲和性（anti-affinity）策略，示例如下：

```
# nova server-group svr-grp1 affinity
# nova server-group svr-grp2 anti-affinity
```

亲和性策略将多个虚拟机置于同一计算节点上，而反亲和性策略将多个虚拟机强制置于不同计算节点上。要启动与服务器组关联的虚拟机，Nova 客户端要使用 `--hint group = svr-grp1-uuid` 命令：

```
# nova boot --image image1 --hint group=svr-grp1-uuid --flavor "Standard 1"
vm1
# nova boot --image image1 --hint group=svr-grp1-uuid --flavor "Standard 1"
vm2
```

这么做会让虚拟机 vm1 和 vm2 被放置到同一个计算节点上。

4.5.6 使用多种 Hypervisor

尽管我们已决定 nova-compute 将使用 KVM，但了解 OpenStack 如何通过 nova-compute 驱动程序支持广泛的 Hypervisor 还是很有意义的。

可能你被建议过在 OpenStack 环境中使用两种或多种 Hypervisor。这可以是一个用户需求，要求提供多种 Hypervisor 选择。这将有助于终端用户解决其应用程序的原生平台兼容性问题，我们还能够在不同的 Hypervisor 环境之间调校虚拟机的性能。这是混合云环境中的一个常见主题。

图 4-4 描绘了 nova-compute 通过 libvirt 工具与 KVM、QEMU 和 LXC 集成，以及通过 API 与 XCP 进行集成，而 vSphere、Xen 或 Hyper-V 则可被 nova-compute 直接管理。

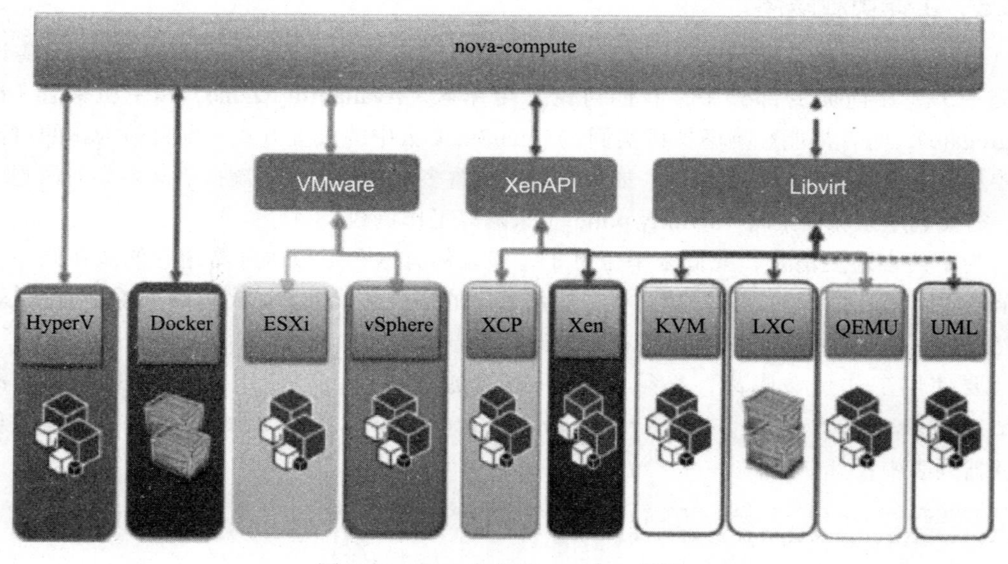

图 4-4 Nova 中的 Hypervisor 驱动

我们来举个例子，看看如何在 OpenStack 环境中实现这种多 Hypervisor 功能。如果你已在基础架构中运行 VMware vSphere，你又计划将 vSphere 与 OpenStack 集成，则此示例将适合你。实际上，Hypervisor 级别上的术语“**集成**”指的是 OpenStack 驱动程序，nova-compute 通过它管理 vSphere。OpenStack 已发布了两个计算驱动程序。

- `vmwareapi.VMwareESXDriver`：该驱动允许 nova-compute 通过 vSphere SDK 管理 ESXi 主机。

- `vmwareapi.VMwareVCDriver`：该驱动允许 nova-compute 通过 VMware vCenter 服务器管理多个集群。

设想一下我们从这种使用 OpenStack 驱动的集成中将会获得的多个高级功能，例如 vMotion、高可用性和**动态资源调度程序**（Dynamic Resource Scheduler，DRS）。了解这种集成如何提供更多灵活性非常重要。

在与 OpenStack 组合使用的 vSphere 环境中，nova-scheduler 将每个集群视为一个计算节点，它将该集群管理的所有 ESXi 主机资源聚合在一起，如图 4-5 所示。

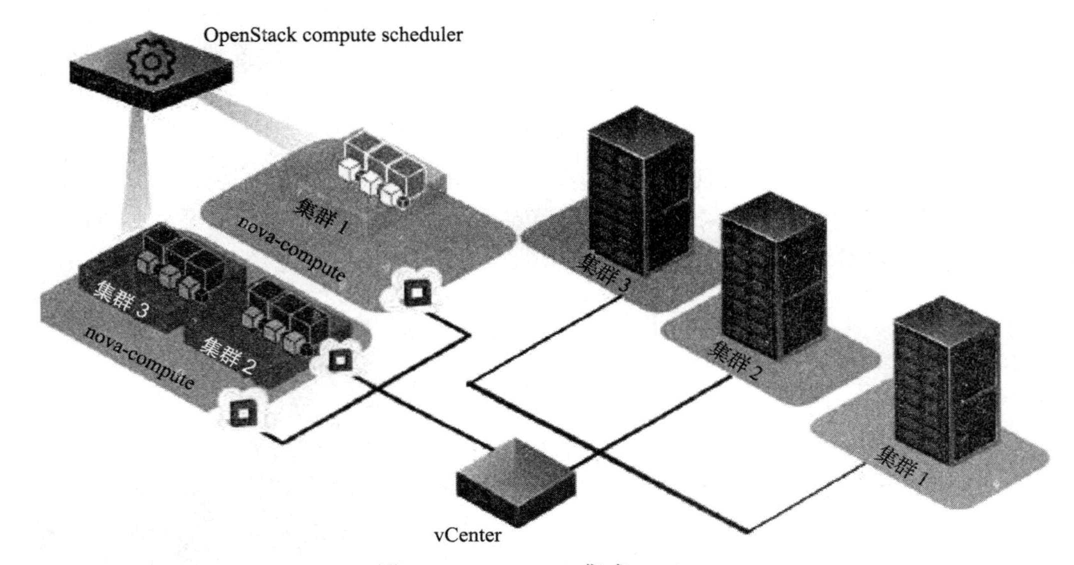

图 4-5　OpenStack 集成 vSphere

> vMotion 是 VMware vSphere 的一个组件，它能将一个运行着的虚拟机从一个主机迁移到另一个主机上。VMware 的 vSphere 虚拟化套件还提供负载均衡工具 DRS，它根据可用的硬件资源来自动移动计算负载。

从实施这种布局中得到了一个好的实践，那就是将计算节点放在独立的 vSphere 集群中，这样所有计算节点都能利用 vSphere HA 和 DRS。仅当 vSphere 集群被创建在 OpenStack 集群之外时，vCenter 才能被 OpenStack 计算节点管理。

> Host Aggregate 的一个常用用例是，你可以利用它将虚拟机调度到具有特定功能的部分计算节点上。

之前的例子是在 OpenStack 部署环境中使用 KVM 和 vSphere ESXi 来支持异构的

Hypervisor。重要的是要保证特定虚拟机运行在 vSphere 群集中。为此，OpenStack 将利用**主机聚合**（Host Aggregate）来实现这需求。它们与 nova-scheduler 一起使用，以便自动地基于其能力将虚拟机放置在部分计算节点上。

以下是其步骤的简单示例：

（1）创建一个新的主机聚合，这可以通过 Horizon 完成。

（2）选择管理项目（Admin project）。指向“管理”（Admin）选项卡并打开“系统面板”（System Panel）。单击 Host Aggregate 类别，创建名为 vSphere-Cluster_01 的新主机聚合。

（3）将管理 vSphere 集群的计算节点添加到新建的主机聚合中。

（4）创建新的实例 flavor 并将其命名为 `vSphere.extra`，设置特定的虚拟机资源规则。

（5）将新 flavor 映射到那个 vSphere 主机聚合。

这很令人赞叹，因为任何申请 `vSphere.extra` 规格实例的请求都只会转发到 `vSphere-Cluster_01` 主机聚合中的计算节点。然后，由 vCenter 决定哪个 ESXi 服务器来创建虚拟机，如图 4-6 所示。

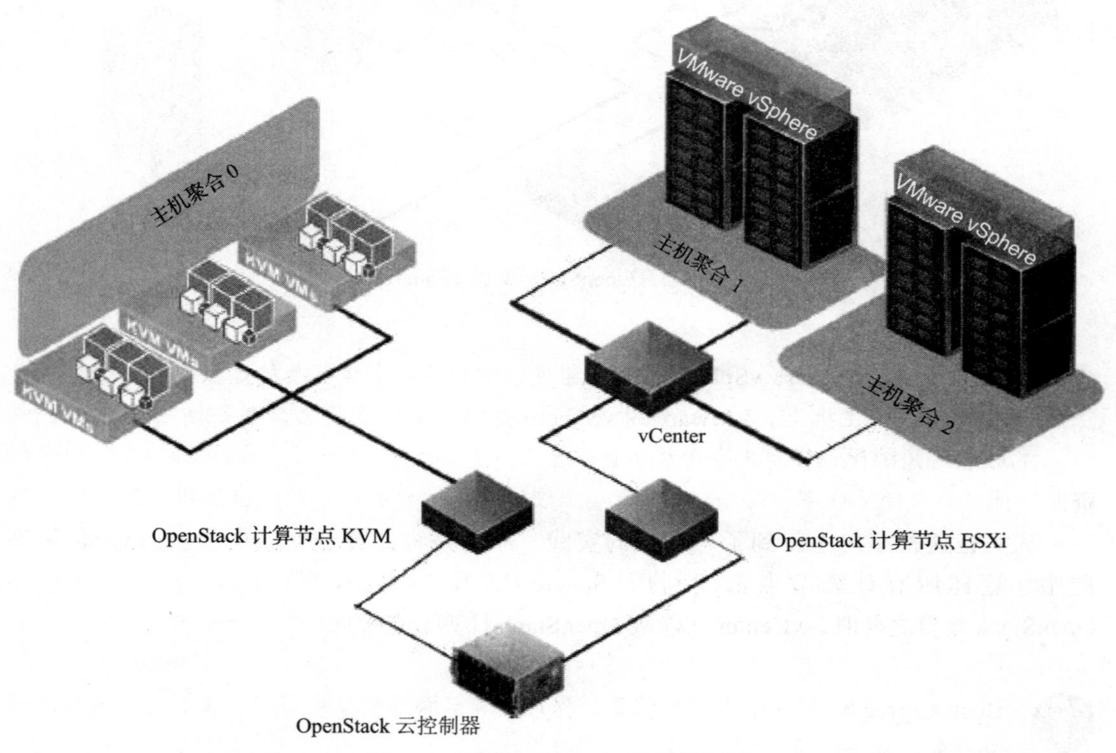

图 4-6 不同 hypervisor 组成的集群

此时，我们使用 Host Aggregate 或 Nova Cell 可以在单个 OpenStack 部署环境中运行多个 Hypervisor。如果你理解了 Hypervisor 使用方式的各种变化，请不要忘记每个计算节点只能运行一种 Hypervisor。

最后，在图 4-5 中，部分虚拟机直接在 nova-compute 节点上的 KVM 中运行，受 OpenStack 管理的 vSphere 环境则需要一台单独的 vCenter 服务器，而虚拟机运行在 ESXi 之上。

4.6　资源超分

我们已经在第 1 章中考虑了 CPU 支持虚拟化的需求。我们现在需要了解的是所需的内核数量，这会影响 CPU 能力。请记住，例如，强烈建议每个计算节点的 CPU 使用超线程（hyper-threading），它能使 CPU 核数增加一倍。

如果你能买得起如此强大的技术，那很好，这在当今也很常见。另一方面，许多情况下，你购买的物理计算节点能力可能超过了实际所需要的。为避免这种浪费，你应该记住，改变计算节点的容量很重要。

但是，没有适用于所有情况的万能公式。你需要完成三个主要步骤：

（1）以样本计算方式评估 CPU 和 RAM 资源。

（2）使用 OpenStack 资源超分功能（overcommitment）。

（3）尽可能周期性地收集资源的使用统计信息。

在第 1 章中，我们介绍了如何估算此类资源。下一步是在 OpenStack 中引入超分功能。内存或 CPU 超分是虚拟机管理程序的一个功能，允许虚拟机使用比计算主机更多的资源。例如，它允许具有 4GB 物理内存的主机上运行 8 个虚拟机，每个虚拟机分配 1GB 的内存空间。

嗯，此时并没有秘密！你也能想到，Hypervisor 计算虚拟机未使用的物理内存部分，并将其分配给在某些时刻需要更多内存的虚拟机。这是一种动态分配处于闲暇状态未被使用资源的技术。另一方面，尽管它确实是一个好功能，但也不能无节制地使用！如果资源耗尽导致服务器崩溃，那将会很危险。因此，我们需要深入地研究超分用例。

在 OpenStack 中，你可以通过更改在计算节点上的配置的默认限制来超分 CPU 和内存资源。计算节点使用比率（ratio）来确定每个硬件线程或核心可运行的虚拟机数量，以及可与实例关联的内存量。默认情况下，OpenStack 使用 16 : 1 作为 CPU 分配比例，使用 1.5 : 1 作为内存分配比例。

在为每个计算节点设置这些比率之前，建议为特定硬件收集一些测量结果。spec.org 网站发布了性能基准测试结果，其地址是 `http://spec.org/benchmarks.html#virtual`。

4.6.1　CPU 分配比率

默认的 16 : 1 CPU 分配比率意味着一个 CPU 物理核上，所有虚拟机最多可运行 16 个虚拟 CPU 核。一个具有 24 个 CPU 核的物理节点，可供调度的虚拟 CPU 核则有 24*16 个。因此，确定每个虚拟机的虚拟核数后，就可以计算出每个计算节点上能运行的虚拟机数目，比如 96 个。请注意，只有所运行的工作负载不都是 CPU 密集型时，CPU 超分才有意义。否则，你应该减小该比率值。

有时 CPU 比率值可能被误设为 1：1，此时 CPU 超分不会被启用。此时，你将无法使用比物理 CPU 核更多的虚拟核了。另一方面，一个虚拟机不能拥有比现有物理 CPU 核更多的虚拟 CPU，然而，一个计算节点上有可能所有虚拟机的虚拟 CPU 核总数超过现有物理 CPU 核数。

请记住，为每个计算节点规划 CPU 能力时，需要预留大概 20% 的能力，用于虚拟 CPU 开销，以及操作系统自身使用，以便在过载时系统能正常运行。假设一个计算节点用于虚拟机的虚拟 CPU 核总数为 100，考虑操作系统开销后，将需通过将 100 乘以 1.2 倍来更新计算公式：

100×（100% + 20%）= 计算节点所需的 120 个 vCPU

此外，新的比率值引入了一种改进资源估算的新方法。我们可添加一个新公式，来计算第 1 章中提到的资源。

用于确定计算节点上可以运行的虚拟机数的计算公式如下：

（CPU 超分比率 × 物理内核数）/ 每个实例的虚拟内核数

4.6.2 内存分配比率

默认的 1.5：1 内存分配比率，意味着如果所有实例总的内存使用量小于物理内存量的 1.5 倍，则仍然可以将新实例分配给该计算节点。例如，具有 96GB 内存的计算节点可以运行多个实例，这些实例的内存总量最多可达 144GB。在这种情况下，总共可有 36 个虚拟机，每个虚拟机具有 4GB 内存。可使用 `/etc/nova/nova.conf` 中的 `cpu_allocation_ratio` 和 `ram_allocation_ratio` 指令更改默认设置。

惊喜吗？你已经完成了计算节点所需的资源计算，并且已经预估了可运行的特定规格的虚拟机数量。OpenStack 中的规格（flavor）是一组硬件模板，用于定义内存、磁盘空间和 CPU 核数。

请记住，我们只在需要时才使用超分。为了充分利用它的价值，你应该时刻留意你的服务器。请记住，收集资源利用率统计数据至关重要，可让你在需要时使用更优的比率。超分是计算节点性能改进的起点；当你考虑调整比率值时，你需要确切知道自己到底要什么！要回答此问题，你需要在特定周期内主动监控硬件使用情况。例如，你可能会错过某些用户的虚拟机在月初或月末最后几天资源使用量突然大大增加的情况，而你对该月中间时段的表现感到满意。

我们谈论的是峰值时间，这可能因物理机器而异。使用虚拟实例的用户，例如会计系统，其需求不会始终不变。在提交资源时，你可能需要在为峰值时间分配大量资源和性能问题直接做权衡。请记住，深入了解系统是如何被虚拟化的非常重要。此外，你收集的信息越多，准备得越充分，你就会在面对意外时准备得更好。此外，你的使命是找到动态处理这些需求的最佳优化方法。然后，你需要选择一个或多个合适的 Hypervisor。

4.7　实例临时存储规划

计算节点的能力与 CPU 和内存的总容量有关，但我们还没讨论过磁盘空间容量。基本上，有很多方法可以做到这一点，但这可能会需要做其他权衡：容量和性能。

4.7.1　外部共享文件存储

实例的磁盘托管在外部，不在计算节点之中。这有很多优点，例如：

- ❑ 在计算节点故障时易于恢复实例。
- ❑ 外部存储可以被共享给其他部署环境。

另一方面，它也有一些缺点，例如：

- ❑ 高 IO 磁盘使用会影响相邻的虚拟机。
- ❑ 网络延迟导致性能下降。

4.7.2　内部非共享文件存储

在这种情况下，计算节点可利用充足的磁盘空间来满足实例需求。这有两个主要优点：

- ❑ 与第一种方法不同，高 I/O 不会影响在不同计算节点中运行的其他实例。
- ❑ 直接访问磁盘 I/O 带来了性能提升。

但是，也可以看到一些缺点，例如：

- ❑ 在需要额外存储时无法扩展。
- ❑ 将实例从一个计算节点迁移到另一个计算节点会很困难。
- ❑ 计算节点故障会自动导致实例丢失。

在所有情况下，我们需要更加关注可靠性和可扩展性。因此，采用外部共享文件存储对我们的 OpenStack 部署来说会更方便。虽然有一些问题需要考虑，但可通过减少网络延迟来提高性能。

4.8　理解实例启动过程

在 OpenStack 云上启动实例需要与多个服务进行交互。当用户申请新虚拟机时，后台要对用户请求做身份验证，然后会选择一个拥有足够资源的计算节点用于放置虚拟机，再向镜像存储发送请求去获取虚拟机镜像，并且启动虚拟机所需的所有资源都必须被分配好。这些资源包括网络连接和存储卷分配。

4.8.1 理解 Nova 调度流程

Nova 调度（scheduling）是虚拟机启动过程中的关键步骤之一，它选择最佳候选计算节点来创建虚拟机。用于放置虚拟机的默认调度程序是筛选器调度程序（filter scheduler），它使用筛选（filtering）和加权（weighting）来查找放置虚拟机的合适计算节点。调度过程包括以下步骤：

（1）虚拟机规格（flavor）描述了托管计算节点必须提供的资源。

（2）所有候选节点必须通过过滤过程，以确保它们能提供足够的物理资源来托管新虚拟机。任何不满足资源要求的计算节点都将被过滤掉。

（3）一旦计算节点通过了过滤过程，它们就会经历加权过程，根据资源可用性（resource availability）对计算节点进行排列。

过滤器调度程序使用插件式的过滤器（filter）和权重器（weight）来计算托管实例的最佳计算节点。设置 `scheduler_default_filters` 的值，就可更改过滤器或权重器列表，从而更改调度程序行为。

4.8.2 从镜像启动实例

下面来更详细地讨论启动虚拟机实例。要启动虚拟机，用户需要选择一个将被加载虚拟机中的镜像，以及虚拟机的硬件特征，例如内存、CPU 和磁盘空间。选择合适的机器规格（flavor）来确定虚拟机的硬件需求。Flavor 提供虚拟机的硬件定义。可以添加新 flvaor 以提供自定义硬件定义。

要启动虚拟机，计算节点需下载将被加载到实例中的镜像。请注意，一个镜像可用于启动多个虚拟机。镜像始终被复制到 Hypervisor。对镜像所做的任何更改都将是虚拟机的本地更改，并将在实例终止后丢失。计算节点会缓存经常使用的镜像。虚拟机镜像构成实例的第一个硬盘，可以使用块存储服务，向实例添加更多硬盘。

4.8.3 获取实例元数据

当虚拟机在 OpenStack 环境中启动后，还要为其提供用于配置实例的初始化数据。该初始化数据包括诸如主机名、本地语言、用户 SSH 密钥等信息。它可用于写存储库配置这样的文件，或配置 Puppet 或 Chef 这样的自动化工具，或基于 Ansible 进行部署所需的密钥。该初始化数据可以是与实例相关联的元数据或者用户提供的配置选项。

云镜像与一个名为 cloud-init 的实例初始化守护程序打包在一起。cloud-init 守护程序查看各种数据源，以获取与虚拟机关联的配置数据。最常用的数据源是 EC2 和 Config Drive。

EC2 源使用最广泛，它通过运行在特殊 IP 地址 169.256.169.254 上的 HTTP 服务器提供元数据服务。要检索元数据，实例必须配置了网络，并能够访问元数据 Web 服务器。通过使用 curl 或 wget 命令行向元数据 IP 地址发送 GET 请求，可以在虚拟机上检索元数据和用户数据，如下所示：

```
# curl http://169.254.169.254/latest/meta-data/
reservation-id
public-keys/
security-groups
public-ipv4
ami-manifest-path
instance-type
instance-id
local-ipv4
local-hostname
placement/
ami-launch-index
public-hostname
hostname
ami-id
instance-action
```

前面的列表展示了按层次组织的实例信息，它们可以通过向元数据端点发送 GET 请求来获取。例如，下面的方法可以下载在虚拟机启动期间注入了实例的 SSH 公钥：

```
# curl http://169.254.169.254/latest/meta-data/public-keys/0/openssh-key -O
% Total % Received % Xferd Average Speed Time Time Time Current
Dload Upload Total Spent Left Speed
100 228 100 228 0 0 1434 0 --:--:-- --:--:-- --:--:-- 1447
```

元数据本身可以以各种格式提供。在前面的示例中，我们使用了最新的元数据格式。你可以使用以下 GET 查询来查询元数据格式：GET http://169.254.169.254/。

另一方面，user-data 是定制的用户信息，可以在启动期间被注入实例。通常，user-data 可以是 shell 脚本或 userdata 文件，比如一组环境变量。假设用户需要在虚拟机启动时就获取自定义环境变量，实例启动后再访问时就不需要额外的手动配置步骤了。可以创建名为 custom_userdata_var 的文件，在使用 Nova 命令行创建实例时使用它：

```
# nova boot --user-data /root/custom_userdata_var --image some_image
cool_instance
```

实例成功启动后，要检索用户数据，可通过 OpenStack 元数据 API 查询元数据服务端点：

```
# curl http://169.254.169.254/openstack/2012-08-10/user-data
export VAR1=var1
export VAR2=var2
export VAR3=var3
```

最初的 Config Drive 实现不被视为一个完整的数据源，而是作为网络配置源。配置网络设置后，初始化流程将访问 HTTPs 元数据服务器。更高版本的 cloud-init 允许使用 Config Drive 作为完整的数据源。

4.8.4 添加计算节点

使用 OpenStack Ansible（OSA），添加计算节点比理解节点所需的资源要简单得多。基本上，计算节点上会运行 nova-compute，以及网络插件代理。在自动部署阶段，你应该了解如何使新的计算节点与控制节点和网络节点进行通信，如图 4-7 所示。

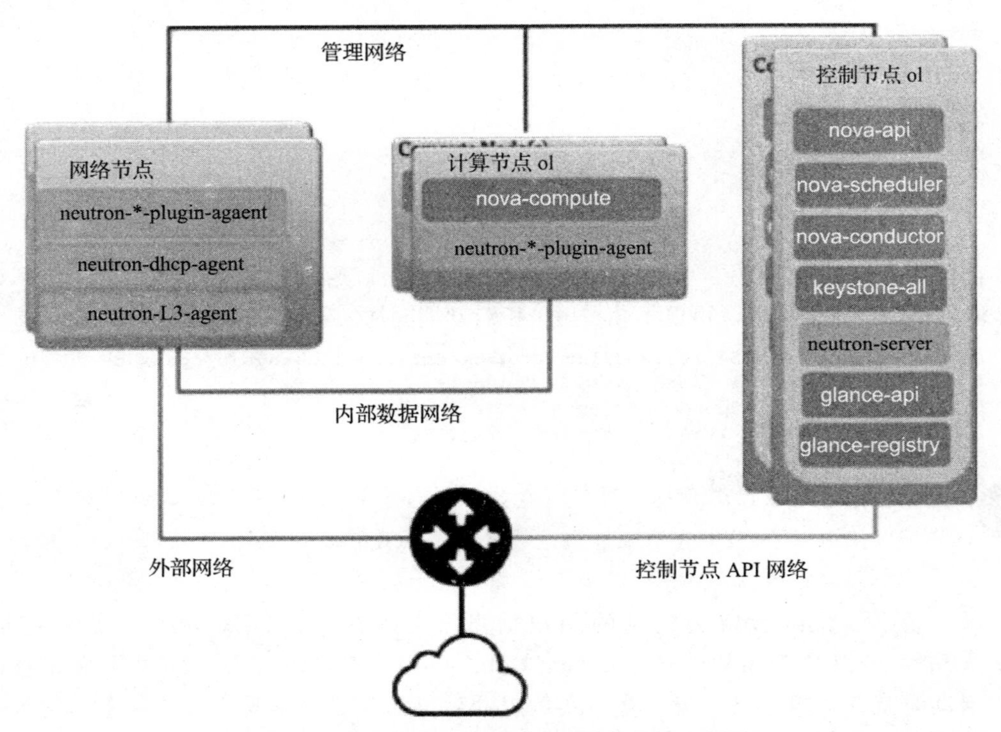

图 4-7 计算节点与控制节点和网络节点的通信

如第 3 章所述，使用 Ansible 部署计算节点可以通过修改同一个 Ansible 配置文件来完成，如下所示。

（1）修改 /etc/openstack_deploy/openstack_user_config.yml 文件，添加 compute_hosts 分段，指向新添加的计算节点：

```
compute_hosts:
cn-01:
ip: 172.47.0.20
```

（2）可以为该计算节点添加其他设置，包括虚拟机管理程序的类型、CPU 和内存的分配比率以及每个主机运行创建的最大实例数。这些可以在 /etc/openstack_deploy/

user_variables.yml 文件中定义：

```
## Nova options
# Hypervisor type for Nova
nova_virt_type: kvm
# CPU overcommitment ratio
nova_cpu_allocation_ratio: 2.0
# RAM overcommitment ratio
nova_ram_allocation_ratio: 1.5
# Maximum number of virtual machines per compute node
nova_max_instances_per_host: 100
```

（3）通过运行 /etc/openstack_deploy/ 中的 setuphosts.yml playbook，在目标计算节点上安装容器。如果 OpenStack 环境已经在运行中了，我们可以使用 --limit 选项指示 Ansible 只做新主机的部署。在 Ansible 命令行中，在 --limit 后面带上新节点的主机名称，如下所示：

```
# openstack-ansible setup-hosts.yml --limit cn-01
```

（4）（可选）通过在 /etc/openstack_deploy/conf.d/ceilometer.yml 文件中添加 metering-compute_hosts 分段，使用计量服务（telemetry service）监控新计算节点：

```
...
metering-compute_hosts:
cn-01:
ip: 172.47.0.20
...
```

（5）为了更精细地更新 OpenStack 基础架构，我们可以指示 Ansible 仅在先前在 openstack_user_config.yml 文件中添加的 compute_hosts 组中部署新服务：

```
# openstack-ansible setup-openstack.yml --limit compute_hosts
--skip-tags nova-key-distribute
# openstack-ansible setup-openstack.yml --limit compute_hosts
--tags nova-key
```

新计算节点会加入 OpenStack 环境，并为运行实例做好准备。可访问计算容器以不同方式进行验证。要确认新部署节点，请在部署节点上使用 ssh 命令行通过筛选实用程序容器来访问计算节点。所有已部署的主机都应列在 /etc/hosts 文件中。

4.9　备份恢复规划

系统管理员或云运维最关键的任务之一是规划备份。在没有灾难恢复的背景下，构建基础架构并开始用于生产会被认为风险很大，因此你需要立即采取行动。我们可能会在云计算领域找到一堆软件来完成这项工作，例如 VMware 备份解决方案。

但是，备份开源云并不容易。例如，OpenStack 不支持任何特定的备份工具。由于 OpenStack 通过多个组件的组合来提供服务，OpenStack 运营方需要熟知基础架构中的各个组件，并为每个组件准备好备份策略。策略必须是简单的、高效的、能支持自动恢复的。

因此，请看第一个问题：我们需要备份什么以及如何做备份呢？乍一看，你可能会认为备份云控制器将围绕配置文件和数据库来进行。

4.9.1 使用 backup-manager 进行备份

考虑到有许多备份方法，你可能想知道如何为你的系统选择合适的备份工具。方法之一是使用 backup-manager 工具，这是一种大多数 Linux 发行版都提供的简单命令行备份工具。你可以在节点上安装它，利用一个文件就能配置好它。如果你使用的是 CentOS 7，则需要启用 EPEL 存储库：

```
$ sudo rpm -Uvh
https://dl.fedoraproject.org/pub/epel/epel-release-latest-7.noarch.rpm
```

导入 GPG 密钥：

```
$ sudo rpm --import http://dl.fedoraproject.org/pub/epel/RPM-GPG-KEY-EPEL-7
```

安装 backup-manger 包：

```
$ sudo yum install backup-manager
```

在 Ubuntu 服务器上，使用 apt 来安装 backup-manger。请注意先要更新软件仓库。

backup-manager 的主要配置文件是 `/etc/backup-manager.conf`。你可以编辑该文件，每个分段（section）定义一个备份方法及其关联变量。我们可以从列出要备份的目录和文件开始：

```
$ export BM_TARBALL_DIRECTORIES="/var/lib/nova /etc/keystone /etc/cinder
/etc/glance /var/lib/glance /var/lib/glance/images /etc/mysql"
```

请注意，我们已从备份文件夹列表中排除了 `/var/lib/nova/instances` 文件夹，因为它包含运行着的 KVM 实例。从备份中恢复后，可启动镜像可能会损坏。出于安全考虑，首先可通过快照方式保存镜像状态，然后备份所产生的镜像文件。

然后，我们指定备份方式，比如使用 mysqldump 来备份 mysql，备份的方法为 "tarball mysql"：

```
$ export BM_ARCHIVE_METHOD="tarball mysql"
```

下一行指定保存备份的位置：

```
$ export BM_REPOSITORY_ROOT="/var/backups/"
```

你可能还得制定冗余计划。可以使用 rsync 将存档备份上传到辅助服务器。你可以使用 Swift 集群，利用它的 SWIFT 环（ring）来提供更多冗余性。

在本地备份的节点配置文件需要持续监控，尤其是磁盘空间消耗情况。尽可能密切关注监控系统，以防止服务器磁盘空间被用完。

然后，设置利用 gzip 压缩文件。比如：

```
$ export BM_MYSQL_FILETYPE="gzip"
```

（可选）你还可以指定将归档文件上传到远程服务器所使用的 SSH 账号：

```
$ export BM_UPLOAD_SSH_USER="root"
```

接下来，我们将继续备份 SQL 数据库。你可以使用传统的 mysqldump 方法。我们继续使用 backup-manager，并将以下部分添加到 /etc/backup-manager.conf 中：

```
$ export BM_MYSQL_DATABASES="nova glance keystone dash mysql cinder"
$ export BM_MYSQL_ADMINPASS="Provide the root password in /root/.my.cnf"
```

这种方法的缺点是数据库密码会用明文保存。因此，如果你打算保护数据库，请限制 /etc/backup-manager.conf 的权限，包括 root 用户。

计算节点怎么办呢？实际上，它使用相同的文件夹 /var/lib/nova/，并排除掉实例所在的子文件夹。也可以对实例进行备份，可在 Horizon 上创建实例快照，或者在虚拟机中安装备份工具。

4.9.2 简要恢复步骤

要安全可靠地恢复，请执行以下步骤。

1. 停止你要恢复的所有服务。例如，要在云控制器中恢复完整的 Glance 服务，请运行以下命令：

```
$ stop glance-api
$ stop glance-registry
```

2. 导入备份的 Glance 数据库：

```
$ mysql glance < glance.sql
```

3. 恢复 Glance 目录：

```
$ cp -a /var/backups/glance /glance/
```

4. 启动所有 Glance 服务：

```
$ service start mysql
$ glance-api start
$ glance-registry start
```

4.9.3 数据保护即服务

一些第三方解决方案可利用像 NetApp SolidFire 这样的外部存储来轻松备份 OpenStack 中租户的整个环境，也有一些方案使用对象存储来保存文件和归档。这需要对实例做定期快照，这些快照被上载到镜像存储，同时为块存储卷创建快照并上载到对象存储。这种备份方案不提供无缝且高效的备份解决方案，不仅没有考虑到增量备份，而且管理不同的备份存储也非常复杂。

4.9.4 OpenStack 社区数据备份项目

OpenStack 社区已经开始着手数据备份服务方面的工作，专门用于备份 OpenStack 环境。一个名为 Raksha 的项目旨在专为 OpenStack 提供一个非破坏性的、灵活的且应用程序感知的备份解决方案。它能对实例做全量和增量备份，并保存到对象存储。它使用 OpenStack 原生的快照机制，并利用任务调度程序进行定期和日常备份。无论什么类型的 Hypervisor，用户都可以灵活地管理运行应用程序的实例及其备份。在撰写本书时，Raksha 是一个独立项目，尚未正式集成到 OpenStack 生态系统中。要了解有关 Raksha 的更多信息，请参阅 `https://wiki.openstack.org/wiki/Raksha` 上的开发 Wiki 页面。OpenStack 中备份和灾难恢复服务的另一个新孵化项目是 Freezer。要了解 Freezer 项目的开发，请访问 `https://wiki.openstack.org/wiki/Freezer` 上的官方 Wiki 页面。

4.10 总结

在本章中，我们学习了用于构建可伸缩和响应式计算集群的各种扩展和隔离技术。我们了解了实例调度、启动和初始配置过程，讨论了容器和容器编排系统，以及 Magnum 项目中的各个概念。这应该让你清楚地了解了 OpenStack 最新支持的各种 Hypervisor。

我们还通过改进与虚拟机管理程序选择相关的决策，从硬件角度审视了需求，并了解了如何为计算节点选择最佳存储。本章详细介绍了如何使用 Ansible 在现有 OpenStack 集群中部署新计算节点，这是第 3 章中讨论过的 Ansible 设置的补充。

另一个着重强调的主题是如何备份 OpenStack 环境。这不可以被忽略，随着 OpenStack 部署环境的不断增长，每个节点的磁盘使用量可能会大幅增加，这很容易把节点弄坏。在这种情况下，我们必须了解 OpenStack 中的存储选项，并如何利用它们来实现不同目的，这将在下一章中详细介绍。

第 5 章 Chapter 5

OpenStack 块、对象存储与文件共享

力量源于自信

——威廉·哈兹里特（William Hazlitt）

大规模云计算部署需要可靠、可扩展且强大的存储解决方案。下一代数据中心将充分利用云存储的强大功能。软件定义存储简化了数据中心存储基础架构。利用 OpenStack，在数据中心通过软件管理存储变得更加容易。此外，OpenStack 提供了多种存储类型，需要深入理解每种类型，才能针对我们的负载需求做出合适的选择。

本章的任务是让读者对 OpenStack 环境中的存储设计充满自信。在本章，我们将学习如何使用 Swift、Cinder 和 Manila。此外，我们还将学习 Ceph，一种与 OpenStack 无缝集成的云存储解决方案。

本章将介绍以下主题：

- 理解 OpenStack 中的不同存储类型。
- 讨论存储系统最佳实践。
- 了解 Swift 架构及运行原理。
- 深入研究 Cinder 并介绍其用例。
- 讨论 Manila，一个基于文件共享的存储项目。
- 了解 Ceph 以及将其集成到 OpenStack 中的方法。

5.1 OpenStack 存储类型

哪种存储技术适合你的 OpenStack 云环境呢？要回答这个问题，有必要区分不同存储类型。OpenStack 云可以与许多开源存储解决方案协同工作，这可能是一个优势，但你也可能被其复杂性压垮。因此，你面临的问题是，你需要什么样的存储解决方案：持久存储还是临时存储？

5.1.1 临时存储

简单起见，我们将从非持久存储开始，也称为临时存储（ephemeral storage）。顾名思义，在 OpenStack 环境中使用虚拟机的用户在虚拟机终止后将丢失关联的磁盘。当租户在 OpenStack 集群上启动虚拟机时，Glance 镜像的一份拷贝会下载到计算节点上。此镜像将作为 Nova 实例的第一个磁盘，它提供临时存储。一旦 Nova 实例终止，存储在该磁盘上的所有内容都将丢失。

临时磁盘既可能在 Hypervisor 主机上的存储中创建，也可以通过 NFS 挂接方式在外部存储中创建。当使用第二种方式创建时，可以在多个计算节点之间迁移虚拟机，因为实例根磁盘位于可被多个 Hypervisor 主机访问的共享存储上。

5.1.2 持久存储

持久存储（persistent storage）意味着存储资源始终可用。关闭虚拟机不会影响持久存储磁盘上的数据。OpenStack 中的持久存储可分为三类：对象存储（object storage）、文件共享存储（file share storage）和块存储（block storage），对应的项目分别是 Swift、Manila 和 Cinder。我们在第 1 章中已经简单介绍了这三个项目。接下来，我们将深入理解 OpenStack 的每个存储选项，看看 OpenStack 如何将不同的存储概念用于不同目的。

对象存储不是 NAS/SNA

对象存储允许用户使用 RESTful HTTP API 以对象形式存储数据。如果将对象存储系统与传统 NAS 或 SAN 存储进行比较，我们会说对象存储可以无限扩展，可以更好地处理节点故障而不丢失数据。让我们仔细看看对象存储与传统的基于 NAS/SAN 的存储到底有何不同：

- ❑ 数据与它的多个副本作为**二进制大对象**（binary large object，blob）存储在对象存储服务器上。
- ❑ 对象存储在平面命名空间（flat namespace）中。与传统存储系统不同，它们不保存任何层次结构。
- ❑ 使用诸如 REST 或 SOAP 之类的 API 来访问对象存储。无法通过文件协议（如 BFS、SMB 或 CIFS）直接访问对象存储。
- ❑ 对象存储不适用于高性能要求以及经常更改的结构化数据，例如数据库。

5.2　Swift 对象存储

Swift 是前两个 OpenStack 项目之一。它是 NASA 和 Rackspace 联合贡献给 OpenStack 社区的。基于对象的存储系统的发展，受到存储系统使用方式上一些重大改变的推动。

首先，Web 和移动应用程序的出现从根本上改变了数据使用方式。其次，一个重大变化是引入了**软件定义存储**（SDS）的概念，它将存储解决方案与底层硬件分离，并使用商品存储服务器来构建大型分布式存储系统。

Swift 对象存储服务类似于 Amazon AWS 提供的对象存储服务（S3）。

采用 Swift 作为云存储解决方案，你会获得多种优势，其中一些优点如下。

- 可伸缩性（Scalability）：Swift 被设计为能提供性能和可伸缩性的分布式体系结构。
- 按需（On-demand）：Swift 能被集中式管理，支持按需创建存储。
- 弹性（Elasticity）：Swift 能动态按需增加或减少存储资源。

5.2.1　Swift 架构

使用 Swift 而不是专业厂商的硬件来管理数据，你将获得与扩展存储系统相关的难以置信的灵活性和功能。这就是 SDS 的全部内容。Swift 根本上就是一种全新存储系统，可以在不影响数据可用性的情况下向外扩展和容忍故障。Swift 不会尝试成为其他存储系统的样子，它不会模仿它们的界面。相反，它会改变存储的工作方式。Swift 架构是分布式的，可以防止任何单点故障（Single Point Of Failure，SPOF），它还被设计为能够水平缩放。Swift 包括以下组件。

- **Swift 代理服务器**（proxy server）：它通过 OpenStack 对象 API 或原始 HTTP 接受传入的请求。它接受文件上传、元数据修改或容器创建等请求。代理服务器可能依赖于缓存，通常与 memcached 一起部署以提高性能。
- **账户服务器**（account server）：它管理对象存储服务的账户。其主要目的是维护与账户关联的容器列表。Swift 账户相当于 OpenStack 上的租户。
- **容器服务器**（container server）：容器是 Swift 账户中由用户定义的存储区域。它维护容器中存储的对象列表。容器在概念上可类比传统文件系统中的文件夹。
- **对象服务器**（object server）：它管理容器中的实际对象。对象存储定义了实际数据及其元数据的存储位置。请注意，每个对象只能属于一个容器。

元数据提供对象的描述性信息，它被存储为键值对。例如，一个数据库备份可包含有关备份时间和备份工具的信息。Swift 使用底层文件系统的**扩展属性**（extended attributes，xattr）来存储元数据。

此外，还有更多进程在后台处理任务。其中最重要的是复制服务（replication service），它确保集群的一致性（consistency）和可用性（availability）。其他后台处理进程包括审计程序（auditor）、更新程序（updater）和清理程序（reaper）。

审计程序、更新程序、复制程序和清理程序是 Swift 运行的后台守护进程。请注意，这些进程可能是高资源使用者，这可从磁盘 I/O 流量的增加上得到确认。建议调整每个对象和容器配置文件的一些设置。例如，可以为每个后台守护程序指定并发数，来限制在每个节点上同时运行的后台进程数。要了解更多关于 Swift 对象、容器和服务器配置的信息，请查看链接：http://docs.openstack.org/mitaka/config-reference/object-storage.html。

（1）对数据做索引

对象存储设备（OSD）中的数据搜索、检索和索引都要利用元数据。虽然传统 NAS 存储也使用元数据，但你应该知道元数据与对象本身一起被以键值对形式存储在 OSD 中。而且，OSD 不停地对对象打标签，即使对象因为存储效率被切片或分块了。

（2）API 访问

Swift 代理进程（proxy process）是唯一与存储集群外部进行通信的进程，它负责监听 REST API 并与之通信。正是有了 Swift 代理，我们才能够访问 OSD。另一方面，Swift 为 PHP、Java、Python 等编程语言提供了编程库，以便易于与应用程序集成。库使用 HTTP 调用与 Swift 代理通信。

对象请求始终需要身份验证令牌。因此，可以通过 WSGI 中间件（通常是 keystone）配置身份验证。

要获取对象存储 API 的完整参考，请访问：http://de veloper.openstack.org/api-ref-objectstorage-v1.html。

（3）Swift 网关

虽然对象存储不提供传统数据访问接口，比如 CIFS 和 NFS，但可以使用一个与存储接口交互的附加层来实现这种接口，该层被称为 Swift 文件系统网关。这使得 Swift 与传统应用程序的集成成为可能。

5.2.2 Swift 在物理设计上的规划

使用 Swift 的一个特点是要考虑数据持久性和可用性。默认情况下，Swift 集群存储设计会考虑使用三副本。因此，一旦数据被写入，它就会同时被保存在另外两个冗余副本中，从而提高数据可用性。另一方面，这意味着你将需要更多的存储容量。此外，参考第 1 章中的第一个逻辑设计，我们为存储选择了专用网络。

这么做是有原因的，首先是逻辑网络设计的考虑，其次，是为了降低网络负载。想象一个场景，当某个 50TB 的存储节点出现故障时，为了维护三副本，你需要向远端传送大量数据。这可能需要几个小时，但我们需要它尽可能早地完成。我们应该注意存储服务器和代理服务器之间的带宽使用情况。这是我们将重点放在物理设计以及 Swift 中对象组织方式上的一个很好的理由。

前面，我们看到账户、容器和对象这些概念构成了 Swift 中的数据，而数据需要物理存储。现在，首先来构建存储节点。请记住，Swift 旨在隔离故障，通过对节点分组而使得规模能够更大。因此，Swift 定义了一个新的层次结构，它有助于从物理层中抽象出数据的逻辑组织。

- **区域**（Region）：在地理分布的环境中，数据可以被放置在不同区域的多个节点中。这就是多区域集群（Multi-Region Cluster，MRC）的概念。由于区域内的服务器之间距离很远，因此用户需要承受访问的高延迟。为此，Swift 通过读写亲和性（read/write affinity）来提升读写性能。根据各连接的延迟数据，Swift 发回离用户更近的数据。另一方面，它将尝试在本地写入数据并将数据异步传输到其余区域。
- **区**（Zone）：区域包括若干个区，区定义了 Swift 能提供的可用性水平。一组物理设备，比如，一个机架，甚至一个存储节点，都可以组成一个区。你可能已经猜到了区可用于隔离相邻区域的故障。

建议你的数据有几个副本集群就有几个区。一个集群至少从一个区开始。

- **存储节点**：存储抽象从区域开始，区域是最高级别，然后是区域内的区，然后是存储服务器，它们组成了区。一组存储节点形成一个集群，该集群运行 Swift 进程并存储账户、容器、对象数据及其关联的元数据。
- **存储设备**：这是 Swift 数据堆栈的最小单元。存储设备可以是存储节点内部设备，或者与存储节点相连的机箱中的一组磁盘。

Swift 可利用一组磁盘（JBOD）作为其驱动器，并且无须配置可作为单独的驱动器被主机访问；JBOD 与 RAID 不同，RAID 将一组磁盘视为单个存储单元。

图 5-1 显示了 Swift 的层次结构。

5.2.3　Swift 环

Swift 环（ring）定义了 Swift 集群处理数据的方式。前面我们讨论了 Swift 中的各种构造，例如区域、区、节点和设备，但是 Swift 如何实际将数据存储在磁盘上？如何维护和存储副本？理解 Swift 环的概念将有助于回答这些问题。

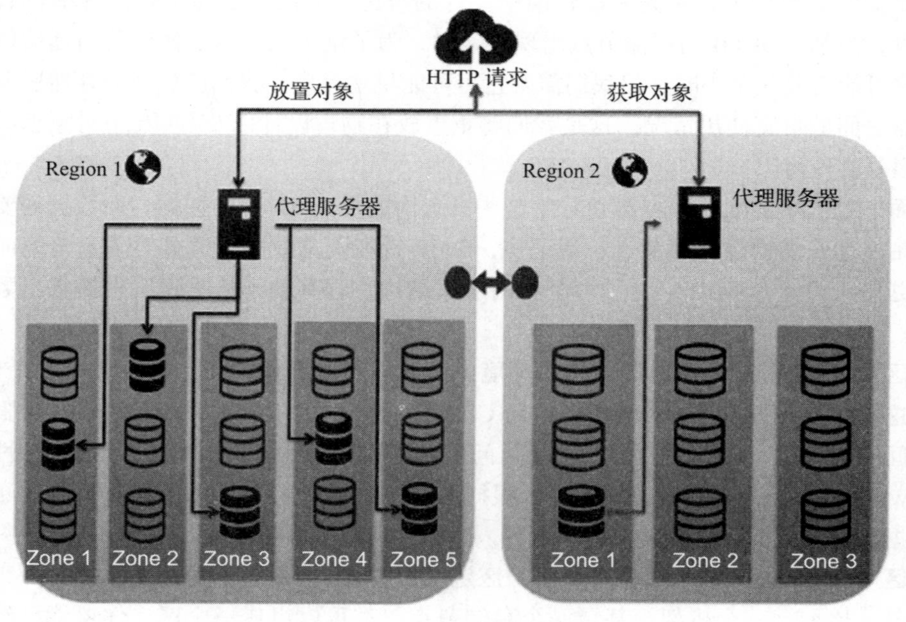

图 5-1 Swift 层次结构

在 Swift 中，对象数据的逻辑布局被映射到基于账户、容器和对象层次结构的路径。在 OpenStack 上下文中，账户映射到租户。每个租户可以有多个容器，就像文件系统中文件夹一样，一个容器内的对象就像传统基于存储的文件系统中文件夹中的文件。

Swift 环将数据的逻辑布局从账户、容器和对象映射到集群上的物理位置。Swift 为每种存储构造维护一个环，如图 5-2 所示。也就是说账户、容器和对象都有各自的环。Swift 代理找到适当的环来确定存储构造的位置，例如，要确定容器的位置，Swift 代理定位到容器环。

环通过外部工具 `swift-ring-builder` 构建。环构建器工具生成 Swift 存储集群的设备清单，将集群划分为称为分区（partition）的槽（slot）。

一个经常被问到的问题是一个环应有多少个分区？建议将每个存储磁盘分为 100 个分区。例如，有 50 个磁盘的对象存储集群会有 5000 个分区：

下面是环构建命令的一般格式：

```
#swift-ring-builder <builder_file> create <part_power> <replicas>
<min_part_hours>
```

`<builder_file>` 可 以 是 `account.builder`、`container.builder` 或 `object.builder` 之一。分区数是接近 2 的 `<part_power>` 次方的一个数字。例如，如果我们有 50 个磁盘，每个磁盘有 100 个分区，那么总分区数目为 5000，最接近 2 的某次方的数字是 8192，则可 <part-power> 为 13。建议将近似值四舍五入到较高的数。

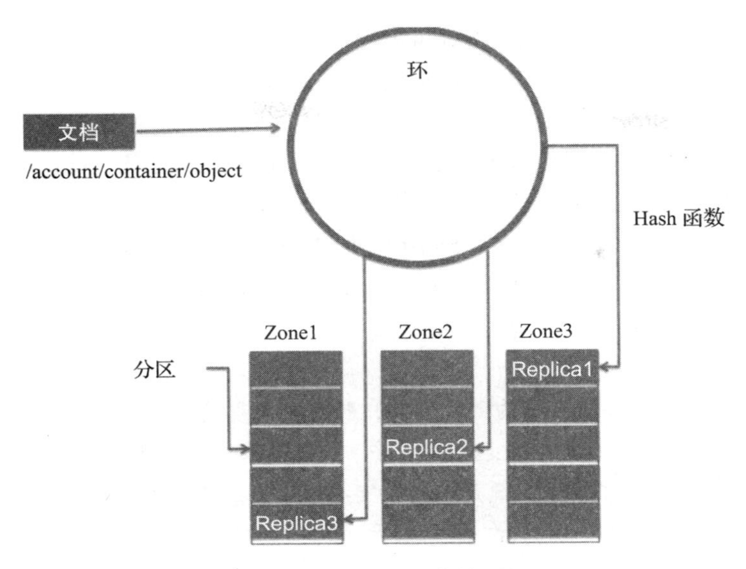

图 5-2　Swift 中的环

建议集群中每个分区有 3 个副本。<min_part_hours> 以小时为单位，是一个分区的一个副本被连续移动两次之间的最小时间间隔。下面是构建账户环的示例：

```
#swift-ring-builder account.builder create 13 3 1
```

环构建好后，必须将设备添加到环中，并使用以下 Swift 命令行工具启动重新平衡（rebalance）：

```
# swift-ring-builder <builder_file> add z<zone>-
<ip>:<port>/<device_name>_<meta> <weight>
# swift-ring-builder <builder_file> rebalance
```

存储在 Swift 中的数据被分配到这些分区中。数据的完整路径决定了数据所在的分区。这是通过对象路径做 MD5 哈希来确定的，比如：

```
md5("/account/container/object")
```

此哈希只有一个特定部分被用作将对象放入分区的索引。Swift 维护分区的副本并将它们分散到不同的区中。在较高的层次上看，Swift 就像一个巨大的哈希数据结构，其中所有可用空间都被分成槽，然后使用哈希函数来将数据映射为槽位。

5.2.4　Swift 存储策略和纠删码

在 Swift 中实现数据高可用性的传统方法是维护数据的多个副本，并将它们分散到不同的区域、区、节点和磁盘上。从冗余角度来看，这种策略很有效，但它的存储成本非常高。被存储的每个对象都使用默认三副本的话，可用存储量只有总容量的三分之一。

如果数据很重要，为了实现冗余，你可能愿意为三副本投资。但这对利用昂贵的 Swift 对象存储系统来满足数据可用性和性能需求提出了挑战。Swift 存储策略旨在使用差异化数据复制策略来解决冗余性和成本之间的矛盾。

那除了副本 Swift 到底还能使用什么样的策略呢？这时，纠删码（erasure coding）作为另一个冗余性策略登场了。纠删码使用奇偶校验（parity）来重建丢失的数据。当用户将文档上传到配置了纠删码的对象存储时，Swift 代理将数据分成多个段（segment）。然后，它调用 PyECLib 将数据段编码为纠删码段（erasure-coded fragment），然后将片段流式传输入存储节点。

纠删码是一种面向存储系统的创新方法，利用编码理论来解决性能和成本之间的平衡问题。针对不同的存储特性，已经有了多种纠删码实现。自 Kilo 发布以来，OpenStack 已经在 Swift 项目中添加了纠删码。为了支持使用纠删码对对象进行编码和解码，Swift 使用一个后端库 PyECLib 为若干纠删码库（如 liberasurecode）提供 Python 接口。PyECLib 具有扩展性，能以插件形式整合自定义纠删码实现。要阅读在 Swift 中集成 PyECLib 的更多信息，请参阅开发者 OpenStack 网站：https://docs.openstack.org/devel oper/swift/overview_erasure_code.html#pyeclib-external-erasure-code-library。

要获取数据，代理服务器同时请求参与存储的多个节点以获得编码的数据片段，这些片段被重组以重建对象，并将它们发送回客户端。用于生成纠删码的库可配置为 PyECLib 插件。纠删码机制需要数据大小 40% 左右的容量，这比基于复制的方案小得多。可以将此方法与 RAID 进行类比。默认的 Swift 复制策略，类似于 RAID1，也称为镜像（mirroring），其中数据在磁盘之间被复制。纠删码类似于 RAID 5，其中数据被划分为条带（strip），并且生成奇偶校验条带以便从磁盘故障中恢复数据。

现在，Swift 允许创建具有不同存储策略的容器。有关存储策略以及如何在 Swift 集群上启用它们的完整文档请访问官方 OpenStack Swift 开发人员网站：http://docs.openstack.org/developer/swift/overview_policies.html。

5.2.5 Swift 硬件考虑

基本上，我们想知道需要多少个代理和存储节点。请注意，我们可以逻辑上对一个节点中的容器、账户和/或对象进行分组，以形成一个存储层。由一组存储层组成的几个机架，如果具有同样的物理故障点，比如连接到一个单独的交换机，会被分组为一个区（zone）。以下是我们打算部署的示例配置：

- 对象存储容量为 50TB。
- 集群采用三副本。

- 文件系统为 XFS。
- 采用 2.5TB 磁盘。
- 每个机箱带 30 个磁盘槽位。

通过几步简单的计算，我们就能得出需要多少个存储节点。假设采用 3 个副本的集群，可以通过以下方式计算总存储容量：

50*3 副本 = 150TB

重要的是，如果文件系统大小超过 50TB，需要计入 XFS 文件系统元数据开销因子 1.0526。这篇文章可供参考：`https://rwmj.wordpress.com/2009/11/08/filesystem-metadata-overhead/`。

考虑到元数据开销的因素，计算总原始存储容量时可四舍五入到最接近的十进制数，如下所示：

150*1.0526 = 158TB

现在，可以算出所需的磁盘总数：

[158/2.5] => 64drives

最终，通过下面的计算得出所需的存储节点总数：

64/30 = 2.1333 -> 3nodes

5.2.6　Swift 节点资源配置考虑

Swift 集群中的代理服务器转发客户端请求到存储节点，然后发回响应，这会增加 CPU 利用率。存储节点将执行密集的磁盘 I/O 操作，再考虑到 Swift 做数据复制和审计的后端进程，强烈建议配备更多 CPU 给存储节点。

因此，每个节点的驱动器越多，则需要的 CPU 也越多。假设使用 2GHz 的 CPU 处理器，CPU 核的 G 赫兹数与驱动器数的比率为 3∶4，我们可以计算出所需的 CPU 核数，如下所示：

（30 磁盘 * 3/4）/2GHz = 11.25CPU 核

CPU 核数可以通过下面的公式计算出来：

总磁盘数 *（核数：磁盘比）/ 每核 G 赫兹数

Swift 推荐使用 XFS 文件系统，它利用内存作为缓存。更多内存意味着更多缓存，因此对象访问就更快。它尽量缓存最多的数据，来减轻网络压力。一开始每台服务器具有 2GB 内存。

最后，我们需要为存储节点找到适合的成本与性能平衡点。账户和容器服务器可利用 SSD 磁盘，以提高数据本地读写速度。同时，对象存储服务器采用 6TB SATA/ATA 磁盘。请注意，如果对象存储服务器的 IOPS 较低，则应添加更多磁盘，直到获得可接受的 IOPS 值。

5.2.7 Swift 网络配置考虑

我们的第一个网络设计假设有专用网络用于存储系统。事实上，我们应该提醒自己，我们正在谈论一个大型基础设施，更准确地说，Swift 正在成为 OpenStack 部署环境中一个很大的组成部分，它还包括很多子部分。出于这个原因，我们将扩展 Swift 网络如下。

- **前端集群网络**（front-cluster network）：代理服务器通过此网络与外部客户端通信。此外，它还转发集群外部 API 访问的流量。
- **存储集群网络**（storage cluster network）：利用此网络，存储节点和代理之间互相通信，同一区域内的机架上的节点之间互相通信。
- **复制网络**（replication network）：我们非常关心基础设施规模的发展。因此，我们将针对多区域内的集群做相同的规划，我们设计一个专用网段用于存储节点之间的数据复制。

图 5-3 是 Swift 网络示意图。

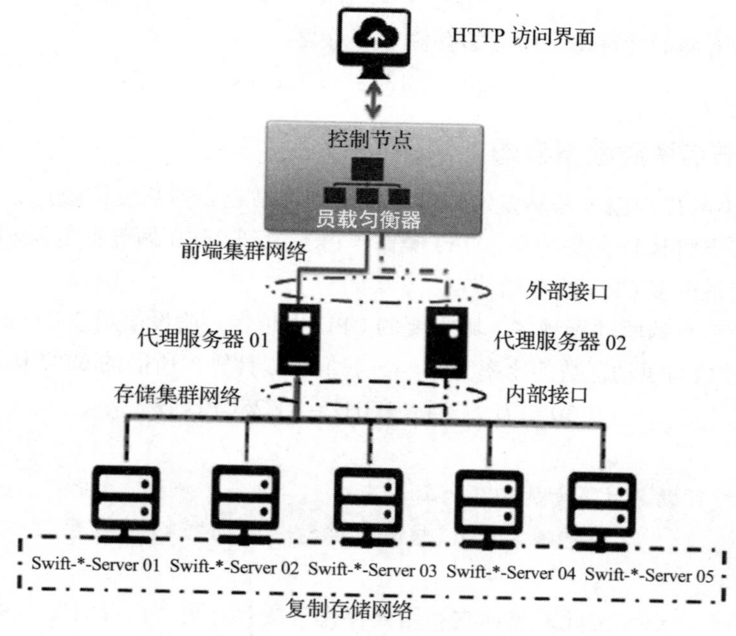

图 5-3 Swift 网络架构示意图

5.2.8 Swift 服务部署

我们使用 OpenStack Ansible 来部署 Swift 服务。下面这些文件控制 Swift 部署过程：

/etc/openstack_deploy/conf.d/swift.yml 和 /etc/openstack_deploy/user_variables.yml。

OpenStack Ansible 项目建议至少采用三个存储节点，每个节点带五个磁盘。第一步是将文件系统添加到磁盘。我们将使用 Swift 项目推荐的 xfs 文件系统，因为它支持缓存并利用扩展属性保存对象的源数据。将 X 替换为相应的磁盘号：

```
# apt-get install xfsprogs
# mkfs.xfs -f -i size=1024 -L sdX /dev/sdX
```

必须为所有 5 个磁盘创建文件系统。接下来在 /etc/fstab 中创建一个条目，以在节点启动时挂载磁盘：

```
LABEL=sdX /srv/node/sdX xfs
noatime,nodiratime,nobarrier,logbufs=8,noauto 0 0
```

请注意不要忘记为挂载点创建目录：

```
# mkdir -p /srv/node/sdX
```

最后，使用 mount/srv/node/sdX 命令挂载磁盘。挂载点会在 /etc/openstack_deploy/conf.d/swift.yml 文件中被引用到。/etc/openstack_deploy/conf.d/swift.yml 提供了许多变量来自定义 Swift 部署，包括前面提到的 storage_network 和 replication_network、Swift 对象的副本数、我们在前面步骤中为数据存储准备的磁盘列表。你还可以配置存储策略和策略类型，可以是 replication 或 erasure_coding。

各个级别都有配置变量，集群级别的配置可以在 swift 级别做调整。以下是示例文件中的例子：

```
swift:
  storage_network: 'br-storage'
  replication_network: 'br-repl'
  part_power: 8
  repl_number: 3
  min_part_hours: 1
  region: 1
  zone: 0
```

该分段还包括集群存储策略的配置：

```
storage_policies:
  - policy:
  name: standard
  index: 0
  default: True
  policy_type: replication
```

可以修改 swift-proxy_hosts 和 swift_hosts 分段中的更多配置。可以在 swift-proxy_hosts 分段中设置读写亲和性选项。swift_hosts 分段列出了每个节点的 Swift 变量，例如节点所属的区域（region）和区（zone）。它还可以调整磁盘数目和权重。

关于 Ansible Swift playbook 中的默认配置设置，可参考：https://github.com/openstack/openstack-ansible-os_swift/blob/master/defaults/main.yml。

OpenStack Ansible 源中提供了参考配置文件。将示例文件复制到 /etc/openstack_deploy/conf.d/swift.yml，并做如下合适的更改：

```
# cp /etc/openstack_deploy/conf.d/swift.yml.example
/etc/openstack_deploy/conf.d/swift.yml
```

swift-proxy_hosts 分段定义 OpenStack 环境中部署 Swift 代理服务的目标主机。为简单起见，可以将 Swift 代理服务分配到云控制节点上，可设置诸如亲和性这样的变量，区域 1 的代理节点为 cc-01，区域 2 的代理节点为 cc-02，区域 3 的代理几点为 cc-03：

```
...
swift-proxy_hosts:
  cc-01:
    ip: 172.47.0.10
    container_vars:
      swift_proxy_vars:
        write_affinity: "r1"
  cc-02:
    ip: 172.47.0.10
    container_vars:
      swift_proxy_vars:
        write_affinity: "r2"
  cc-03:
ip: 172.47.0.10
container_vars:
  swift_proxy_vars:
    write_affinity: "r3"
```

接下来的 swift_hosts 分段定义了三个 Swift 节点 swn01、swn02 和 swn03。所有 Swift 节点都使用 sdd、sde 和 sdf 磁盘，并且按区 ID 分组，以实现存储可用性和故障隔离。根据第 3 章中的定义，Swift 节点将部署在存储网络中，使用 CIDR 范围：172.47.40.0/22。

```
...
swift_hosts:
  swn01:
    ip: 172.47.44.10
    container_vars:
      swift_vars:
        zone: 0
        drives:
          - name: sdd
          - name: sde
          - name: sdf
  swn02:
    ip: 172.47.44.11
    container_vars:
      swift_vars:
```

```
        zone: 1
        drives:
          - name: sdd
          - name: sde
          - name: sdf
  swn03:
    ip: 172.47.44.12
    container_vars:
      swift_vars:
        zone: 2
        drives:
          - name: sdd
          - name: sde
          - name: sdf
```

一旦更新完成，就可以运行 Swift 的 playbook 了：

```
# cd /opt/openstack-ansible/playbooks
# openstack-ansible os-swift-install.yml
```

关于 Swift playbook 及其选项的完整参考，请访问：https://docs.openstack.org/developer/openstack-ansible/mitaka/install-guide/configure-swift.html。

5.3　块存储服务 Cinder

Cinder 为虚拟机磁盘提供持久存储管理。与临时存储不同，使用 Cinder 卷的虚拟机可以轻松进行在线迁移（live migration）和撤离（evacuation）。在之前的 OpenStack 版本中，块存储是 OpenStack nova-volume 计算服务的一部分。随着新功能越来越多，块存储服务已被分离出来，成为一个新项目 Cinder。本质上，卷暴露了一个原始存储块，它可以被附加到实例并可以永久存储数据。附加的卷在虚拟机中显示为硬盘。要在虚拟机中使用附加卷，必须首先对其进行分区，创建文件系统，再挂接到虚拟机的文件系统层次结构中。

Cinder 使用 iSCSI、NFS 和光纤通道（fiber channel）将块设备呈现给虚拟机。此外，Cinder 可利用配额（quota）来限制用户用量。你可以为整个存储设置多种配额，比如快照数、卷总数、快照总大小等。以下示例使用命令行显示 packtpub_tenant 租户的当前默认配额：

```
# cinder quota-defaults packtpub_tenant
+------------+-------+
| Property   | Value |
+------------+-------+
| gigabytes  | 1000  |
| snapshots  | 50    |
| volumes    | 50    |
+------------+-------+
```

packtpub 租户的配额可以通过下面的命令进行修改和显示：

```
# cinder quota-update --volumes 20 packtpub_tenant
# cinder quota-update --gigabytes 500 packtpub_tenant
# cinder quota-update --snapshots 20 packtpub_tenant
# cinder quota-show packtpub_tenant
+-----------+-------+
| Property  | Value |
+-----------+-------+
| gigabytes | 500   |
| snapshots | 20    |
| volumes   | 20    |
+-----------+-------+
```

Cinder 服务包括以下几个组件：

- Cinder API 服务。
- Cinder 调度器（scheduler）。
- Cinder 卷服务器（volume server）。

如图 5-4 所示，Cinder API 服务使用 REST 接口与外界交互。它接收管理卷请求。Cinder 卷服务器是托管卷的节点。调度器负责选择卷服务器来托管最终用户请求的新卷。

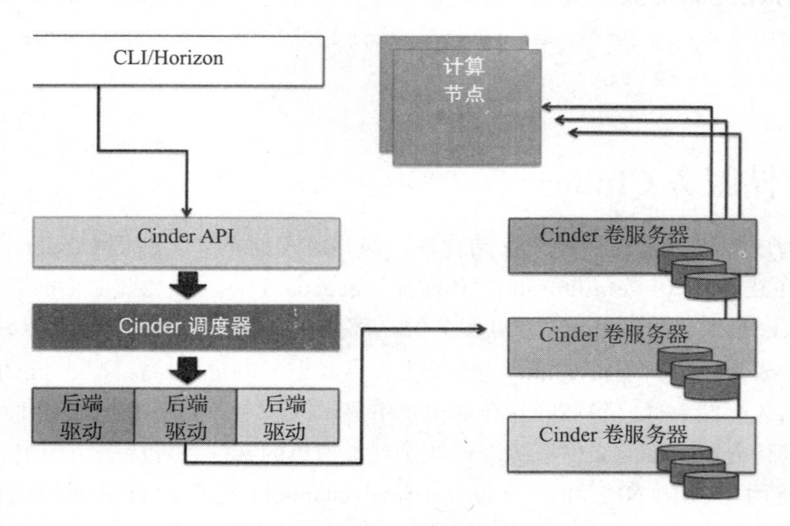

图 5-4　Cinder 内部服务架构

可以通过命令行将 Cinder 卷附加到 Nova 实例，让我们通过执行以下步骤来看看在幕后发生的确切存储操作。

（1）创建一个 Cinder 卷，指定卷名称和大小：

```
# cinder create --display_name volume1 1
```

默认 Cinder 卷驱动是利用 iSCSI 的 LVM。volume create 命令在卷组（Volume Group，VG）cindervolumes 中创建一个逻辑卷（Logical Volume，LV）。

（2）接下来，使用 volume-attach 命令将 Cinder 卷附加给 Nova 实例。必须为 volume-attach 命令提供 Nova 实例 ID、Cinder 卷 ID 以及将在虚拟机内显示的设备名称：

```
# nova volume-attach Server_ID Volume_ID Device_Name
```

该命令创建了一个 IQN（iSCSI Qualified Name），它将上一步中创建的逻辑卷呈现给运行 Nova 实例的计算节点。

（3）最后一步是让卷在 Nova 实例内呈现。这通过使用 `libvirt` 库来实现。`Libvirt` 将 iSCSI 磁盘作为虚拟机的附加块设备，如图 5-5 所示。

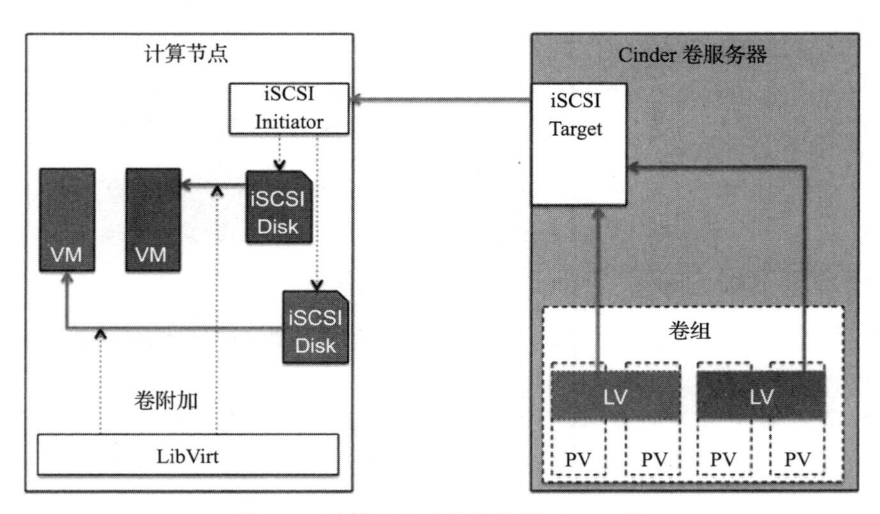

图 5-5 计算节点虚拟机挂载 Cinder 卷

Cinder 还支持其他用例，例如从镜像创建卷，以及从卷启动实例，但是，创建卷并将其提供给虚拟机的大部分过程与前面所描述的相同。

5.3.1 Cinder 后端驱动和调度

与许多 OpenStack 项目一样，Cinder 采用插件式架构来支持多种存储后端驱动。在上一节中，我们讨论了创建 Cinder 卷并将其附加到 Nova 实例的过程，其中用到了 LVMiSCSI 后端驱动。这是 Cinder 提供的默认后端驱动。此外，Cinder 存储后端还可以是 NFS、GlusterFS 以及兼容的各厂家的存储，包括 NetApp 和 EMC 的。我们不打算查看各种后端驱动的选项，我们将讨论如何启用多个存储驱动和卷调度。

可以同时启用和使用多个后端驱动。这可以通过在 `/etc/cinder/cinder.conf` 配置文件中启用 `enabled_backends` 指令来实现。`enabled_backends` 指令应设置为以逗号分隔的后端配置组名称，请看下面的示例：

```
enabled_backends=vol-conf-grp-1, vol-conf-grp-2, vol-conf-grp-3

[vol-conf-grp-1]
```

```
volume_group=vol-grp-1
volume_driver=cinder.volume.drivers.lvm.LVMVolumeDriver
volume_backend_name=lvm-standard-bkend

[vol-conf-grp-2]
volume_group= vol-grp-2
volume_driver=cinder.volume.drivers.lvm.LVMVolumeDriver
volume_backend_name= lvm-standard-bkend

[vol-conf-grp-3]
volume_group= vol-grp-3
volume_driver=cinder.volume.drivers.lvm.LVMVolumeDriver
volume_backend_name= lvm-enhanced-bkend
```

后端配置组自身描述了后端驱动。如果两个或多个卷后端具有相同的名称，则卷调度器将根据容量和权重选择其中一个。默认情况下，调度器被配置为容量、可用区和能力过滤器：

```
scheduler_default_filters=
AvailabilityZoneFilter,CapacityFilter,CapabilitiesFilter

scheduler_default_weighers= CapacityWeigher
```

通过启用默认筛选器和权重器，调度器将选择可用区内与用户请求卷大小相匹配的具有最大容量的卷服务器。

Cinder 调度器还可为后端驱动配置特定的过滤器和权重函数。这允许 Cinder 将请求分发给与后端驱动最匹配的卷服务器。要启用驱动器的筛选器和权重器，请分别将 `DriverFilter` 和 `GoodnessWeigher` 添加到 `scheduler_default_filters` 和 `scheduler_default_weighers` 列表中。每个卷配置组都要配置过滤器函数和匹配函数（goodness function）。以下示例显示了这样的配置：

```
[vol-conf-grp -1]
volume_group=vol-grp-1
volume_driver=cinder.volume.drivers.lvm.LVMVolumeDriver
volume_backend_name=lvm-standard-bkend
filter_function = "stats.total_capacity_gb < 500"
goodness_function = "(volume.size < 25) ? 100 : 50"
```

Cinder 调度器引用每个后端的过滤器和匹配函数（goodness function），以为卷请求确定合适的后端。Cinder 还支持终端用户选择特定的后端驱动。这可使用 Cinder 卷类型（volume-type）。以下是定义卷类型并在卷创建中使用它的示例：

```
# cinder type-create lvm-standard
# cinder type-key lvm-standard set volume_backend_name=lvm-standard-bkend

# cinder type-create lvm-enhanced
# cinder type-key lvm-enhanced set volume_backend_name=lvm-enhanced-bkend
```

上述命令创建了两个卷类型：一个采用标准驱动后端，另一个采用增强后端驱动。要在创建新 Cinder 卷时使用卷类型，用户可输入以下命令：

```
# cinder create --volume_type lvm-standard --display_name My_Std_Vol1 1
# cinder create --volume_type lvm-enhanced --display_name My_Ehn_Vol1 1
```

5.3.2 Cinder服务部署

OpenStack Ansible提供playbook（剧本）来部署Cinder服务。如第3章中所描述的，我们将调整/etc/openstack_deploy/openstack_user_config.yml文件指向部署Cinder API服务的位置。基于第1章中讨论的设计模型，可以通过添加storage-infra_hosts定义段将Cinder API服务部署在控制节点中，如下所示：

```
...
storage-infra_hosts:
  cc-01:
    ip: 172.47.0.10
  cc-02:
    ip: 172.47.0.11
  cc-03:
    ip: 172.47.0.12
```

接下来，我们来定义将用于Cinder存储节点的主机。存储主机可配置有可用区、后端和卷驱动配置。可添加storage_hosts定义段，为使用LVM和iSCSI后端的存储节点添加各种配置，如下所示：

```
storage_hosts:
  lvm-storage1:
    ip: 172.47.44.5

    container_vars:
      cinder_backends:
        vol-conf-grp-1:
          volume_backend_name: lvm-standard-bkend
          volume_driver: cinder.volume.drivers.lvm.LVMVolumeDriver
          volume_group: cinder-volumes
```

> 使用Ansible Cinder playbook的默认配置，请参考https://github.com/openstack/openstack-ansible-os_cinder/blob/master/defaults/main.yml。

使用openstack-ansible命令运行Cinder playbook：

```
# cd /opt/openstack-ansible/playbooks

# openstack-ansible os-cinder-install.yml
```

5.4 共享存储服务Manila

5.4.1 Manila共享存储项目介绍

OpenStack Manila项目提供文件共享即服务（file sharing as a service），自Liberty发布

以来，已完全集成到 OpenStack 生态系统中。这是为 OpenStack 租户提供持久存储的另一种选择。这种方法最独特的特性是其文件共享可以被多个用户同时访问。与物理存储做类比的话，可将 Cinder 项目类比为向客户端系统提供块设备的 SAN 存储，而 Manila 项目更类似于向客户端系统提供文件共享的 NAS 存储。Manila 项目支持各种文件共享协议，如 NFS 和 CIFS。这是通过为 Manila 项目使用多个后端驱动实现的。要了解 Manila 的工作原理，我们需要学习各种概念，例如实现文件共享编排的后端驱动，以及用于文件共享访问的共享网络。

Manila 有几个主要组成部分，如下所示。

- Manila API 服务（API server）：这是一个 REST 接口，负责处理创建和管理新文件共享的客户端请求。
- Manila 数据服务（data service）：负责共享的迁移和备份。
- Manila 调度器（scheduler）：它负责选择合适的共享服务器来托管新请求的文件共享。
- Manila 共享服务器（share server）：这是托管 OpenStack 租户请求的存储共享的服务器。

现在我们来深入了解如何创建共享以及如何让共享被虚拟机访问。Manila 服务可以配置为仅编排独立共享服务器上的共享，也可以部署和管理多个共享服务器。在第一种情况下，Manila 只负责编排独立共享服务器上的文件共享，Manila 将其角色限制为仅管理文件共享的生命周期。

在第二种情况下，Manila 使用 Nova 来启动实例，在实例上安装共享服务器软件；Cinder 卷用于创建文件共享，Manila 还使用 Neutron 使租户虚拟机可以访问这些服务器上的文件共享。Manila 使用网络插件访问 OpenStack 网络资源。目前，Manila 支持 Nova 和 Neutron 网络插件，如图 5-6 所示。

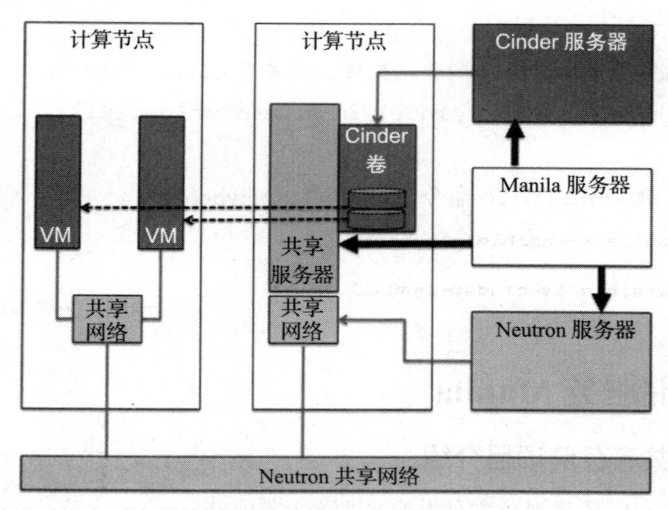

图 5-6　Manila 与 Nova 及 Neutron 交互

部署 Manila 并将其加入 OpenStack 生态系统，就如同其他 OpenStack 服务，主要包括以下步骤：

（1）准备 Manila 服务的数据库访问。

（2）创建和注册 Manila 用户、端点，以及向 Keystone 注册其服务。

（3）修改 Manila 服务的配置文件 /etc/manila/manila.conf。

在撰写本文时，Ansible OpenStack 项目还没有为 Manila 服务开发 playbook。有关如何部署 Manila 项目的更多信息，请参阅可用的快速入门指南 http://docs.openstack.org/developer/manila/adminref/quick_start.html。

如果共享服务器由 Manila 管理，则必须在其配置文件中更新访问 Nova、Neutron 和 Cinder 的配置。驱动程序后端配置了驱动的详细信息，并配置了 driver_handles_share_servers 标志位，以确定 Manila 是否管理共享服务器：

```
...
[DEFAULT]
enabled_share_backends = Backend1
enabled_share_protocols = NFS,CIFS
default_share_type = default_share_type
scheduler_driver = manila.scheduler.drivers.filter.FilterScheduler

[Backend1]
share_driver = manila.share.drivers.generic.GenericShareDriver
driver_handles_share_servers = True

service_instance_password = manila
service_instance_user = manila
service_image_name = manila-service-image

path_to_private_key = /home/stack/.ssh/id_rsa
path_to_public_key = /home/stack/.ssh/id_rsa.pub

# Custom name for share backend.
share_backend_name = Backend1
```

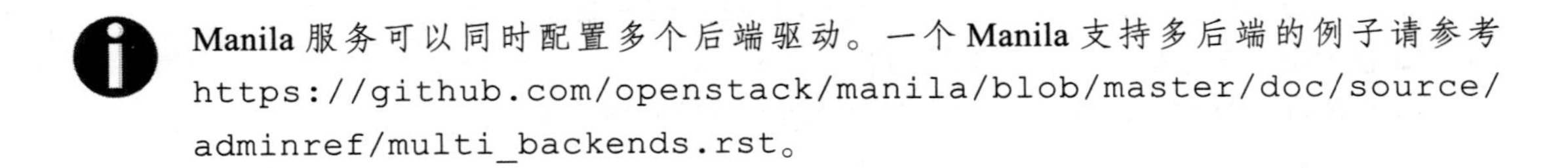

Manila 服务可以同时配置多个后端驱动。一个 Manila 支持多后端的例子请参考 https://github.com/openstack/manila/blob/master/doc/source/adminref/multi_backends.rst。

5.4.2　Manila 共享存储配置与使用

使用 Manila，首先需要创建默认共享类型：

```
# manila type-create default_share_type True
```

启用了 driver_handles_share_servers 配置时，需要提供连接到共享服务器的

Neutron 网络的 network 和 subnet-id。这些可以使用 neutron net-show 命令行找到：

```
# manila share-network-create
  --name storage_net1
  --neutron-net-id <neutron_net_id>
  --neutron-subnet-id <neutron_subnet_id>
```

然后，使用下面的命令创建一个共享：

```
# manila create NFS 1 --name share1 --share-network storage_net1
```

最后，创建共享的访问规则：

```
# manila access-allow share1 ip 0.0.0.0/0 --access-level rw
```

现在，文件共享可以被虚拟机通过 NFS 访问了。要查看 NFS 挂载点的源，可运行如下命令：

```
# manila share-export-location-list share1
```

5.5 存储类型选择

在处理 OpenStack 中的不同存储系统时，你可能会想知道哪种才是最适合你的存储解决方案。根据我们之前的讨论，你应该能够进入下一阶段的讨论，并在不同的场景中论证你的方案。

为什么你的环境应该支持块存储或文件共享而不支持对象存储呢？你是否需要把持久存储磁盘放在计算节点上呢？或者，考虑到你的预算，外部存储是否更方便？性能怎么样？内部用户是否只关注存储可靠性？他们会对性能不管不顾吗？你是否需要真正的冗余存储来应对数据丢失呢？

请记住，这些问题有很多可能的答案。如果对存储做过度设计，则会带来部署和维护的复杂性。选择给虚拟机使用的块存储是一个直观的选择，因为它在 OpenStack 环境中有很多具有吸引力的应用场景：

- 它为虚拟机提供持久存储，具有比 Swift 更高的一致性。
- 它为虚拟机卷提供了更好的读写和输入输出性能。
- 它能利用外部存储在性能和可靠性之间实现较好的平衡。
- 它具有快照功能，能基于快照创建新卷。

突然，你可能会想不应该使用 Swift，但答案是否定的！支持 Swift 的原因有很多，其中一些原因如下：

- Swift 非常适合存储大数据块，比如大量的图片。
- Swift 适合存储归档数据，这会给基础架构数据带来安全保证。
- Swift 是一种非常经济高效的存储解决方案，它不需要外部专用 RAID 控制器。

- 使用 Swift，我们可以从任何地方访问用户数据；它能像 Google 搜索引擎一样提供元数据核索引。

随着 OpenStack 存储基础设施的增长，Manila 项目已成为一个具有吸引力的解决方案，它能暴露供实例使用的文件共享并简化其管理。它具有几个关键属性，包括：

- 多个客户端可同时访问文件共享中的持久数据。
- 它是非结构化数据存储的理想解决方案，支持多个实例并发访问。
- 利用特定网络及访问规则，可以更精细地控制对文件共享的访问。
- 拥抱 OpenStack 中的一切应用，利用文件共享是其基础设施的一部分。

5.6　Ceph 分布式存储集群

如果你仔细看看前面所做的比较的描述，你就会发现 Ceph！它不仅仅是一个可安装和配置为 Cinder 后端的驱动，它还是标准的开源分布式存储。Ceph 通过其 S3 API 和 Swift API 可用作对象存储。如果你想同时使用网络块存储和对象存储，那你应该考虑 Ceph。此外，它还支持文件系统接口，从而可以将其用作文件共享。Ceph 作为可扩展存储解决方案时其概念几乎与 Swift 相同，它在商用存储节点上复制数据，但并非全部。Ceph 是一个很好的数据整合器，它使你能够在单个系统中同时获取对象、块和文件共享存储。你甚至可以将其用作 Glance 后端来保存镜像。Ceph 架构如图 5-7 所示。

Ceph 的核心是可靠的自主分布式对象存储（Reliable Autonomic Distributed Object Store，RADOS），它负责在存储集群内分发和复制对象。如图 5-7 所示，一块存储层提供 RADOS 块设备（RADOS Block Device，RBD）。该架构的神奇部分是 RBD 设备在 RADOS 对象中是精简配置的（thinly provisioned）；通过使用 librbd 库，对象可以被 QEMU 驱动访问，QEMU 驱动把 Ceph 和 Nova 实例连接起来。与 Swift 不同，Ceph 定义了其他基本组件。

- 对象存储设备（OSD）：这对应于物理磁盘，可以是常规文件系统上的目录，例如 XFS 或 Btrfs。OSD 为 RADOS 服务运行 OSD 守护进程，该守护进程负责对象的复制、一致性和恢复。

> 在本书写作时，Ceph 生产环境仍然需要 Linux 文件系统，比如 XFS，但 Btrfs 尚未被证明是适合生产环境的稳定文件系统。请参阅 Ceph 官方网站：`http://ceph.com/docs/master/rados/configuration/filesystem-recommendations/`。

- 放置组（Placement Group，PG）：存储在 Ceph 集群中的每个对象都被映射到一个 PG，然后 PG 映射到 OSD。引入中间容器的原因是为了消除被存储的对象和 OSD 之间的紧耦合。PG 创建了一个抽象级别，允许添加或删除 OSD，而不会影响对象到 PG 的映射。添加或删除 OSD 节点将更新 PG 到 OSD 映射。PG 在池（Pool）内做对象复制。池中分配的每个 PG 都会将对象复制到同一池中的多个 OSD 中。

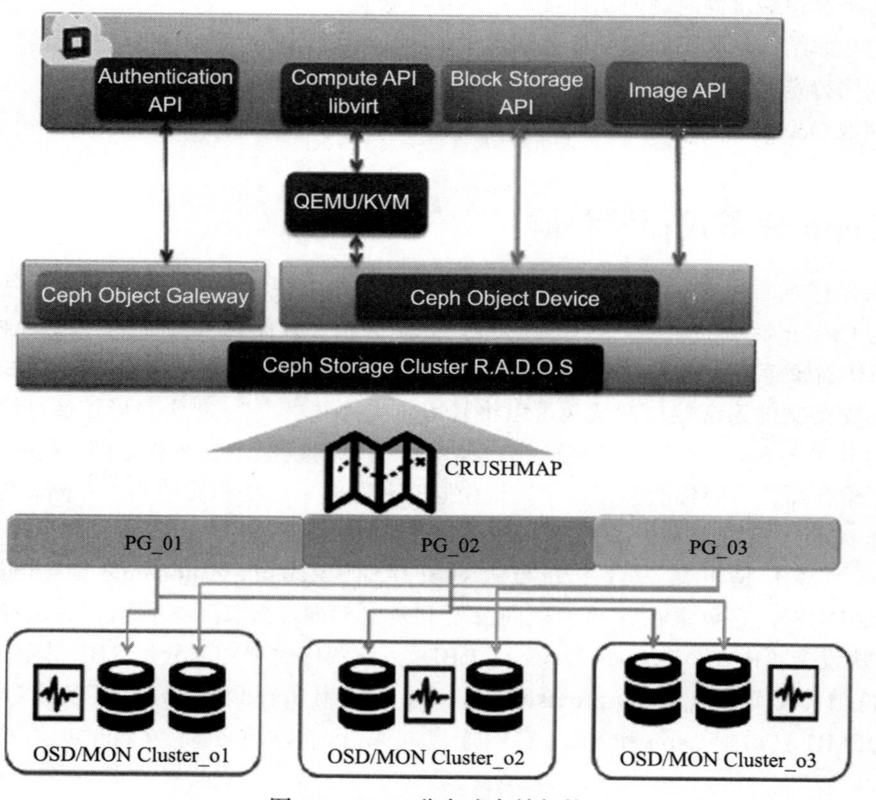

图 5-7　Ceph 分布式存储架构

- 池（Pool）：你可以将 Ceph 中的池概念与 Swift 中环的概念做类比。它定义了未共享的 PG 数量。此外，它还为 OSD 中的对象提供哈希映射（hash map）。
- 可伸缩哈希下的受控复制（Controlled Replication Under Scalable Hashing，CRUSH）映射：CRUSH 算法定义了对象是如何在 OSD 上分布的，它不再需要中央式表查找来定位集群中的对象。相反，使用 Ceph 集群映射（cluster map）和 CRUSH 算法，Ceph 客户端可以独立地计算出对象的位置。它还能保证对象副本不会被放在同一磁盘、主机或机架上。

除 OSD 之外，Ceph 还包括以下服务：

- 监视器守护程序服务（MON）：主要负责检查运行 OSD 的每个节点中数据的一致性状态。

- 元数据服务（MDS）：如果需要在对象之上构建 POSIX 文件，那么你将需要 MDS 来存储 Ceph 文件系统的元数据。

Ceph 能与 OpenStack 无缝集成。它已成为 OpenStack 一种可靠且强大的存储后端，定义了一种从卷启动实例的新方法。这种新方法称为精简配置（thin provisioning）。Ceph 提供了写时复制（copy-on-write）克隆功能，允许许多虚拟机从镜像快速地启动。这在线程级别以及 I/O 性能提升方面展现了巨大的改进。

从保存在 Ceph 块存储中的 Glance 镜像对应的 Ceph 镜像上，能创建出大量的虚拟机，并利用卷启动。并且，这些虚拟机只需要存储空间来保存后续改动。

> 要从临时存储后端（ephemeral backend）或 Cinder 卷中启动虚拟机，则 Glance 镜像必须是 RAW 格式的。

如图 5-8 所示，创建标准 Cinder 卷和快速写时复制克隆（fast copy-on-write clone）卷，你需要 Cinder API 基于一个 Glance 镜像创建一个 Cinder 卷作为虚拟机磁盘镜像（1）。Cinder 卷服务第一步要在 Glance 镜像存储（2）中找到目标镜像，最后将其卷引用发回给 API（4）。使用标准方式启动实例，如图 5-8 中的“标准 Cinder 卷创建”部分所示，图像将从 Glance 中拉出并以流（stream）的形式传输到计算节点，然后再导入 Ceph 块存储卷，这个过程会非常耗时（3）。“快速写时复制克隆卷”部分（3）中的新方法实现了通过创建镜像快照导入镜像的功能。因此，从镜像创建克隆，以及从镜像创建卷，是一种更简单也更高级的方式。

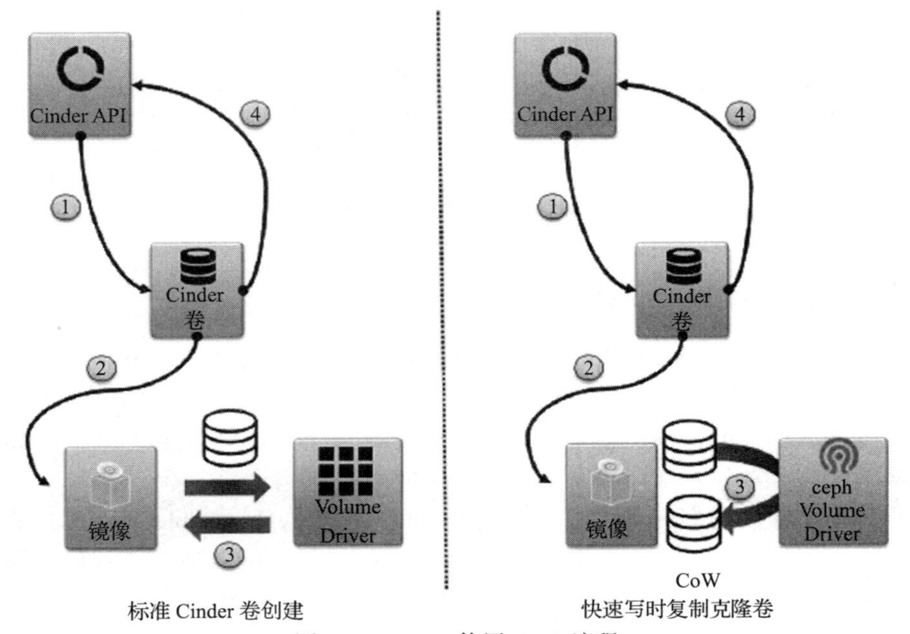

图 5-8 Cinder 使用 Ceph 流程

5.6.1 Ceph 在 OpenStack 中的应用

我们已经了解了 OSD 的总体情况，它是对象和块存储的主力。此外，可以为 OSD 节点创建分区并分配不同的存储池。请记住，这个例子只是众多配置中的一种。你应思考的是如何在 OpenStack 集群中分布 Ceph 组件。在本例中，我们让 ceph-mon 守护进程在控制节点中运行，如果你打算把所有管理服务逻辑地集中在一起，那这正合适你。ceph-osd 节点运行在独立的存储节点中。计算节点上需要运行 Ceph 客户端，它要知道哪个 Ceph 节点上会克隆镜像，或者存储卷。

从网络角度来看，Ceph 会把 ceph-osd 节点加入私有存储网络，同时把运行 Ceph 守护进程的节点加入管理网络。图 5-9 展示了 OpenStack 和 Ceph 之间的简单集成模型。

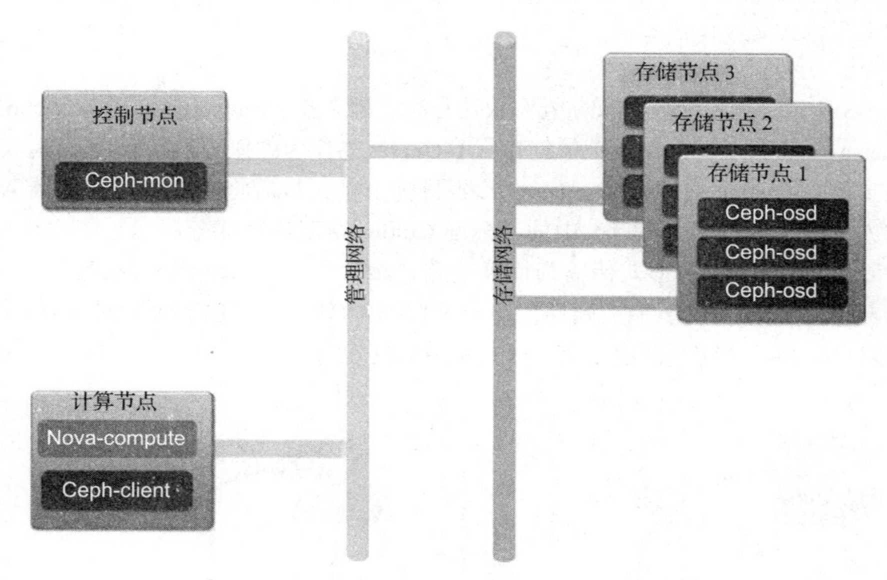

图 5-9　Ceph 与 OpenStack 集成

5.6.2 使用 Ansible 部署 Ceph 集群

我们将使用 Ceph Ansible playbook（剧本）来部署 Ceph。OpenStack Ansible 项目存储库中有一个示例 playbook，分别基于 `ceph-osd` 和 `ceph-mon` 角色安装 OSD 和 MON 节点。Ceph 的 OpenStack Ansible playbook 的地址是：`https://github.com/openstack/openstack-ansible/blob/master/playbooks/ceph-install.yml`。

对于当前部署，我们将使用一个应用更加广泛的 Ceph Ansible 存储库，其地址是 `https://github.com/ceph/ceph-ansible`。Ceph playbook 存储库提供了部署 Ceph 监视器、OSD、MDS 和 RGW 的角色（role）。它允许从最少数量的 Ceph 节点开始部署，并逐步添加新节点到 Ceph 集群。首先克隆 Ceph Ansible git 存储库：

```
# git clone https://github.com/ceph/ceph-ansible.git
```

下一步是在代码树中查看变量定义。变量定义在 group_vars 目录中。此目录包含示例变量定义配置文件。我们首先查看文件 all.yml.sample，并把它复制一份：

```
# cp group_vars/all.yml.sample group_vars/all.yml
```

接下来自定义变量。Ceph 集群常用变量在 group_vars/all.yml 中。你可以定制安装软件包代码，包括 Ceph 开发分支。你要为 OSD 设备选择文件系统类型。此文件还定义了内核调整参数，例如最大进程数和最大文件数。

另一个重要配置参数是 OSD 使用的集群网络，Ceph 客户端和 Ceph 集群之间的公共网络和存储网络段。你可以指定文件系统日志在磁盘上的位置，或者将其放在 OSD 文件夹中。这些可以在 group_vars/all.yml 文件中配置：

```
...
journal_size: 2048
public_network: 172.47.36.0/22
cluster_network: 172.47.44.0/22
...
```

OSD 和 MON 有关的配置变量分别在 group_vars/osds.yml 和 group_vars/mons.yml 中。

尽管你可以启用设备自动发现，osds.yml 文件还是列出了 Ceph 使用的设备。Ansible 将只为 Ceph 配置没有分区的设备：

```
# cp group_vars/osds.yml.sample group_vars/osds.yml
...
osd_auto_discovery: True
journal_collocation: True
...
```

Ceph 监视器服务的配置指令在 mons.yml 文件中，包括 Ceph 文件系统安全选项：

```
# cp group_vars/mons.yml.sample group_vars/mons.yml
...
cephx: true
...
```

接下来，定义 Ceph 集群拓扑的清单文件（inventory files）。以下是 /etc/ansible/hosts 文件的示例，其中包括分配给 OSD 和 MON 角色的三个 Ceph 节点以及 MDS 和 RGW 节点：

```
[mons]
ceph-host[01:03]
[osds]
ceph-host[01:03]
mdss]
ceph-host1
[rgws]
ceph-host2
```

准备好清单文件后，我们可以使用 site.yml 文件作为模板为每个服务器组分配角色，从而开始部署群集：

```
# cp site.yml.sample site.yml
...
- hosts: mons
  gather_facts: false
  become: True
  roles:
  - ceph-mon

- hosts: osds
  gather_facts: false
  become: True
  roles:
  - ceph-osd

- hosts: mdss
  gather_facts: false
  become: True
  roles:
  - ceph-mds

- hosts: rgws
  gather_facts: false
  become: True
  roles:
  - ceph-rgw
```

在开始部署 Ceph 集群之前，我们可以从 Ansible 部署主机上测试各主机的网络连通性：

```
# ansible all -m ping
ceph-host01| success >> {
    "changed": false,
    "ping": "pong"
}

ceph-host02| success >> {
    "changed": false,
    "ping": "pong"
}

ceph-host03 | success >> {
    "changed": false,
    "ping": "pong"
}
```

运行 site.yml playbook 来部署 Ceph 集群：

```
# ansible-playbook site.yml -i /etc/ansible/hosts
...
ceph-host01          : ok=13   changed=10   unreachable=0    failed=0
ceph-host02          : ok=13   changed=9    unreachable=0    failed=0
ceph-host03          : ok=13   changed=9    unreachable=0    failed=0
...
```

5.6.3　将 Glance 镜像存储至 Ceph

可以使用 Ceph 作为存储后端来存储实例的操作系统镜像。以下步骤显示了如何配置 Glance 以使用 Ceph 作为镜像存储。

（1）在 Ceph 集群上，为 OpenStack Glance 创建一个 Ceph 池，如下所示：

```
# ceph osd pool create images 128
```

（2）在云控制器节点上，在 /etc/glance/glance-api.conf 中配置 OpenStack Glance 使用 RBD 存储，如下所示：

```
# vim /etc/glance/glance-api.conf
rbd_store_user=glance
rbd_store_pool=images
```

要启用写时复制（copy-on-write）功能，在 /etc/glance/glance-api.conf 文件中设置 direct_url = True。

（3）保存配置文件，重启 glance-api 服务：

```
#service glance-api restart
```

（4）在云控制节点上，下载一个镜像用于 Glance 测试，如下所示：

```
# wget http://cloud.centos.org/centos/7/images/CentOS-7-
 x86_64-GenericCloud.qcow2.xz
```

（5）从下载的镜像上创建一个 Glance 镜像，如下所示：

```
# glance image-create --name="CentOS-7-image" --is-public=True
 --disk-format=qcow2 --container-format=ovf < CentOS-7-x86_64-
 GenericCloud.qcow2.xz
```

该命令的输出如下所示：

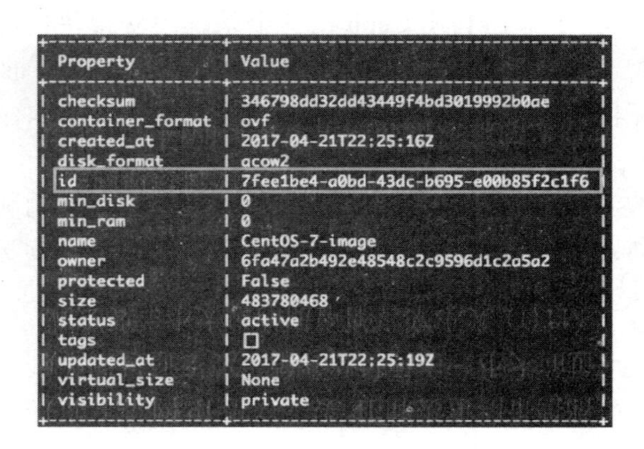

Property	Value
checksum	346798dd32dd43449f4bd3019992b0ae
container_format	ovf
created_at	2017-04-21T22:25:16Z
disk_format	qcow2
id	7fee1be4-a0bd-43dc-b695-e00b85f2c1f6
min_disk	0
min_ram	0
name	CentOS-7-image
owner	6fa47a2b492e48548c2c9596d1c2a5a2
protected	False
size	483780468
status	active
tags	[]
updated_at	2017-04-21T22:25:19Z
virtual_size	None
visibility	private

（6）在 Ceph 存储池 images 中使用下面的命令查看 Ceph 镜像的 ID：

```
# rados -p images ls
```

该命令的输出如下所示：

```
rbd_id.7fee1be4-a0bd-43dc-b695-e00b85f2c1f6
```

CentOS 镜像被 Glance 存储在 Ceph 中，在 Glance 命令的输出中能看到 CentOS Glance 镜像的 ID。其对应的 Ceph 中的镜像 ID 的格式为 `rbd_id.<Image_Glance_ID>`，它把 Glance 镜像和 Ceph 镜像关联起来。

可以配置 Cinder 和 Nova 使用 Ceph。你需要创建一个新的 Ceph 池并编辑 /etc/cinder/cinder.conf 文件以指定 Cinder 使用 RBD 驱动。OpenStack 中的实例可以直接在 Ceph 中启动，这需要在 /etc/nova/nova.conf 文件中设置 RBD 为 Nova 的临时存储后端。有关此设置的更多信息，可以访问 http://ceph.com/docs/mas ter/rbd/rbd-openstack/。

5.7 总结

在本章中，我们介绍了与 OpenStack 中的存储相关的大量主题。现在，你应该已经熟悉各种存储类型。我们深入研究了 Swift 作为 OpenStack 对象存储方案的各个方面。

你现在应该能轻松驾驭 OpenStack 块存储组件。你已了解存储设计如何与 Cinder 结合。我们还讨论了基于文件共享的存储，以及如何使用 Manila 项目在 OpenStack 中提供基于共享的持久存储能力。

我们讨论了 OpenStack 存储解决方案的不同用例，并选择一个作为示例。你现在应能综合考虑多种因素，例如文件系统、存储协议、存储设计和性能。

本章的最后一节讨论了如何利用 Ceph 在一个系统中获得块、对象和文件系统存储。OpenStack API 能让你充分利用 OpenStack 赋予的各种可能。另一方面，为你的存储解决方案做出正确的决定得靠你自己。请记住，任何存储用例都取决于需求，或者说，取决于最终用户的需求。

然而，你会认为良好的存储设计就能使你的 OpenStack 云完美了吗？你可能已注意到，一个良好的云部署，还取决于网络设计和安全考量，这些将是下一章要介绍的主题。

第6章 Chapter 6

OpenStack 网络类型与安全

倒退永不能让你前进

——欧麦尔·伊本·哈塔卜（Omar Ibn Al-Khattab）

网络是云基础架构中的核心服务之一，它不仅提供虚拟实例之间的连接，同时还提供不同租户间流量的隔离。OpenStack 中的网络被设计为自服务的，这意味着租户可以自己设计网络，管理多个网络的拓扑，将网络连接在一起，访问外部世界，以及部署高级网络服务。由于网络服务将云实例暴露给外部世界，因此，必须为实例配置访问控制。OpenStack 网络项目帮助创建防火墙，并为租户提供对网络访问的细粒度控制。

过去，Nova 项目使用以下方式在虚拟实例之间提供基本的网络连接。

- **扁平网络**（flat network）：这是所有云租户共享的单个 IP 池和网络二层域（L2 domain）。
- **VLAN 网络**：此类网络使用 VLAN 标签隔离流量。需要在二层设备（交换机）上手动配置 VLAN。

尽管这些基本网络功能仍然保留于 Nova 中，但现在，网络的所有高级功能都由 OpenStack 网络项目 Neutron 来提供。

在本章中，我们将讨论以下主题：

- 探究 Neutron 网络及其实现。
- 理解 OpenStack 中的虚拟路由器及其工作原理。
- 学习 OpenStack 中的虚拟交换机。
- 学习 Neutron 提供的各种插件和代理。
- 利用安全组（security group）实现 Neutron 的网络安全。

- 使用 Neutron 防火墙即服务（Firewall as a Service）功能创建自管理防火墙。
- 利用 VPN 即服务（VPN as a Service）功能，在两个 OpenStack 环境之间提供多站点连接。

6.1 Neutron 架构

由于其强大的功能和特性，Neutron 在 OpenStack 生态系统中已成为越来越高效、越来越强大的网络项目。它使运营商能够构建和管理具有所有必要元素的完整网络拓扑，包括网络、子网、路由器、负载均衡器、防火墙和端口。

Neutron 项目包括 API 服务（API server），它负责接收所有网络服务请求。API 服务通常安装在 OpenStack 控制节点上，可以部署多个实例以满足可伸缩性和可用性要求：

- Neutron 被设计为基于插件的架构。Neutron 插件负责提供网络服务。
- 一旦 API 服务收到新请求，它根据配置将其转发到特定插件。Neutron 插件运行在控制节点上，编排物理资源以实现所请求的网络功能。Neutron 插件可通过与设备交互来直接编排资源，也可以使用代理来控制资源，如图 6-1 所示。

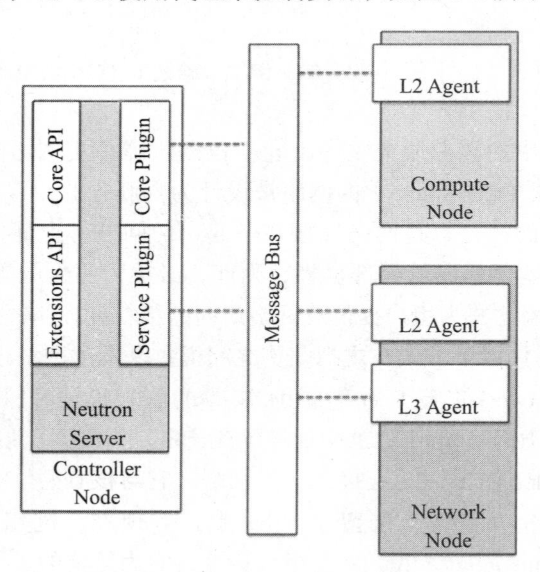

图 6-1　Neutron 组件架构

- 与其他 OpenStack 项目一样，Neutron 项目提供了基于开源技术实现的插件和代理的参考实现。代理可以部署在网络和计算节点上。网络节点提供资源来实现网络服务，例如路由、防火墙、负载均衡和 VPN。
- Neutron 为硬件提供商提供了定义良好的 API，以实现他们的插件，来支持其网络设备。在下一节中，我们将详细讨论不同的插件类型和代理。

6.1.1　Neutron 插件

Neutron 插件通过编排资源来实现网络功能。它们可被大致分为核心插件和服务插件。核心插件负责为连接到网络的虚拟机和网元提供二层连接。每当 API 服务收到创建新虚拟网络的请求，或者虚拟网络上创建了新端口时，API 服务都会调用核心插件。

核心插件实现以下 Neutron 资源：

- **网络**：一个 Neutron 网络代表一个网络二层域。需要网络服务的所有虚拟实例都必须连接到虚拟网络。
- **端口**：一个 Neutron 端口代表虚拟网络上的一个端点（endpoint）。
- **子网**：Neutron 子网为 Neutron 网络添加了 L3 地址池（Layer-3 addressing pool）。子网可关联 DHCP 服务器，用于为虚拟机提供 IP 地址租约。

Neutron 提供 RESTfull API 接口，用于创建和管理上述资源。

6.1.2　Neutron 服务插件

服务插件用于实现高阶网络服务，例如网络之间的路由、防火墙、负载均衡器以及 VPN 服务。

每个高阶插件都实现了一些虚拟网络结构。例如，L3 服务插件实现了连接两个或多个网络的虚拟路由器（virtual router）。它还创建了称为浮动 IP（Floating IP）的 Neutron 资源，该资源提供网络地址转换（Network Address Translation，NAT）功能，将虚拟机暴露给外部世界。下一节将介绍每个高级服务以及它们的工作原理。

6.1.3　Neutron 代理

代理部署在网络和计算节点上，它们通过消息总线上的 RPC 调用与 Neutron 服务（Neutron server）交互。Neutron 提供各种类型的代理来实现虚拟网络服务，例如网络二层连接、DHCP 服务和路由器。以下是一些 Neutron 代理：

- Neutron L2 代理（L2 agent）运行在所有计算和网络节点上，其主要功能是将虚拟机和网络设备（如虚拟路由器）连接到二层网络。它与核心插件交互，以接收虚拟机的网络配置。
- DHCP 代理（DHCP agent）部署在网络节点上，它为给定的子网实现 DHCP 服务。
- Neutron L3 代理（L3 agent）实现路由服务，并通过 NAT 服务向虚拟机提供外部访问。
- VPN 代理（VPN agent）安装在网络节点上，实现 VPN 服务。

6.1.4　Neutron API 扩展

Neutron 项目中的扩展（extension）用来实现高级网络服务。这些扩展允许创建新的 REST API 来暴露 Neutron 资源。所有高级服务都作为 Neutron 扩展实现。

6.2 虚拟网络实现

Neutron 核心插件处理虚拟网络和端口的创建。Neutron 中的网络是一个单独的二层广播域，这有助于实现虚拟网络中的流量隔离。Neutron 虚拟网络可以通过多种方式创建，但从广义上讲，可以将它们分为基于 VLAN 和基于隧道的网络。

6.2.1 VLAN 网络

OpenStack 中 VLAN 网络的实现，基于核心插件为每个虚拟网络分配一个静态 VLAN。这确保了一个虚拟网络内的所有通信都只在自身范围内，其广播包不会影响另一个虚拟网络。要实现基于 VLAN 的网络，核心插件必须在计算和网络节点上的虚拟交换机上配置 VLAN，并编排物理网络路径，例如连接计算和网络节点的物理交换机，如图 6-2 所示。

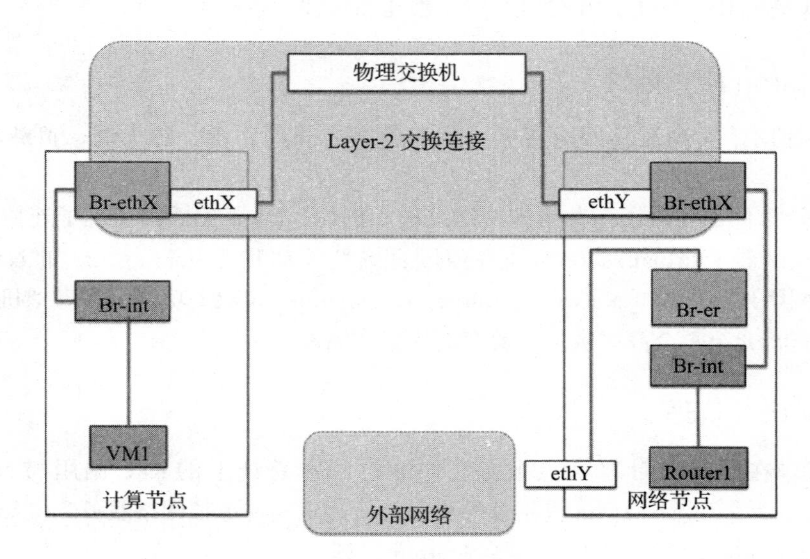

图 6-2　VLAN 网络拓扑

Neutron ML2（Modular Layer-2）插件提供了使用各种机制驱动（mechanisms driver）和类型驱动（type driver）实现虚拟网络的框架。在后面的章节中，我们将讨论 ML2 插件如何使用各种驱动来配置物理和虚拟路径。

6.2.2 隧道网络

基于隧道的网络（tunnel-based network）创建隧道以隔离虚拟网络流量。基于隧道的网络模型利用封装网络包来实现。在这样的网络中，计算和网络节点使用 IP 网络（IP-Fabric）——一种分层网络基础设施，用于提供基于 IP 寻址的网络连接——连接。基于 IP 的网络通过包封装（Packet Encapsulation，PE）来实现单个二层域。PE 将内部包作为外部包中的有效载荷来携带。隧道网络将二层数据包封装在 IP 数据包中。隧道端点（tunnel endpoint）负责封装和解封装二层数据包。IP 网络是已封装的网络流量的传输者。让我们通过以下示例仔细研究一下。

在图 6-3 中，在计算节点上有一个虚拟机 VM1，它连接到网络节点上的路由器。当 VM1 将数据包发送到虚拟网络上的另一个端口（路由器接口）时，计算节点上的虚拟交换机将二层数据包封装在 IP 数据包中，并通过 IP 网络发送到目标虚拟路由器所在的网络节点。当接收到 IP 数据包时，目标节点上的虚拟交换机会解封 IP 数据包，以获得虚拟机发送的原始二层数据包，然后将数据包传送到目标路由器端口。

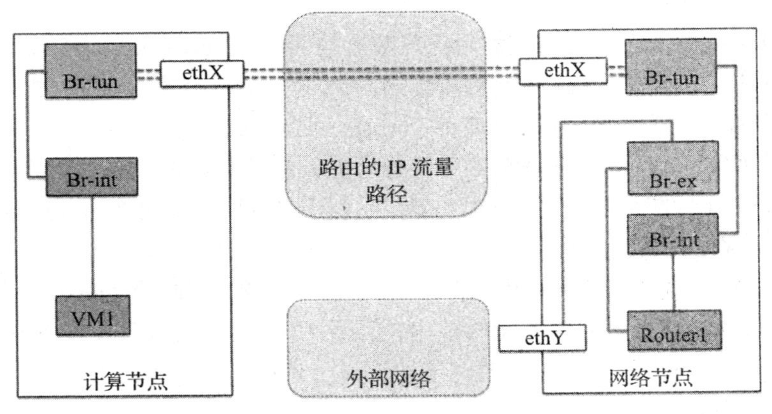

图 6-3　隧道网络拓扑

因此，即使两个节点不是单个二层网络上，隧道也能为连接着的虚拟机模拟一个二层网络。行业中广泛使用一些术语来定义基于隧道的网络的组件。

- **底层网络**（underlay network）：底层网络是计算节点和网络节点之间基于 IP 的网络连接（IP Fabric）。
- **覆盖网络**（overlay network）：覆盖网络是通过将来自虚拟机的数据包封装到 IP 数据包中而创建的虚拟二层域。覆盖网络使用底层网络传输数据包，而对于底层网络，覆盖网络的封装包和流经 IP 网络的任何其他数据包没有区别。

有多种协议可实现基于隧道的虚拟网络，但最常用的是基于 VXLAN 和 GRE 的隧道。基于隧道的网络提供了巨大的分段数量。例如，VXLAN 可以创建 1600 万个独立的网络。

那什么是最合适的网络分段机制呢？反对使用基于 VLAN 的网络分段的常见理由是其可以创建的分段数量有限。VLAN ID 是数据包的二层包头的一部分，其大小已固定。这限制了只有 4048 个不同的 VLAN 分段，因此最多只能创建 4048 个虚拟网络；然而，可以创建的基于隧道的网络的数量要高得多，大约为数百万。隧道网络的另一个重要特征是它们能够跨越底层网络中的多个二层域。这意味着可以创建跨不同数据中心的隧道网络，从而将云部署扩展到多个位置。

但是，值得一提的是，与基于隧道的网络相比，基于 VLAN 的网络的性能要好得多，因为没有封装和解封装数据包的开销。另外，因为基于隧道的网络需要封装网络包，因此，流经覆盖网络的每个分组都携带隧道头和 IP 头。这是 IP 网络上的开销，会影响虚拟机可以通过网络发送的最大数据包的大小。这种封装开销，要么通过调整底层网络的最大传输单元（Maximum Transfer Unit，MTU）大小来容纳增加的包大小，要么减小虚拟网络的 MTU。

6.2.3 虚拟交换机

虚拟交换机（virtual switch）将虚拟网络端口连接到物理网络。计算节点和网络节点安装了虚拟交换机。计算节点上的虚拟机和网络节点上的网元（虚拟路由器、DHCP 服务器）都连接到虚拟交换机。虚拟交换机使用物理节点的网卡（Network Interface Card，NIC）连接到物理交换机。

Neutron 服务可配置为使用 Linux 网桥（bridge）或 Open vSwitch（OVS）机制驱动将虚拟机连接到物理网络。OVS 提供了大量高级交换功能，包括 LACP、OpenFlow 和 VXLAN/GRE 隧道。OVS 最吸引人的特性是其可编程功能，它利用流规则来跨网络和节点转发数据包，这使它成为一个非常通用的交换平台。流规则决定如何处理到达交换机的数据包。因此，可以使用流规则定义实现你自己的交换逻辑。第 7 章中将研究广泛利用此功能的 SDN 解决方案。

另一方面，Linux 桥利用 Linux 内核中的网络功能来提供基于 VLAN 的隔离和隧道。Linux 桥已经使用了很长时间并且经过了充分测试。选择一个而不是另一个虚拟交换机的决定取决于你的功能和需求。

6.2.4 ML2 插件

在早期的 OpenStack Neutron（以前称为 Quantum）项目中，虚拟网络的配置由单个整体插件处理。这意味着无法创建支持多个供应商设备的虚拟网络。即使在使用单个网络供应商设备的情况下，也不可能选择多个虚拟交换机或虚拟网络类型。在 Havana 发布之前，无法同时使用 Linux 桥和 Open vSwitch 插件。ML2 插件的出现消除了这一功能限制。

ML2 插件实现了一个驱动框架，来支持不同种类的虚拟交换机，支持基于 OVS 和 Linux 桥的配置。它还支持基于 VLAN、VXLAN 和 GRE 隧道等网络分段方式。它为编写各供应商设备的驱动提供了 API，这些驱动能够共存，能实现新的网络类型。ML2 驱动分为类型驱动和机制驱动。类型驱动实现网络隔离，例如 VLAN、VXLAN 和 GRE。机制驱动实现物理或虚拟交换机的编排机制，如图 6-4 所示。

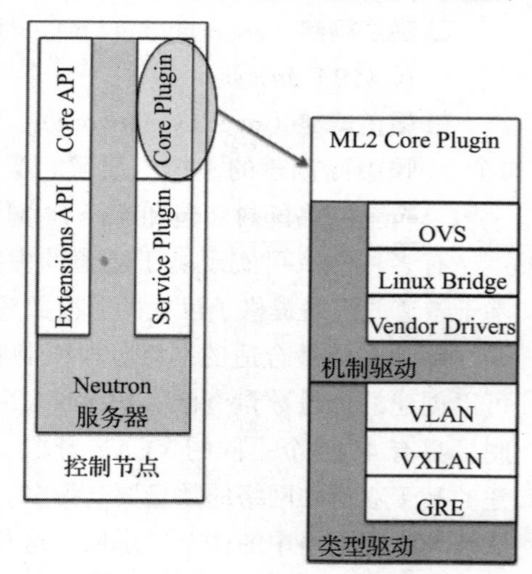

图 6-4 Neutron ML2 插件拓扑

6.2.5　网络类型

在 Neutron 中，增加插件（plugin）就意味着支持新的网络类型，这些网络类型在 OpenStack 环境中的使用方式各不相同。

值得注意的是，网络类型与它们在现实中的实现方式（Flat、VLAN、VXLAN 或 GRE）无关，而是根据它们的用途来区分的。在描述虚拟网络拓扑时，通常使用以下网络类型。

- **租户网络**（tenant network）：由租户创建的虚拟网络。
- **提供商网络**（provider network）：这些网络由 OpenStack 运营商创建，并与数据中心的现有网络相连。提供商网络通过打上或者不打上 VLAN 标签，来允许租户访问共享的或属于特定租户的现有网络。
- **外部网络**（external network）：该网络能访问外部世界，通常是互联网。外部网络需提供默认网关。可以为实例分配浮动 IP（floating IP）以使其可从公网访问。

6.2.6　Neutron 子网

一个子网（subnet）定义与某个网络（Network）关联的 IP 地址池。Neutron 中子网的定义包含无类别域间路由（Classless Inter-Domain Routing，CIDR）形式的 IP 池。子网网关默认是池中的第一个 IP 地址，但这可以被修改。值得注意的是，Neutron 允许将多个子网关联到单个网络。

6.2.7　创建虚拟网络和子网

现在，我们已经对虚拟网络有了清楚的了解，可以开始创建虚拟网络了。可使用以下 Neutron 命令行创建虚拟网络：

```
# neutron net-create network1
```

要创建与此虚拟网络关联的子网，请使用 Neutron 命令行中的 `subnet-create` 参数。要指定网关地址，请使用 `--gateway` 选项。使用 `--disable-dhcp` 选项禁用子网的 DHCP 服务。也可以使用 `--dns-nameserver` 选项设置子网的名称服务器（name server），每个子网最多有 5 个：

```
# neutron subnet-create --disable-dhcp --gateway 192.168.20.100
--dns-nameserver 192.168.20.100 network1 192.168.20.0/24
```

6.3　Neutron 网络端口连接

本节将介绍将虚拟端口连接到网络的机制，我们将探讨计算和网络节点上的虚拟交换机。Neutron 服务使用在各节点上运行的二层代理（Layer-2 agent）来编排虚拟交换机。

6.3.1　基于 Linux Bridge 的网络连接

先从安装了 Linux 桥的节点如何将虚拟机连接到物理网络开始。我们将以基于 VLAN

的网络为例进行介绍，然后同理地理解隧道网络。如前所述，Linux 桥提供基本的交换功能，但不支持 VLAN 标记或隧道，那么 Neutron 如何使用 Linux 网桥提供基于 VLAN 和隧道的隔离呢？这个问题的答案可以在 Linux 内核中找到。内核暴露了能实现 VLAN 标签或隧道的子接口功能。

图 6-5 显示了如何从父物理网卡创建打了标签的子接口（sub-interface），以及如何将它们接入网桥。

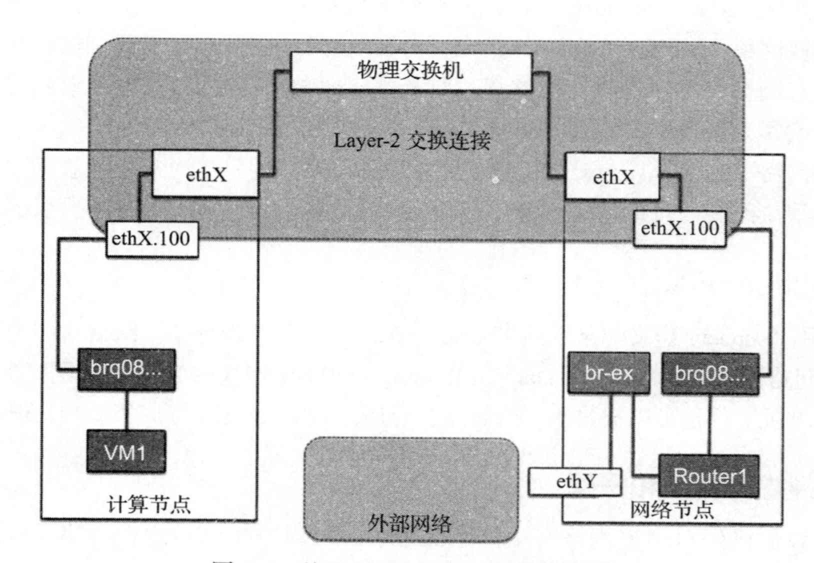

图 6-5　基于 Linux bridge 的网络实现

Neutron L2 代理为每个 VLAN 段创建一个单独的 VLAN 子接口和 Linux 网桥，然后将它们连接在一起。当虚拟机连接网络时，虚拟机的端口将连接到与虚拟网络相应的那个网桥。以下输出显示了 VLAN 子接口 `eth1.111`，以及它对应的由 L2 代理创建的 Linux 桥 `brq08c3182b-c3`。tap 接口用于虚拟实例的连接：

```
$ brctl show
bridge name        bridge id               STP enabled     interfaces
br-ex              8000.000000000000       no
brq08c3182b-c3           8000.525400c8d9da       no                eth1.111
                                                           tape9caa6d2-9d
brq85ceb988-63           8000.525400c8d9da       no                eth1.165
                                                           tap3390b56b-ab
```

在此架构中，Linux 内核负责对数据包打上或去除标签。网桥只提供接口之间的二层交换。隧道网络也使用相同的机制实现，唯一区别是子接口是 L2 代理创建的是隧道子接口（tunnel sub-interface），它封装数据包而不是给它们打标签。

要启用基于 Linux 桥的网络，需要更新 ML2 插件配置文件 `/etc/neutron/plugins/ml2/ml2_conf.ini`，如下所示：

```
[ml2]
tenant_network_types = vlan
type_drivers =..,vlan,..
mechanism_drivers = linuxbridge

[ml2_type_vlan]
network_vlan_ranges = default:100:300

[linux_bridge]
physical_interface_mappings = default:eth1
```

6.3.2 基于 OpenVSwitch 的网络连接

OVS 插件提供更高级的网络功能，能实现 VLAN 和隧道。让我们简要解析部署了 OVS 的计算和网络节点是如何实现虚拟网络的。OVS 使用多个互连的交换机来执行二层隔离。OVS 使用三个网桥将虚拟机连接到物理网络。首先来看看基于 VXLAN 的网络。

要配置 ML2 插件使用基于 VXLAN 的网络，更新 ML2 配置文件 `/etc/neutron/plugins/ml2/ml2_conf.ini`，如下所示：

```
[ml2]
tenant_network_types = vxlan
type_drivers = ..,vxlan
mechanism_drivers = openvswitch

[ml2_type_vxlan]
vni_ranges = 1001:2000

[agent]
tunnel_types = vxlan

[ovs]
datapath_type = system
tunnel_bridge = br-tun
local_ip = <tunnel endpoint ip>
```

OVS 和 Linux 网桥实现之间的主要区别之一是每种方法使用的虚拟设备及接口的种类和数量都不同。OVS 在主机内部引入了几个网桥，分类如下。

- `br-int`：这是集成网桥（integration bridge）。使用网络服务的所有虚拟实例都连接到此网桥。这包括虚拟机、路由器和 DHCP 服务器。
- `br-tun`：此网桥负责处理网络包的封装和解封装。
- `br-ex`：此网桥用于连接到物理接口，以提供与外部世界的连接。

虚拟机使用 VLAN 分段连接到集成网桥。VLAN ID 是计算节点本地的。在网络节点上也使用类似方法来连接路由器接口。本地 VLAN 不会暴露在计算或网络节点之外。

下面的示例使用 `ovs-vsctl show` 命令显示了网络节点上的 OVS 配置。请注意，连接到 `br-int` 桥的接口被打上了 `VLAN 1` 标签：

```
# ovs-vsctl show
```

```
Bridge br-int
    fail_mode: secure
    Port patch-tun
        Interface patch-tun
            type: patch
            options: {peer=patch-int}
    Port "tap91e5d7cc-0a"
        tag: 1
        Interface "tap91e5d7cc-0a"
            type: internal
    Port br-int
        Interface br-int
            type: internal
    Port "qr-82c29b26-db"
        tag: 1
        Interface "qr-82c29b26-db"
            type: internal
    Port "qr-893f0eb2-31"
        tag: 1
        Interface "qr-893f0eb2-31"
            type: internal
Bridge br-tun
    fail_mode: secure
    Port "vxlan-c0a87aa3"
        Interface "vxlan-c0a87aa3"
            type: vxlan
            options: {df_default="true", in_key=flow,
local_ip="192.168.122.142", out_key=flow, remote_ip="192.168.122.163"}
    Port patch-int
        Interface patch-int
            type: patch
            options: {peer=patch-tun}
    Port br-tun
        Interface br-tun
```

如果目标虚拟机与源虚拟机在同一计算节点上，则集成网桥将在本地交换数据包，将其传递到目标虚拟机端口。如果目标虚拟机在其他节点上，则数据包将通过补丁端口（patch port）传输到 `br-tun` 网桥。然后，`br-tun` 网桥将二层数据包封装在 VXLAN 数据包中，并将本地 VLAN ID 替换为 VXLAN 隧道 ID，它是由 ML2 VXLAN 驱动分配给端口所在的虚拟网络的。使用 `ovs-ofctl dump-flows` 命令查看 `br-tun` 桥上的流规则。在以下图例中，VXLAN ID 0x426 或 1062 用于替换本地 `VLAN ID 1`：

```
$ sudo ovs-ofctl dump-flows br-tun
NXST_FLOW reply (xid=0x4):
 cookie=0x973705127896e35e, duration=3326.399s, table=0, n_packets=548,
n_bytes=63588, idle_age=5, priority=1,in_port=1 actions=resubmit(,2)
 cookie=0x973705127896e35e, duration=3255.875s, table=0, n_packets=706,
n_bytes=30412, idle_age=833, priority=1,in_port=2 actions=resubmit(,4)
 cookie=0x973705127896e35e, duration=3326.399s, table=0, n_packets=2, n_bytes=180,
idle_age=3286, priority=0 actions=drop
 cookie=0x973705127896e35e, duration=3303.882s, table=4, n_packets=0, n_bytes=0,
idle_age=3303, priority=1,tun_id=0x426 actions=mod_vlan_vid:1,resubmit(,10)
 cookie=0x973705127896e35e, duration=3326.397s, table=4, n_packets=706,
n_bytes=30412, idle_age=833, priority=0 actions=drop
 cookie=0x973705127896e35e, duration=3326.397s, table=6, n_packets=0, n_bytes=0,
idle_age=3326, priority=0 actions=drop
 cookie=0x973705127896e35e, duration=3326.396s, table=10, n_packets=0, n_bytes=0,
idle_age=3326, priority=1 actions=learn
(table=20,hard_timeout=300,priority=1,cookie=0x973705127896e35e,NXM_OF_VLAN_TCI
[0..11],NXM_OF_ETH_DST[]=NXM_OF_ETH_SRC[],load:0->NXM_OF_VLAN_TCI
[],load:NXM_NX_TUN_ID[]->NXM_NX_TUN_ID[],output:NXM_OF_IN_PORT[]),output:1
 cookie=0x973705127896e35e, duration=3326.396s, table=20, n_packets=0, n_bytes=0,
idle_age=3326, priority=0 actions=resubmit(,22)
 cookie=0x973705127896e35e, duration=3255.868s, table=22, n_packets=508,
n_bytes=59944, idle_age=5, dl_vlan=1 actions=strip_vlan,set_tunnel:0x426,output:2
 cookie=0x973705127896e35e, duration=3326.379s, table=22, n_packets=40,
n_bytes=3644, idle_age=3257, priority=0 actions=drop
```

OVS 流配置然后在端口 2 上发出数据包，这是 VXLAN 端口，如 `ovs-ofctl show`

br-tun 的输出中所示：

```
$ sudo ovs-ofctl show br-tun
OFPT_FEATURES_REPLY (xid=0x2): dpid:00000a32ebaa1547
n_tables:254, n_buffers:256
capabilities: FLOW_STATS TABLE_STATS PORT_STATS QUEUE_STATS ARP_MATCH_IP
actions: OUTPUT SET_VLAN_VID SET_VLAN_PCP STRIP_VLAN SET_DL_SRC SET_DL_DST SET_NW_SRC
 1(patch-int): addr:ba:2b:3e:1e:ff:e5
     config:     0
     state:      0
     speed: 0 Mbps now, 0 Mbps max
 2(vxlan-c0a87aa3): addr:16:32:1f:e3:fa:a7
     config:     0
     state:      0
     speed: 0 Mbps now, 0 Mbps max
 LOCAL(br-tun): addr:0a:32:eb:aa:15:47
     config:     0
     state:      0
     speed: 0 Mbps now, 0 Mbps max
OFPT_GET_CONFIG_REPLY (xid=0x4): frags=normal miss_send_len=0
```

然后，此数据包通过 IP 网络发送到目标节点上的隧道端点。在到达目标节点后，目标节点上的 br-tun 网桥解封装 IP 报头，将 VXLAN ID 替换为本地 VLAN ID，并将其传递给 br-int 网桥，它再将数据包传送到目标端口。

如果网络是基于 VLAN 的，br-tun 将被替换为 br-ethX。此网桥连接到物理接口 ethX。惯例是用物理接口命名网桥。例如，连接到 eth1 的网桥被命名为 br-eth1。ethX 是计算或网络服务器上的网卡，它连接到提供租户网络的物理交换机。br-ethX 负责将本地 VLAN 与核心插件分配的静态 VLAN 进行交换。

6.4 Neutron 虚拟网络与路由

虚拟网络可以将多个虚拟机连接在一起，在它们之间提供通信路径，但如果您想跨越二层网络边界进行网络通信，那该怎么办呢？这时就该虚拟路由器（virtual router）登场了。使用虚拟路由器，可以将多个网络相互连接，其工作方式是，租户将虚拟网络的子网添加到路由器。这将在虚拟网络上创建一个端口（port），并为该端口分配子网的网关 IP 地址。当网络上的 DHCP 服务器向虚拟机提供 IP 地址时，其中就包含网关的 IP 地址。虚拟路由器在连接的多个网络之间转发 IP 数据包。

Neutron 的默认 L3 插件使用 Linux 网络命名空间（Linux network namespace）实现虚拟路由器。网络命名空间可看作完全隔离的网络堆栈，它有自己的网络配置、路由表、IPtables 规则、数据包转发配置等。

6.4.1 Neutron 虚拟配置路由服务

要提供路由服务，需要给 Neutron 服务配置路由器服务插件。为此，更新 Neutron 配置文件 /etc/neutron/neutron.conf 中的服务插件列表：

```
[DEFAULT]
service_plugins = router
```

路由器插件（router plugin）使用 Linux 命名空间（namespaces）实现虚拟路由器实例。这是由部署在网络节点上的 L3 代理（L3 agent）完成的。路由器插件和 L3 代理通过消息总线进行通信，L3 代理配置文件是 `/etc/neutron/l3_agent.ini`，如图 6-6 所示。

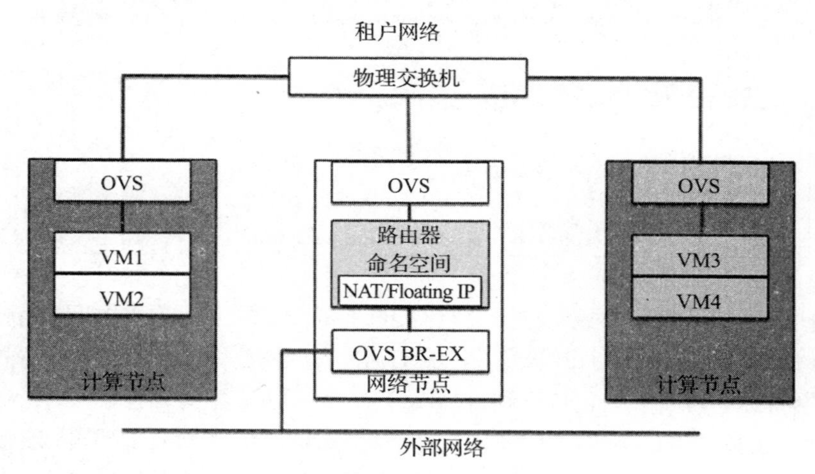

图 6-6　Neutron 虚拟路由

路由器插件还利用 NAT(Network Address Translation，网络地址转换）和浮动 IP(floating IP）提供外部访问。NAT 和浮动 IP 要求网络节点具有外部网桥。假设网络节点上的第三个网卡用于提供外部访问，请使用以下 OVS 命令创建外部访问网桥：

```
# ovs-vsctl add-br br-ex
# ovs-vsctl add-port br-ex eth3
```

6.4.2　基于路由的网络连接实现

使用 `router-create` 命令创建虚拟路由器，如下所示：

```
$ neutron router-create router1
```

下一步，使用 `router-interface-add` 命令将子网添加到路由器：

```
$ neutron router-interface-add subnet1
```

添加路由器接口后，您可以查看网络节点上 L3 代理创建的命名空间。可使用 ip netns 命令来查看，如下所示：

```
$ ip netns list
qdhcp-26adf398-409d-4f6e-9c44-918779d8f57f
qrouter-65ef2787-541c-4ff2-8b69-24ae48094d68
```

`65ef2787-541c-4ff2-8b69-24ae48094d68` 是路由器 ID。接下来，您可以在路由器命名空间中查看虚拟路由器中的路由表，如下所示：

```
$ sudo ip netns exec qrouter-65ef2787-541c-4ff2-8b69-24ae48094d68 route -n
```

```
Kernel IP routing table
Destination     Gateway         Genmask         Flags Metric Ref    Use Iface
0.0.0.0         10.0.2.2        0.0.0.0         UG    0      0        0 qg-d8e8a74b-6c
10.0.2.0        0.0.0.0         255.255.255.0   U     0      0        0 qg-d8e8a74b-6c
10.15.15.0      0.0.0.0         255.255.255.0   U     0      0        0 qr-c2902c14-3b
```

6.4.3　实例访问外网

如何让虚拟机访问 Internet 呢？有以下几种实现方式。

- 最简单的方法是将虚拟机直接连接到可以访问 Internet 的网络。例如，将虚拟机直接连接到管理网络，就能使虚拟机访问 Internet。为此，管理员可以创建提供商网络（provider network），并使 OpenStack 用户可以访问管理网络。
- 另一个方法是通过路由器访问 Internet。在之前的讨论中，我们了解了两个或多个网络如何互联。现在虚拟机能够跨越网络边界进行通信，接下来的问题是，虚拟机可以通过虚拟路由器访问 Internet 吗？从理论上讲，如果虚拟路由器有与外部世界相连的接口，我们当然可以将数据包发送到外部世界。另一方面，创建子网时使用的 IP 地址无法在 Internet 中被寻址到。因此，即使我们可以发送数据包，响应包也无法发送回来。这个问题可以通过两种方式解决：
- 第一种方式是在虚拟网络中使用在 Internet 中可路由的地址。这个方法有时候可能无法使用，因为获得大量可路由的 IP 地址成本高昂。
- 第二种方式是使用 NAT（Network Address Translation，网络地址转换）。这种方式首先将路由器连接到外部网络，然后使用其外部 IP 地址来实现 SNAT（Source Network Address Translation，源网络地址转换）。SNAT 进程将内部网络发出的数据包的源地址转换为这个外部 IP 地址。由于外部 IP 地址是可路由的，因此将在路由器上收到来自 Internet 的响应数据包。然后路由器执行反转换，将目标 IP 更改为内部 IP，并将数据包转发到内部网络上的虚拟机。

6.4.4　外网访问实例

在前面的讨论中，我们介绍了为虚拟机提供 Internet 访问的几种方法。在基于 NAT 的方法中，虚拟机可以访问外部世界，但不允许从 Internet 访问虚拟机。

为了将虚拟机暴露到 Internet，OpenStack 提供了浮动 IP（floating IP）的概念。浮动 IP 是与虚拟机关联的外部 IP 地址。在底层，浮动 IP 是使用 DNAT（Destination Network Address Translation，目标网络地址转换）实现的。这允许关联了浮动 IP 的虚拟机能在外部网络中被寻址到。浮动 IP 配置在路由器的外部接口，当数据包发送给浮动 IP 地址时，路由器中配置的 DNAT 规则会将数据包转发到虚拟机。虚拟机的响应发回到 Internet 时，数据包的源地址被转换为浮动 IP。

6.4.5 关联虚拟机浮动 IP

浮动 IP（floating IP）是外部网络（external network）上的地址。因此，创建外部网络是浮动 IP 的先决条件。我们首先创建一个外部网络：

```
 $ neutron net-create external1 -shared --router:external True
 $ neutron subnet-create external1 --name external-subnet1
--gateway 10.56.11.1 10.56.11.0/24
```

接下来，为这个网络设置路由器的网关：

```
$ neturon router-gateway-set router1 external1
```

这将在外部网络上为路由器添加一个端口，并将外部网络的网关设置为路由器的默认网关。例如，在前面的示例中，路由器 router1 的默认网关将设置为 10.56.11.1。现在，连接到此路由器的虚拟机就可以使用 SNAT 访问 Internet 了。

最后，创建并关联浮动 IP。这将通过将外部 IP 与虚拟机关联并实现 DNAT，从而可以从 Internet 上访问到该虚拟机。为此，请使用以下命令：

```
$ neutron floatingip-create external1
$ neutron floatingip-associate floating_ip_id instance_port_id
```

此时，浮动 IP 就设置好了，DNAT 规则被添加到路由器命名空间，任何转发到浮动 IP 地址的流量都会被转发到实例的某个端口的 IP 地址上。

6.5 Neutron 安全组

OpenStack 提供网络安全来控制对虚拟网络的访问。与其他网络服务一样，应用于虚拟网络的安全策略以自助服务功能提供出来。安全服务要么由在网络端口级别的安全组（security group）提供，要么由防火墙服务（firewall service）在网络边界提供。在本节中，我们将讨论 Neutron 项目提供的安全组服务。

应用于流进和流出流量的安全规则基于匹配条件（match condition），包括以下内容：

- ❑ 将应用安全策略的源和目标地址。
- ❑ 网络流的源端口和目标端口。
- ❑ 网络流的方向，是出口（egress）还是入口（ingress）流量。

Neutron 安全服务使用 Linux IPtables 来实现安全策略。

要了解 Linux 中 IPtables 的工作原理，请访问：https://www.cen tos.org/docs/5/html/Deployment_Guide-en-US/ch-iptables.html。

要了解 IPtables，请访问：http://www.iptables.info/en/iptables-targets-and-jumps.html。

6.5.1 安全组

安全组（security group）是一种 Neutron 扩展，它允许在端口级别配置网络访问规则。通过安全组，租户可以创建访问策略，来控制对虚拟网络内资源的访问。IPtables 通过安全组配置来进行流量过滤。

6.5.2 创建安全组策略

可以使用 Neutron CLI 或 OpenStack 仪表板来创建安全组规则（rule）。若使用 Neutron CLI 创建安全组，请使用 `security-group-create` 命令：

```
$ neutron security-group-create SG1

Created a new security_group:
+----------------------+------------------------------------------------------------------------------------------------------------------+
| Field                | Value                                                                                                            |
+----------------------+------------------------------------------------------------------------------------------------------------------+
| description          |                                                                                                                  |
| id                   | 81ab3baf-a527-4de3-a81e-ea5c9c1cc3aa                                                                             |
| name                 | SG1                                                                                                              |
| security_group_rules | {"remote_group_id": null, "direction": "egress", "protocol": null, "description": "", "ethertype": "IPv4", "remote_ip_prefix": |
|                      | null, "port_range_max": null, "security_group_id": "81ab3baf-a527-4de3-a81e-ea5c9c1cc3aa", "port_range_min": null, "tenant_id": |
|                      | "f8255416667a46168754fc6d8cc5e81b", "id": "3ad1329a-02d7-42b9-9d1d-2e5e3ea93ac6"}                                |
|                      | {"remote_group_id": null, "direction": "egress", "protocol": null, "description": "", "ethertype": "IPv6", "remote_ip_prefix": |
|                      | null, "port_range_max": null, "security_group_id": "81ab3baf-a527-4de3-a81e-ea5c9c1cc3aa", "port_range_min": null, "tenant_id": |
|                      | "f8255416667a46168754fc6d8cc5e81b", "id": "dafcc823-0310-474c-a1bc-247db250d7e1"}                                |
| tenant_id            | f8255416667a46168754fc6d8cc5e81b                                                                                 |
+----------------------+------------------------------------------------------------------------------------------------------------------+
```

然后，使用 Neutron `security-group-rule-create` 命令向安全组中添加新规则。要创建规则，您需要提供远程地址、网络协议（TCP、UDP 或 ICMP）、协议端口，例如用于 HTTP 流量的 80 端口，以及流量方向（egress 表示出口流量，ingress 表示进入流量）：

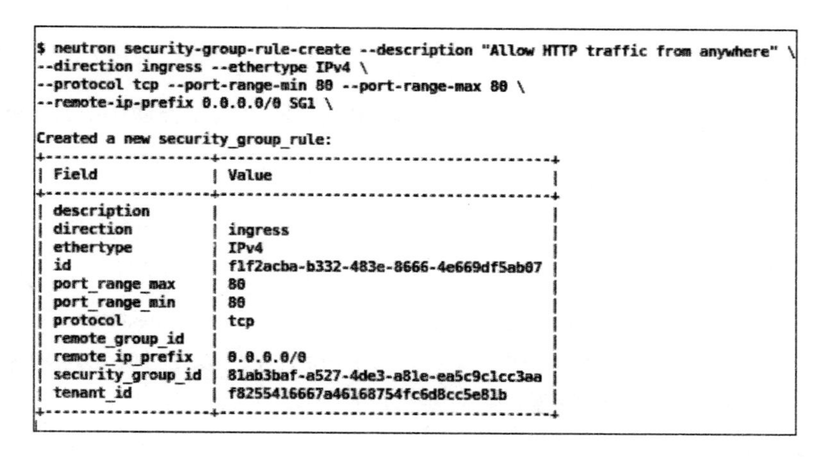

```
$ neutron security-group-rule-create --description "Allow HTTP traffic from anywhere" \
--direction ingress --ethertype IPv4 \
--protocol tcp --port-range-min 80 --port-range-max 80 \
--remote-ip-prefix 0.0.0.0/0 SG1 \

Created a new security_group_rule:
+-------------------+--------------------------------------+
| Field             | Value                                |
+-------------------+--------------------------------------+
| description       |                                      |
| direction         | ingress                              |
| ethertype         | IPv4                                 |
| id                | f1f2acba-b332-483e-8666-4e669df5ab07 |
| port_range_max    | 80                                   |
| port_range_min    | 80                                   |
| protocol          | tcp                                  |
| remote_group_id   |                                      |
| remote_ip_prefix  | 0.0.0.0/0                            |
| security_group_id | 81ab3baf-a527-4de3-a81e-ea5c9c1cc3aa |
| tenant_id         | f8255416667a46168754fc6d8cc5e81b     |
+-------------------+--------------------------------------+
```

也可以使用 OpenStack 仪表板做相同操作。要管理安全组，请导航到 Compute|Access & Security| Security Group（计算 | 访问 & 安全 | 安全组）页面。使用 +Create Security Group（+ 创建安全组）按钮创建新安全组。使用 Manage Rule（管理规则）下拉菜单来向安全组添加规则：

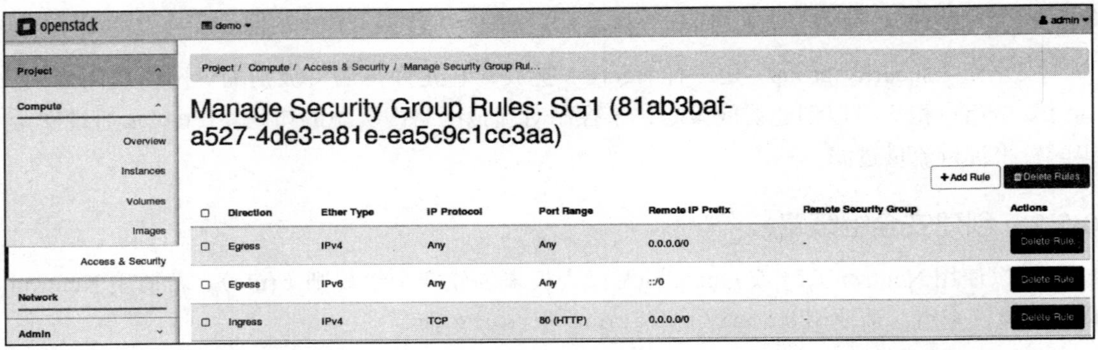

6.6 Firewall as a Service

防火墙服务（firewall service）允许控制跨网络边界的流量。防火墙策略（firewall policy）应用于连接多个网络的路由器。Neutron 中的默认防火墙驱动使用 IPtables 在路由器中配置访问规则。安全组的策略是默认拒绝（deny）的，并且仅能创建允许（allow）特定流量的规则，而防火墙服务能创建允许和拒绝规则。

6.6.1 防火墙配置

要配置防火墙服务，需更新 Neutron 配置文件以使用防火墙服务插件。以下示例显示了 /etc/neutron/neutron.conf 中的设置：

```
[DEFAULT]
service_plugins = router,firewall
```

接下来，更新 L3 代理配置文件以使用防火墙驱动。防火墙服务使用 Neutron L3 代理去配置 IPtables 规则：

```
[fwaas]
driver = netron_fwaas.services.firewall.drivers.linux.
iptables_fwaas.IptablesFwaasDriver
enabled = True
```

接下来，我们更新 OpenStack 仪表板配置文件 /usr/share/openstackdashboard/openstack_dashboard/local/local_settings.py，以在 Horizon 中启用 FWaaS（Firewall as a Service，防火墙即服务）仪表板，如下所示：

```
...
'enable_FWaaS': True,
```

最后，重新启动 Neutron 服务以加载服务插件，重启 Web 服务器使得 Horizon 使用防火墙仪表板：

```
$ sudo service httpd restart
$ sudo service neutron-server restart
```

6.6.2　创建防火墙策略和规则

OpenStack 租户可以使用 Neutron 防火墙服务来定义网络访问策略。防火墙策略应用于三层网络（Layer-3），控制进入或离开网络的流量。防火墙定义由多条策略（policy）组成，策略由多条规则（rule）组成。规则基于匹配条件来识别网络流量流。防火墙规则可以明确地允许或拒绝流量。

要创建防火墙，使用 firewall-policy-create 命令创建空的防火墙策略：

```
$ neutron firewall-policy-create  fw-pol1
Created a new firewall_policy:
+----------------+--------------------------------------+
| Field          | Value                                |
+----------------+--------------------------------------+
| audited        | False                                |
| description    |                                      |
| firewall_rules |                                      |
| id             | 39fd89c4-b3ba-4046-89fe-d59ccf60ddc0 |
| name           | fw-pol1                              |
| shared         | False                                |
| tenant_id      | f8255416667a46168754fc6d8cc5e81b     |
+----------------+--------------------------------------+
```

然后，使用 firewall-create 命令创建一个关联到上一步创建的策略以及某个路由器的防火墙：

```
$ neutron firewall-create fw-pol1 --router router1
Created a new firewall:
+--------------------+--------------------------------------+
| Field              | Value                                |
+--------------------+--------------------------------------+
| admin_state_up     | True                                 |
| description        |                                      |
| firewall_policy_id | 39fd89c4-b3ba-4046-89fe-d59ccf60ddc0 |
| id                 | 0546c469-b2c6-47d2-86fa-fe609fa0ef21 |
| name               |                                      |
| router_ids         | ba10e7eb-1f10-4dcf-9b28-ed05eacc9385 |
| status             | PENDING_CREATE                       |
| tenant_id          | f8255416667a46168754fc6d8cc5e81b     |
+--------------------+--------------------------------------+
```

再使用 firewall-rule-create 命令创建防火墙访问规则：

```
$ neutron firewall-rule-create --source-ip-address 0.0.0.0/0 \
--destination-ip-address 192.168.0.20 --destination-port 80 \
--protocol tcp --action allow

Created a new firewall_rule:
+------------------------+--------------------------------------+
| Field                  | Value                                |
+------------------------+--------------------------------------+
| action                 | allow                                |
| description            |                                      |
| destination_ip_address | 192.168.0.20                         |
| destination_port       | 80                                   |
| enabled                | True                                 |
| firewall_policy_id     |                                      |
| id                     | a1c8d52a-8207-4e4f-aef2-6422b0c6f065 |
| ip_version             | 4                                    |
| name                   |                                      |
| position               |                                      |
| protocol               | tcp                                  |
| shared                 | False                                |
| source_ip_address      | 0.0.0.0/0                            |
| source_port            |                                      |
| tenant_id              | f8255416667a46168754fc6d8cc5e81b     |
+------------------------+--------------------------------------+
```

然后，使用 `firewall-policy-update` 或 `firewall-policy-insert-rule` 命令将规则更新到防火墙策略。防火墙策略中的规则的顺序决定了通过防火墙的网络包被校验的顺序。在往防火墙策略添加规则时，要牢记这一点。`firewall-policy-insert-rule` 命令可用于在防火墙策略中插入单条规则。要在防火墙策略中指定规则的位置，请使用 `--insert-before` 或 `--insert-after` 选项。

```
$ neutron firewall-policy-update --firewall-rules a1c8d52a-8207-4e4f-aef2-6422b0c6f065 fw-pol1
Updated firewall_policy: fw-pol1

$ neutron firewall-policy-show fw-pol1
+----------------+--------------------------------------+
| Field          | Value                                |
+----------------+--------------------------------------+
| audited        | False                                |
| description    |                                      |
| firewall_rules | a1c8d52a-8207-4e4f-aef2-6422b0c6f065 |
| id             | 39fd89c4-b3ba-4046-89fe-d59ccf60ddc0 |
| name           | fw-pol1                              |
| shared         | False                                |
| tenant_id      | f8255416667a46168754fc6d8cc5e81b     |
+----------------+--------------------------------------+
```

要验证应用了的防火墙策略，请查看路由器命名空间中的 IPtables 配置：

```
$ sudo ip netns exec qrouter-ba10e7eb-1f10-4dcf-9b28-ed05eacc9385 iptables -L -n|grep 80
ACCEPT     tcp  --  0.0.0.0/0            192.168.0.20         tcp dpt:80
ACCEPT     tcp  --  0.0.0.0/0            192.168.0.20         tcp dpt:80
```

6.7 VPN as a Service

随着业务的增长，可能需要将云环境扩展到多个数据中心。当然，VPN 方案，无论是简单的 SSL 方案还是 IPSEC 方案，都能为租户的网络流量提供跨因特网的安全通信路径。OpenStack 提供隔离网络和网络访问控制，以避免流量拥塞，并提高 OpenStack 环境内部网络的安全性。**VPN 即服务**（VPN as a Service，VPNaaS）功能使用隧道（tunneling）和加密（encryption）来保护数据完整性，从而在分布于不同地理位置的数据中心内的机器之间提供安全连接。

图 6-7 描绘了两个 OpenStack 数据中心（DC1 和 DC2），我们想把它们中的租户网络连接起来。您可能还记得，在 Horizon 中租户（tenant）在项目（project）中创建和管理云资源，比如私有网络、路由器和子网。

将 admin 用户添加到每个项目，并分配给它项目的 admin 角色。这将允许您在 Horizon 上进行所有管理性操作。此外，您还可以为每个项目创建不同的用户，并使用管理员账户为其分配服务类型。

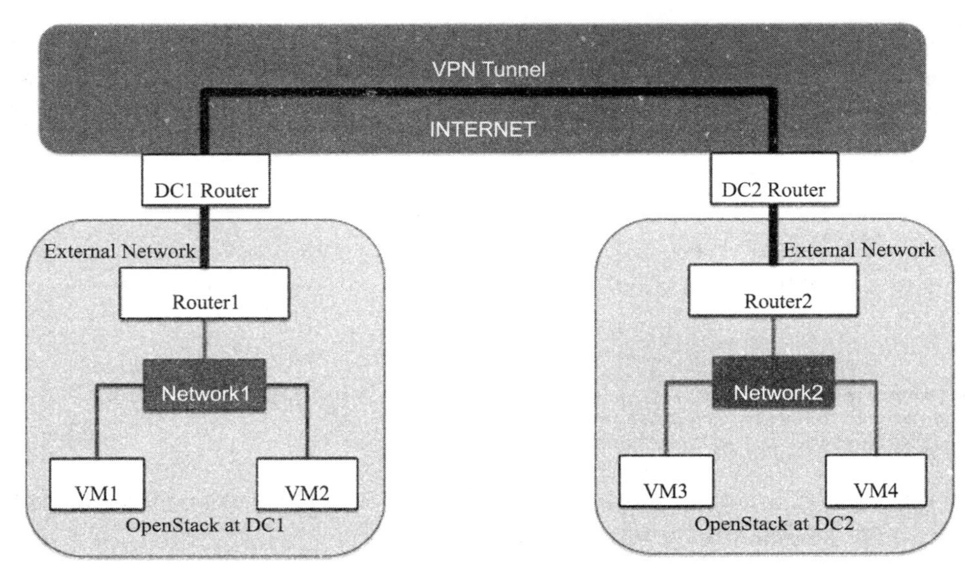

图 6-7 VPN 在数据中心中的应用

我们在 DC1 的 OpenStack 中创建项目 PackPub01，在 DC2 的 OpenStack 中创建项目 PacktPub02。基于前面的描述，我们打算让两个 OpenStack 子网中的机器能相互通信。在 OpenStack 中，每个租户网络都会有至少一个子网，子网主要为虚拟机提供本地 IP 地址；每个子网都会绑定一个路由网关，与子网绑定的路由网关同时会连接到外部网络接口上。通过 VPN 服务，不同外网 IP 之间的通信数据会以加密形式通过隧道进程传输。表 6-1 显示了 DC1 和 DC2 的拓扑以及网络地址。

表 6-1 DC1 与 DC2 网络拓扑

数据中心	网络（network）	子网（subnet）	路由器（router）	路由器外网 IP
DC1	Network1	192.168.47.0/24	Router1	172.24.4.X
DC2	Network2	192.168.48.0/24	Router2	172.24.4.Y

在 Horzion 中，导航到 Network | Router（网络 | 路由器）页面，然后选择路由器，再导航到 Overview（概况）选项卡，可看到路由器网关 IP。外部固定 IP（External Fixed IP）显示路由器外部网络 IP。

不同数据中心中的子网的 IP 地址范围不能重叠。

6.7.1 VPN 插件配置

通过下面的步骤，在 DC1 和 DC2 各自的 OpenStack 中启动 VPN 服务。

（1）要创建完整的站点到站点（site-to-site）IPsec VPN，我们将使用 Linux 上的 Openswan IPsec。Neutron 提供了支持 Openswan 的驱动，该驱动需要被配置好并启动起来。此外，我们需要将 neutron-plugin-vpn-agent 软件包安装在每个站点的网络节点上，如下所示：

```
$ sudo yum install neutron-vpn-agent openswan
$ sudo service ipsec start
```

（2）更新 VPN 服务代理文件 /etc/neutron/vpn_agent.ini，以使用 Openswan 驱动，如下所示：

```
...
[vpnagent]
vpn_device_driver=neutron.services.vpn.
device_drivers.ipsec.OpenSwanDriver
```

（3）在 /etc/neutron/neutron.conf 中的服务插件（service plugin）列表中添加 vpnaas，以在 Neutron 中启用 VPN 服务，如下所示：

```
[DEFAULT]
service_plugins =.. ,vpnaas
```

（4）在同一文件中，在 service_provider 部分，配置 VPN 服务提供者为 openswan 驱动，如下所示：

```
...
[service_providers]
service_provider= VPN:openswan:neutron.services.vpn.
service_drivers.ipsec.IPsecVPNDriver:default
```

（5）接下来，我们将更新 /usr/share/openstackdashboard/openstack_dashboard/local/local_settings.py，以启用 VPNaaS 仪表板，如下所示：

```
'enable_VPNaaS': True,
```

（6）最后，重启 neutron-server 和 neutron-vpn-agent 服务，以及 web 服务：

```
$ sudo service httpd restart
$ sudo service neutron-server restart
$ sudo service neutron-vpn-agent restart
```

要阅读有关 Openswan 的更多信息，请访问其官网 https://www.openswan.org/。

6.7.2 创建 VPN 服务

下面将创建 VPN 连接，来连接 DC1 和 DC2 中的两个网络。我们将从在 DC1 中配置 VPN 开始，然后再采取同样的步骤在 DC2 中进行配置。

1. 创建 IKE 策略

在 Horizon 中，首先需要创建 IKE（Internet Key Exchange，IKE，因特网密钥交换）策略。图 6-8 显示了 DC1 中 OpenStack 环境中的简单 IKE 设置。

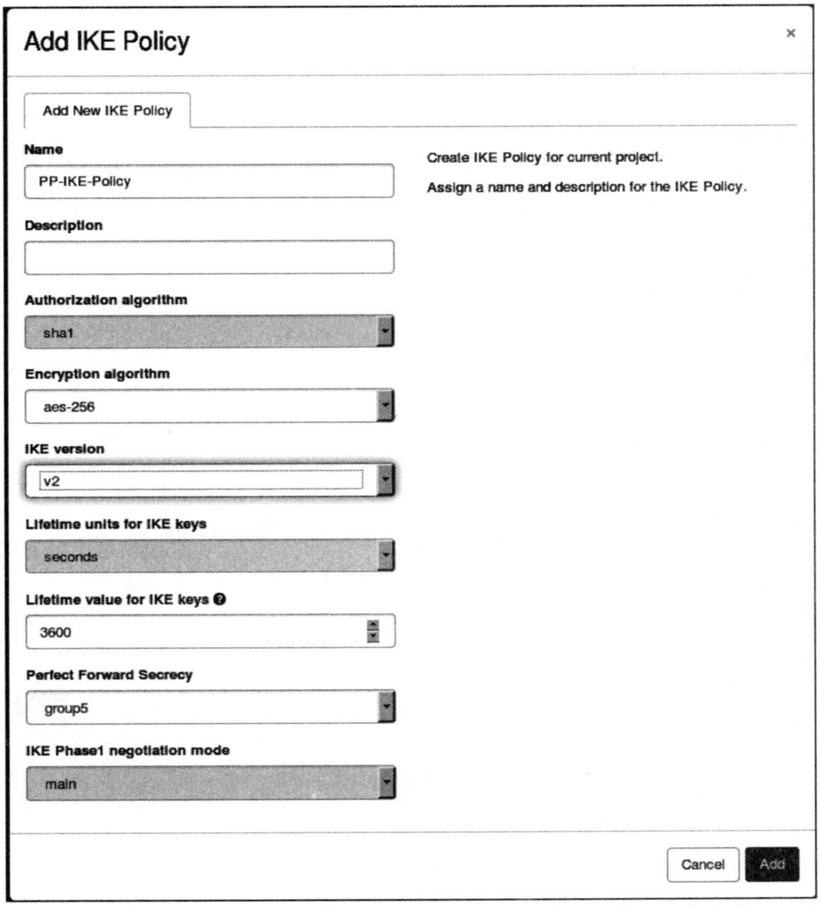

Add IKE Policy

Add New IKE Policy

Name: PP-IKE-Policy

Create IKE Policy for current project.

Assign a name and description for the IKE Policy.

Description

Authorization algorithm: sha1

Encryption algorithm: aes-256

IKE version: v2

Lifetime units for IKE keys: seconds

Lifetime value for IKE keys: 3600

Perfect Forward Secrecy: group5

IKE Phase1 negotiation mode: main

Cancel　Add

图 6-8　简单 IKE 设置

还可以使用 neutron 命令创建 IKE 策略，如下所示：

```
$ neutron vpn-ikepolicy-create --auth-algorithm
sha1 --encryption-algorithm aes-256 --ike-version v2
--lifetime units=seconds,value=3600 --pfs group5
--phase1-negotiation-mode main --name PP-IKE-Policy
```

2. 创建 IPSec 策略

在 DC1 中的 OpenStack 环境中，可通过以下方式创建 IPSec 策略（如图 6-9 所示）：

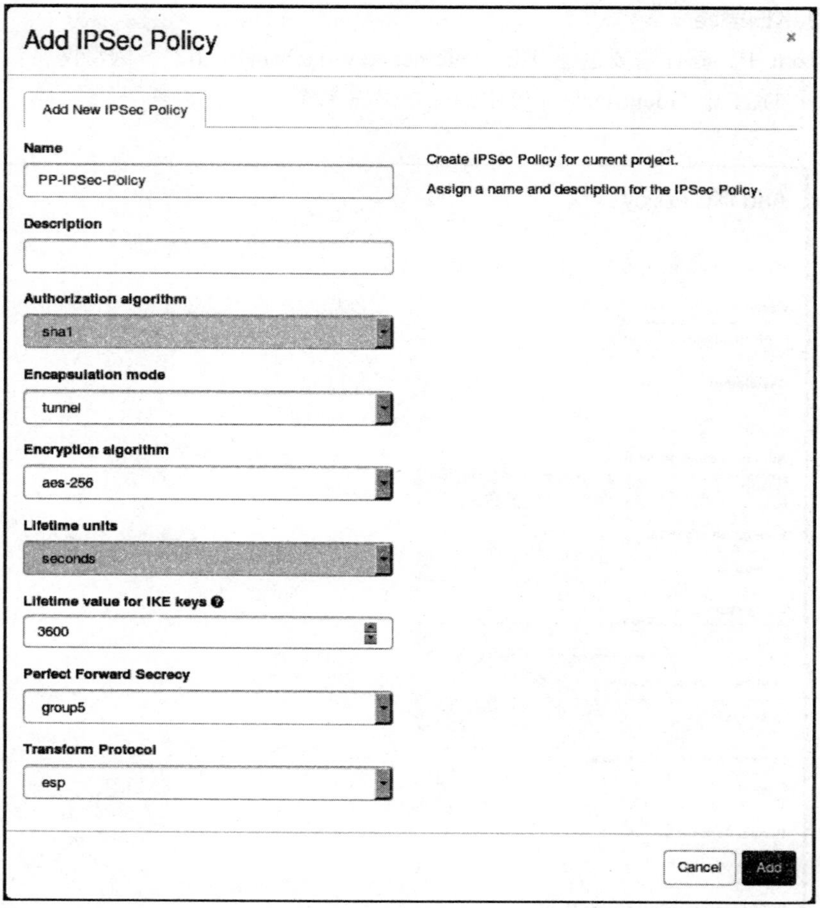

Add IPSec Policy

Add New IPSec Policy

Name: PP-IPSec-Policy

Description:

Authorization algorithm: sha1

Encapsulation mode: tunnel

Encryption algorithm: aes-256

Lifetime units: seconds

Lifetime value for IKE keys: 3600

Perfect Forward Secrecy: group5

Transform Protocol: esp

Create IPSec Policy for current project.

Assign a name and description for the IPSec Policy.

Cancel Add

图 6-9 创建 IPSec 策略

还可以使用 neutron 命令创建 IPSec 策略，如下所示：

```
$ neutron vpn-ipsecpolicy-create --auth-algorithm sha1
--encapsulation-mode tunnel --encryption-algorithm
aes-256 --lifetime units=seconds,value=36000 --pfs group5
--transform-protocol esp -name PP_IPSEC_Policy
```

此阶段的标准 VPN 设置，如**封装模式**（Encapsulation mode）、**加密算法**（Encryption algorithm）、**完全正向保密**（Perfect Forward Secrecy）和**转换协议**（Transform Protocol），两个站点中都应完全相同。

如果您遇到 VPN 连接问题，故障排除最佳实践通过过滤和调试等手段来确定两个站点上的配置是否存在任何不一致。

3. 创建 VPN 服务

要创建 VPN 服务，我们需要指定面向外部接口的虚拟路由器，它将充当 VPN 网关。还要选择要被暴露的本地子网。在 Horizon 中，我们通过以下方式添加新的 VPN 服务（如图 6-10 所示）：

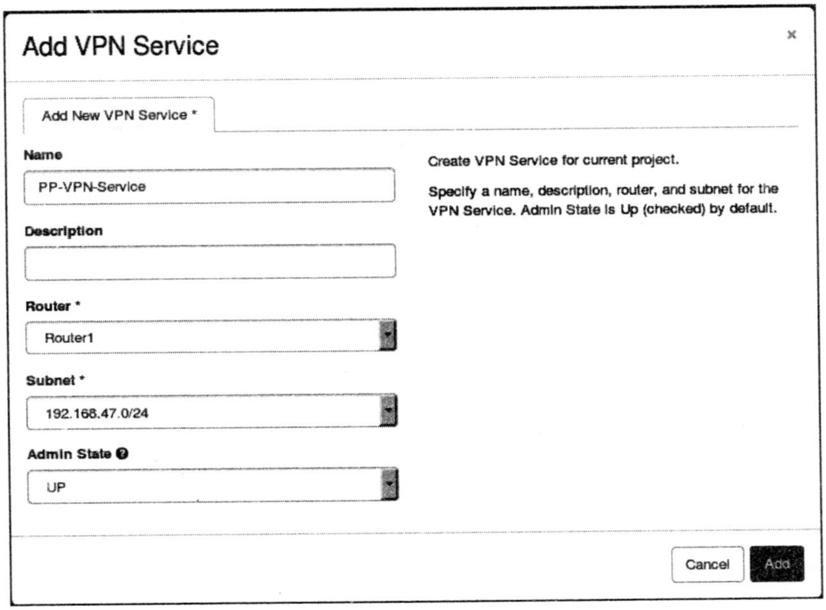

Add VPN Service

Add New VPN Service *

Name

PP-VPN-Service

Description

Router *

Router1

Subnet *

192.168.47.0/24

Admin State

UP

Create VPN Service for current project.

Specify a name, description, router, and subnet for the VPN Service. Admin State is Up (checked) by default.

Cancel　Add

图 6-10　添加新的 VPN 服务

还可以使用 neutorn 命令创建 VPN 服务，如下所示：

```
$ neutron vpn-service-create --tenant-id
c4ea3292ca234ddea5d50260e7e58193
--name PP_VPN_Service Router-VPN public_subnet
```

需要指出的是，在 VPN 服务中，你必须选择负责你的 VPN 网关的路由器。此处，我们已经暴露了本地子网 192.168.47.0/24。

4. 创建 IPSec 站点连接

现在是最后一步，还是需要不少设置。通常，我们需要为 VPN 站点的对端设置一个外部 IP 地址。该 IP 地址会作为 IPSec 站点连接（IPSec Site Connection）的对端网关公共 IP 地址（Peer Gateway Public IP）。DC2 是 DC1 的对端站点，要在 DC1 中配置的该地址需从 DC2 站点的路由器的详细信息中获得。在 DC2 的 OpenStack 中，您可以管理员身份登录 Horizon，在 PacktPub02 项目中点击“路由器”，然后您会看到该路由器的详细信息。远端对等子网（Remote peer subnet）值是 DC2 的 OpenStack 网络子网的 CIDR，为

192.168.48.0/24。还需要设置 PSK（Pre-shared Key，预共享密钥）为 AwEsOmEVPn，该密钥在两个站点中必须一致。DC1 中的配置如图 6-11 所示：

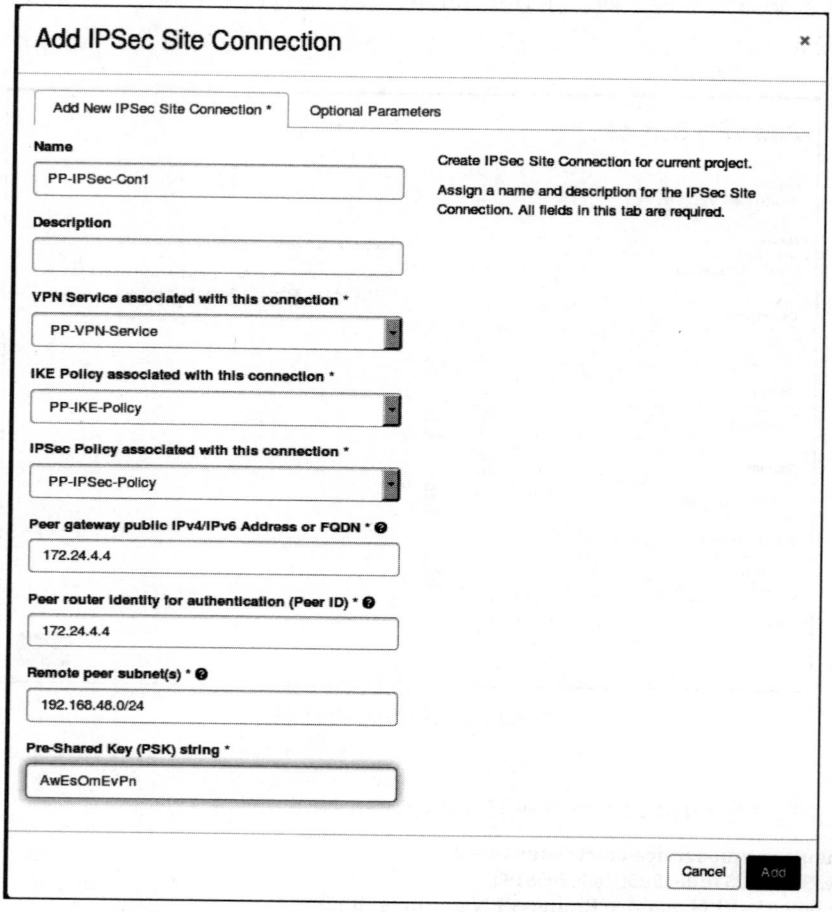

Add IPSec Site Connection

Add New IPSec Site Connection * | Optional Parameters

Name: PP-IPSec-Con1

Description:

VPN Service associated with this connection *: PP-VPN-Service

IKE Policy associated with this connection *: PP-IKE-Policy

IPSec Policy associated with this connection *: PP-IPSec-Policy

Peer gateway public IPv4/IPv6 Address or FQDN *: 172.24.4.4

Peer router identity for authentication (Peer ID) *: 172.24.4.4

Remote peer subnet(s) *: 192.168.48.0/24

Pre-Shared Key (PSK) string *: AwEsOmEvPn

Create IPSec Site Connection for current project.

Assign a name and description for the IPSec Site Connection. All fields in this tab are required.

Cancel | Add

图 6-11　DC1 中的配置

还可以使用 neutron 命令创建 VPN 服务，如下所示：

```
# neutron ipsec-site-connection-create --name PP_IPSEC
---vpnservice-id PP_VPN_Service --ikepolicy-id
PP-IKE-Policy --ipsecpolicy-id PP_IPSEC_Policy
--peer-address 192.168.48.0/24 --peer-id 172.24.4.232
--psk AwEsOmEvPn
```

对端网关外网 IPv4 地址可以从 DC2 的路由器详情中获取。我们的网络需要抵达外网接口，如下面的截图所示。

要完成全部 VPN 设置，您还需要在 DC2 中执行上述后面几步，但需要做少量修改，比如修改对端网关公共 IP 地址为 DC1 的路由器的外部网络网关 IP 地址，以及设置远端子网为 DC1 中的子网 192.168.47.0/24。请注意，VPN 设置中的加密算法、协议，以及共享密钥在两端必须相同。

配置完成以后，我们可执行简单的 ping 测试，来验证这些设置。从 DC1 中 IP 地址为 192.168.47.4 的实例上，ping DC2 中子网的网关 192.168.48.1，成功则表明配置都是正确的，如下所示：

```
$ ip addr list
1: lo: <LOOPBACK,UP,LOWER_UP> mtu 16436 qdisc noqueue
    link/loopback 00:00:00:00:00:00 brd 00:00:00:00:00:00
    inet 127.0.0.1/8 scope host lo
    inet6 ::1/128 scope host
       valid_lft forever preferred_lft forever
2: eth0: <BROADCAST,MULTICAST,UP,LOWER_UP> mtu 1450 qdisc pfifo_fast qlen 1000
    link/ether fa:16:3e:ca:1c:5c brd ff:ff:ff:ff:ff:ff
    inet 192.168.47.4/24 brd 192.168.47.255 scope global eth0
    inet6 fe80::f816:3eff:feca:1c5c/64 scope link
       valid_lft forever preferred_lft forever
$ ping 192.168.48.1
PING 192.168.48.1 (192.168.48.1): 56 data bytes
64 bytes from 192.168.48.1: seq=0 ttl=63 time=2.575 ms
64 bytes from 192.168.48.1: seq=1 ttl=63 time=1.370 ms
64 bytes from 192.168.48.1: seq=2 ttl=63 time=8.423 ms

--- 192.168.48.1 ping statistics ---
3 packets transmitted, 3 packets received, 0% packet loss
round-trip min/avg/max = 1.370/4.122/8.423 ms
$
```

请确定 DC2 中的路由器已经启用了 ICMP，这样就会允许 ping 了。

6.8　总结

在本章中，我们深入研究了 OpenStack 网络服务的各个方面。此时，您应该对网络服务很有自信了。您还了解了 Neutron API 的优势，它能支持多个插件，这些插件允许您在 OpenStack 中支持多样化的网络硬件。我们从选择二层网络开始，然后讨论了路由服务。接下来，我们讨论了安全功能，如 FWaaS 和安全组。在此阶段，您理解了 FWaaS 与安全组之间的区别，以及如何分别在网络和端口级别配置它们。

最后，通过 Neutron 的 VPNaaS 网络安全功能，我们一步一步地演示了 Neutron 另一个令人称赞的扩展性和强大功能，在下一章中，我们将介绍更高级的网络主题，如 SDN 和 NFV，并了解它们如何适应 OpenStack 环境。

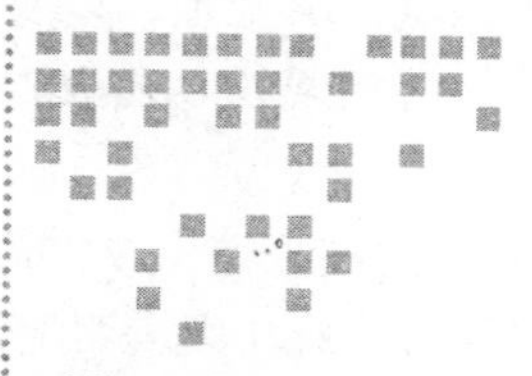

Chapter 7 第7章

OpenStack SDN 网络与 NFV

没有教育，这个世界你无处可去

——马尔科姆·艾克斯（Malcolm X）

网络是云计算堆栈中最复杂的服务之一。云计算的出现对网络服务提出了非凡的要求。一方面，现代网络服务必须能够极端灵活地连接任意端点；另一方面，网络基础设施必须提供高性能通信信道，并能快速创建新服务。服务提供商要为不断增长的网络服务需求创建新的技术设施，他们希望尽可能快地创建好，而且要求基础设施能够通过扩展来满足用户需求，以及能按需收缩来节省成本。

OpenStack 已经有了若干新项目来支持这些新用例。在本章中，我们将介绍新的网络服务，这些服务正在迅速发展，以满足云对网络的需求：

- 我们将讨论 OVN（Open Virtual Network），它是 SDN 的一种实现。
- 我们将讨论 Tacker，它使用 OpenStack 提供 NFV 平台。
- 最后，我们将讨论基于 Octavia 的 LBaaS v2 的实现，它使用虚拟设备提供负载均衡器服务。

下面，我们先从探索基于 SDN 的网络开始。

7.1 基于 SDN 的网络

7.1.1 SDN 介绍

新兴网络理论之一是软件定义网络（Software-Defined Networking，SDN）。SDN 理念

提出了一种可编程网络，可以灵活地定义数据包在网络中的转发方式。可以使用控制器对转发规则（forwarding rule）进行编程。在云基础设施中，云控制器（cloud controller）集中管理网络拓扑和网络端点的位置，SDN 提供 API 对网络基础设施如何在各个消费者之间传输网络包进行编程。

SDN 引入了可编程网络（programmable network）概念，它可以使用软件来控制和定义网络中包的流向。这种理论的一种实现方式是使用集中控制器来对具有数据包流表项（flow entry）的交换机编程。数据包流表项是针对网络包执行的匹配条件和相应动作的组合。一个简单的例子是将去向某个目标的包都丢弃掉。

为了实现对包转发路径进行控制，网络设备必须公开低级流控制接口。OpenFlow 规范定义了使用流表项编程来做低级别控制的标准，它为流定义提供编程语义。启用了 OpenFlow 的交换机由控制器管理，控制器可以通过安全连接在受管交换机上安装流表项。OpenFlow 规范描述了这些规则（rule）如何匹配表（table）。当数据包到达交换机时，它会通过一系列流规则来尝试匹配数据包并采取适当的转发决策，或将转发到下一个表。如果数据包与任何规则都不匹配，则会被转发到控制器，控制器会分析数据包，生成处理数据包的流规则，并将其安装到交换机上。这种规则安装过程称为响应式流编程（reactive flow programming）。集中控制器可以与其他网络和计算管理软件通信，从而获得网络拓扑的完整信息。利用这些信息，它可以使用主动式编程（proactive programming）预先在交换机上安装规则。主动式流编程（proactive flow programming）的一个示例是为尚未完成创建的虚拟机安装流规则。

使用基于 SDN 的方法，网络设备的控制功能与转发功能会被分离。交换机进行高吞吐转发，中央 SDN 控制器则控制网络流。SDN 架构对当前网络实现的基础提出了挑战，因为传统网络中转发能力是静态的，例如，交换机网络二层学习过程大部分是静态的。SDN 提出了一种更灵活的、软件可控的数据包转发架构。

7.1.2　OVS 架构

我们已经在第 6 章中讨论了 OVS（Open VSwitch）。OVS 是一种虚拟交换机，它使用 OpenFlow 规范定义的流编程语义。它使用 OVSDB 协议暴露交换机管理接口，并支持满足 OpenFlow 规范的流编程。OVS 实例既可以使用流规则在本地配置，也可以连接到 SDN 控制器，它会向 OVS 实例推送流表项。

在安装了 OVS 交换机的 OpenStack 节点上，您可以使用 `ovs-ofctl dump-flows br-int` 命令查看数据流规范。图 7-1 显示了受 SDN 控制器管理的 OVS 实例。

OVS 交换机包含一个名为 ovsdb 的用户空间数据库，该数据库可以连接到 ovsdb 管理器并接收交换机配置数据。另一方面，vswitchd 守护程序连接到 SDN 控制器并接收流编程数据。

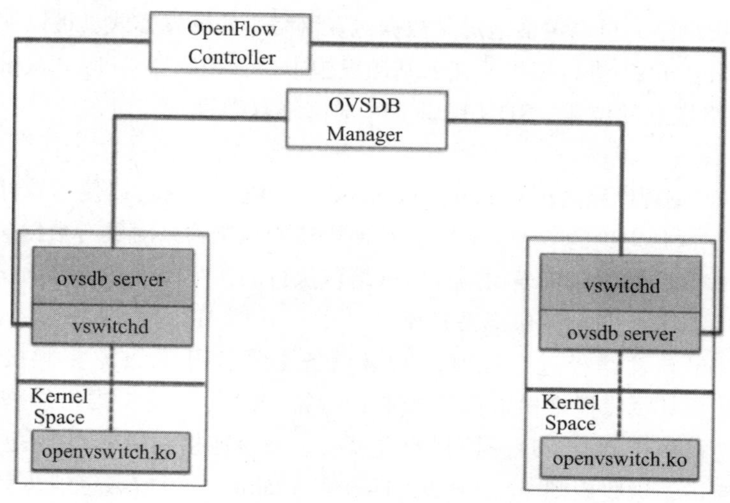

图 7-1 OVS 内部架构

7.2 OVN 架构

OVN（Open Virtual Network）是基于 SDN 架构的一种实现。随着 SDN 架构的发展，很显然，在有几百个交换机的大型网络中，集中控制器往往会成为瓶颈。OVN 体系结构通过使用多个 OVS 数据库和控制器来提供可编程虚拟网络解决方案，从而消除了这一缺点，如图 7-2 所示。

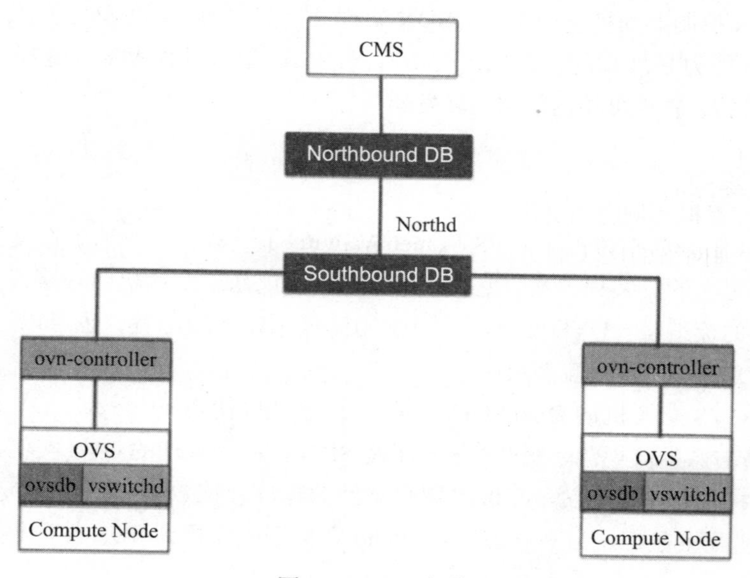

图 7-2 OVN 架构

在本节中，我们将学习 OVN 组件，以及它们如何和 OpenStack 集成。

7.2.1　OVN 组件

OVN 解决方案的核心是 Open VSwitch，它使用 OpenFlow 实现了可编程流规则。与基于集中控制器和与它相连的虚拟交换机的其他 SDN 解决方案不同，OVN 使用多级控制器。这些控制器管理存储在各个 ovsdb 数据库中的抽象（abstraction）。

OVN 项目包括以下组件。

- **北向数据库**（northbound database）：北向数据库是 OVN 的一个 ovsdb 实例，用于存储虚拟网络的高阶抽象。北向数据库存储与云管理系统（如 OpenStack）中的概念相匹配的虚拟网络抽象。此数据库中的表的一些示例有 `Logical_Switch`、`ACL`、`Logical_Router` 和 `Logical_Switch_Port`。从表名中可以看出，该数据库中的信息与 OpenStack 网络抽象之间存在密切关系。
- **南向数据库**（southbound database）：南向数据库则离实施细节更近。南向数据库存储物理和逻辑网络数据。它还包含逻辑网络和物理网络之间的数据绑定，以及逻辑流。此数据库中的表的一些示例有 `Port_Binding`、`Mac_Binding` 和 `Logicla_Flow`。
- **OVN 控制器**（OVN Controller）：OVN 控制器就像传统网络二层（L2）代理一样运行。它安装在计算节点上，通过 TCP 连接到 OVN 南向数据库并接收更新。然后，控制器在 OVS 交换机上编程 OpenFlow 规则。它使用 Unix 套接字连接到本地 ovsdb 数据库。
- **OVS**：OVS 交换机提供数据包转发的数据路径。OVN 控制器更新其转发规则。
- **OVN northd 守护程序**：OVN northd 守护程序负责将北向数据库连接到南向数据库。它将存储在北向数据库中的高阶抽象转换为更适合 OVN 控制器使用的格式。

7.2.2　OVN 与 OpenStack 集成

OVN 项目在虚拟实例之间提供交换（switching）和路由（routing）服务，它还提供将虚拟网络连接到物理网络的网关服务。OVN 还可与云管理系统（Cloud Management System，CMS）集成，比如通过 ML2 机制驱动（mechanism driver）和 L3 服务插件与 OpenStack 集成。它还实现安全组 API。

可以使用以下软件包安装 OVN：RedHat 发行版上的 `openvswitch-ovn` 软件包，以及 Ubuntu 系统上的 `ovn-central`、`ovn-host`、`ovn-docker` 和 `ovn-common` 包。这里需要安装所需的 OVS 包。使用 python-networking-ovn 软件包安装 OVN 的 Neutron 驱动。控制器节点运行 ovsdb 北向和南向服务器。它还运行 OVN northd 守护程序，而计算节点运行 OVN 控制器。要配置 OVN ML2 驱动，请在控制节点上的 `/etc/neutron/plugins/ml2/ml2_conf.ini` 中做以下配置：

```
[ml2]
tenant_network_types = geneve
extension_drivers = port_security
type_drivers = local,flat,vlan,geneve
mechanism_drivers = ovn,logger
[ml2_type_geneve]
max_header_size = 58
vni_ranges = 1:65536
```

OVN 使用 geneve 隧道协议来创建虚拟覆盖网络（virtual overlay network）。使用 geneve 封装的优点是它能够在封装包头中编码网络元数据。像连接隧道网络到物理网络的物理交换机这样的网关设备仍然支持 VXLAN 这种封装格式。VXLAN 封装只能对封装包头中的虚拟网络标识符（Virtual Network Identifier，VNI）进行编码，而 geneve 使用可扩展的类型长度值（Type-Length-Value，TLV）将可变长度元数据封装在头中，这种元数据可用于承载诸如数据包入口和出口端口之类的信息。使用 geneve 的另一个优点是使用随机的源端口来创建隧道。它与 ECMP 一起使用时会很有好处，ECMP 使用源端口作为确定隧道路径的参数之一。

OVN 控制器管理计算节点上的 OVS 实例，并通过连接到控制器节点上的 OVN 南向数据库来接收配置信息。在计算节点上，需为 OVN 控制器配置北向和南向数据库的位置。这可使用 ml2_config.ini 中的以下配置来完成：

```
[ovn]
ovn_l3_mode = True
ovn_sb_connection = tcp:192.168.122.126:6642
ovn_nb_connection = tcp:192.168.122.126:6641
```

OVN 项目还提供 L3 服务插件。要使用 L3 插件，请在 /etc/neutron/neutron.conf 文件中使用以下配置：

```
service_plugins = L3_SERVICE
```

7.2.3 基于 OVN 的虚拟网络实现

OVN 插件配置好以后，OVN 就会负责创建虚拟网络和路由器。在本节中，我们将探讨 OpenStack 中的抽象，比如虚拟网络、端口和 OVN 南北向数据库中抽象之间的映射关系。

我们先来看下 L2 网络和端口是如何映射到 OVN 北向抽象的。使用 neutron net-list 命令列出虚拟网络：

```
$ neutron net-list
+--------------------------------------+---------+-------------------------------------------------------+
| id                                   | name    | subnets                                               |
+--------------------------------------+---------+-------------------------------------------------------+
| 4ae49ded-5b49-4cf5-92b4-a31690894461 | public  | 228c523c-fbd3-4603-aa71-1a49401d7ebb                  |
|                                      |         | 92f8f390-a70a-4dad-ac7e-fbf9551023a3                  |
| 9047a3be-a2a6-42cb-9c44-8752da25abcd | private | 5382d80c-ee3f-4cc6-9923-77397856111b 10.0.0.0/24      |
|                                      |         | 2272a2ac-26f1-410f-9d8f-a608645fc463 fd5e:cb35:8d04::/64 |
+--------------------------------------+---------+-------------------------------------------------------+
```

OVN 将虚拟网络映射到逻辑交换机（ls），将虚拟端口映射到逻辑交换机端口（lsp）。要查看北向数据库中的相应条目，请使用 ovn-nbctl ls-list 命令：

```
$ sudo ovn-nbctl ls-list
f548a9b1-d868-47da-b180-1616337c35f0 (neutron-4ae49ded-5b49-4cf5-92b4-a31690894461)
23ac2ea6-a6e5-4ca2-ae08-e09326db506f (neutron-9047a3be-a2a6-42cb-9c44-8752da25abcd)
```

您还可以使用 ovn-nbctl 的 lsp-list 和 show 命令查看逻辑交换机以及连接到逻辑交换机的端口：

```
$ sudo ovn-nbctl show f548a9b1-d868-47da-b180-1616337c35f0
    switch f548a9b1-d868-47da-b180-1616337c35f0 (neutron-4ae49ded-5b49-4cf5-92b4-a31690894461)
        port 6596f75e-ac45-4ff1-9989-91a6f31eadfa
            addresses: ["fa:16:3e:59:96:e3 172.24.4.4 2001:db8::a"]

$ sudo ovn-nbctl lsp-list f548a9b1-d868-47da-b180-1616337c35f0
0013af45-15e1-4a5d-bd5c-028142b3531c (6596f75e-ac45-4ff1-9989-91a6f31eadfa)
```

OVN 中的逻辑路由器（lr）和逻辑路由器端口（lrp）对应着 OpenStack 中的虚拟交换机和交换机端口。要查看 L3 路由器和路由器端口，请使用 ovn-nbctl lr-list 命令：

```
$ neutron router-list
+--------------------------------------+---------+------------------------------------------------------------------------------------------------------------+
| id                                   | name    | external_gateway_info                                                                                      |
+--------------------------------------+---------+------------------------------------------------------------------------------------------------------------+
| e1c54e0c-2f2f-46f5-ae9a-d8b5bd0e2340 | router1 | {"network_id": "4ae49ded-5b49-4cf5-92b4-a31690894461", "external_fixed_ips": [{"subnet_id": "92f8f390 |
|                                      |         | -a70a-4dad-ac7e-fbf9551023a3", "ip_address": "172.24.4.4"}, {"subnet_id": "228c523c-                    |
|                                      |         | fbd3-4603-aa71-1a49401d7ebb", "ip_address": "2001:db8::a"}]}                                              |
+--------------------------------------+---------+------------------------------------------------------------------------------------------------------------+

$ sudo ovn-nbctl lr-list
067821ab-308b-493d-8618-d3e2b2624d40 (neutron-e1c54e0c-2f2f-46f5-ae9a-d8b5bd0e2340)

$ sudo ovn-nbctl show 067821ab-308b-493d-8618-d3e2b2624d40
    router 067821ab-308b-493d-8618-d3e2b2624d40 (neutron-e1c54e0c-2f2f-46f5-ae9a-d8b5bd0e2340)
        port lrp-a314242e-7dab-4c7c-b6b6-7f8d1453594e
            mac: "fa:16:3e:55:68:fd"
        port lrp-530cca5c-5338-4273-86dd-644832b5ba72
            mac: "fa:16:3e:48:48:3a"
```

然后，存储在北向数据库中的高阶数据被 ovn-northd 守护程序转换为流表项，并存储在南向数据库中。您可以使用 ovn-sbctl lflow-list 命令查看这些流表项：

```
$ sudo ovn-sbctl lflow-list
Datapath: 01fbe7e4-a2c6-45bb-bacd-f64fb6f09f8a  Pipeline: ingress
  table=0(ls_in_port_sec_l2), priority=  100, match=(eth.src[40]), action=(drop;)
  table=0(ls_in_port_sec_l2), priority=  100, match=(vlan.present), action=(drop;)
  table=0(ls_in_port_sec_l2), priority=   50, match=(inport == "530cca5c-5338-4273-86dd-644832b5ba72"), action=(next;)
  table=0(ls_in_port_sec_l2), priority=   50, match=(inport == "a314242e-7dab-4c7c-b6b6-7f8d1453594e"), action=(next;)
  table=0(ls_in_port_sec_l2), priority=   50, match=(inport == "e1077206-4cad-4631-b1ea-257304db7d26"), action=(next;)
  table=1(ls_in_port_sec_ip), priority=    0, match=(1), action=(next;)
  table=2(ls_in_port_sec_nd), priority=    0, match=(1), action=(next;)
  table=3(   ls_in_pre_acl), priority=    0, match=(1), action=(next;)
  table=4(    ls_in_pre_lb), priority=    0, match=(1), action=(next;)
  table=5(ls_in_pre_stateful), priority=  100, match=(reg0[0] == 1), action=(ct_next;)
  table=5(ls_in_pre_stateful), priority=    0, match=(1), action=(next;)
  table=6(       ls_in_acl), priority=    0, match=(1), action=(next;)
  table=7(        ls_in_lb), priority=    0, match=(1), action=(next;)
  table=8(  ls_in_stateful), priority=  100, match=(reg0[1] == 1), action=(ct_commit; next;)
  table=8(  ls_in_stateful), priority=  100, match=(reg0[2] == 1), action=(ct_lb;)
  table=8(  ls_in_stateful), priority=    0, match=(1), action=(next;)
```

最后，计算节点上的 ovn-controller 连接到 OVN 南向数据库，接收逻辑流表项，并配置本地 OVS 交换机。在第 6 章中，我们已经学习了如何使用 ovs-vsctl show 和 ovs-ofctl dump-flows 命令查看 OVS 交换机配置和流表项。

7.3 网络功能虚拟化

SDN 的概念都是关于数据包在网络中流动的灵活性和可编程性，下一个讨论主题会聚焦如何创建网络服务。在适应新网络服务的传统方法中，服务提供商必须采购新设备，为设备分配电力和数据中心空间，然后开始提供服务。从资源分配角度上看，这种方法既成本高又缺乏灵活性。**网络功能虚拟化**（Network Function Virtualization，NFV）倡导网络基础设施虚拟化，如路由器、防火墙和负载平衡器。在对 NFV 的讨论中，我们将了解 NFV 如何带来网络资源的弹性，并了解基于 OpenStack 的 NFV 解决方案。

随着虚拟数据中心和按需网络（on-demand network）的发展，对弹性网络基础设施的需求日益增长，这些基础设施要能够在连接需求增加时扩容，在需求下降时缩容。这是网络服务提供商正面临的挑战。在传统方法中，要提供新服务，意味着购买新设备、分配电力和数据中心空间，并将设备连接到网络。这种方法的缺点是订购设备的等待时间很长，以及厂房、网络和电力成本大大增加，更重要的是无法缩小规模。

针对这种情况，NFV 方案被提了出来，它旨在虚拟化数据中心的网络功能。这需要将物理网络设备，例如路由器、防火墙、负载平衡器，转化为虚拟网元，它们被称为虚拟网络功能（Virtual Network Function，VNF）。这样，网络服务提供商可以通过创建 VNF 实例来扩展网络基础架构，并通过关闭未使用的 NFV 实例来缩减基础架构。这为服务提供商提供了处理不断变化的网络连接需求所需的灵活性。

7.3.1 管理与编排规范

将网络功能虚拟化带来了新的挑战，那就是如何管理数据中心中的 VNF。尽管 NFV 的概念展示了一条迈向可扩展网络基础架构的路径，但它没有指明如何管理这些虚拟功能的生命周期。MANO(Management and Orchestration，管理与编排）规范描述了 NFV 平台的管理，它包括以下几个概念。

- **虚拟基础设施管理器**（Virtual Infrastructure Manager，VIM）：VIM 管理托管虚拟化网络功能（如虚拟路由器）所需的计算、网络和存储资源。
- **NFV 管理器**（NFV Manager，NFVM）：NFVM 负责添加新的虚拟网络功能设备。它维护可用虚拟化网络功能目录。然后，用户可以在 VIM 中启动这些虚拟设备。
- **NFV 编排器**（NFV Orchestrator，NFVO）：NFVO 的功能是管理 VNF 实例的生命周期。

7.3.2 云应用拓扑编排规范模版

现在我们了解了对 NFV 的需求，及其相关管理概念，让我们来谈谈 VNF 本身。VNF 是传统网络设备的虚拟形式。要用存储、计算和网络需求术语来描述虚拟实例，这就是 TOSCA 模板的用武之地。实际上，云应用拓扑和编排规范（Topology and Orchestration Specification for Cloud Applications，TOSCA）模板能够描述的不仅仅是 VNF，它还可以描述多种网络资源，例如子网、待部署的映像以及 VNF 的内存和 CPU 分配。

7.3.3　OpenStack Tacker 项目介绍

那么 OpenStack 在 NFV 生态系统中是如何定位的呢？ NFV 的部署需要 VIM。我们之前讨论过 VIM 负责 VNF 实例所需的计算、存储和网络资源。这可通过 OpenStack 等云系统轻松完成。Tacker 项目通过提供 NFV 管理器（manager）和编排器（Orchestrator）组件来增强 OpenStack 中的服务。我们来看一下在 OpenStack 部署上创建 VNF 实例的过程。

首先将 OpenStack 基础架构注册为用于部署 VNF 的 VIM。为此，请导航至 NFV | NFV Orchestration | VIM Management（NFV | NFV 编排 | VIM 管理）面板，如图 7-3 所示。

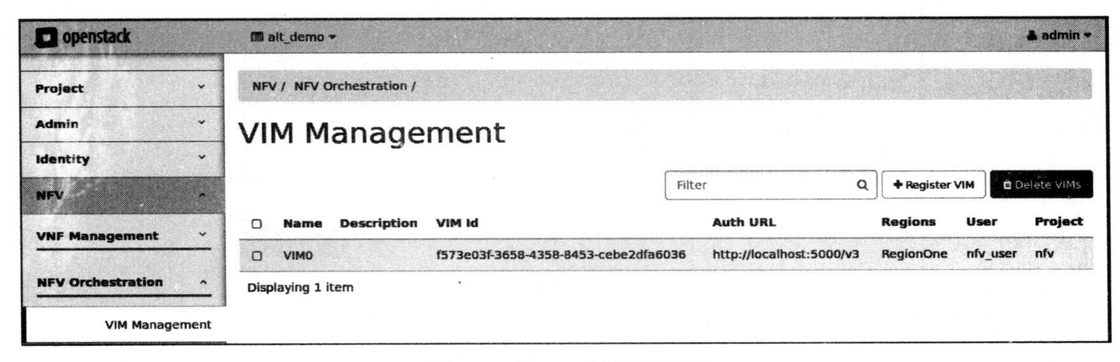

图 7-3　“VIM 管理”面板

注册您的 OpenStack 环境，本地环境已经注册好，如果需要，可添加另一个，如图 7-4 所示。

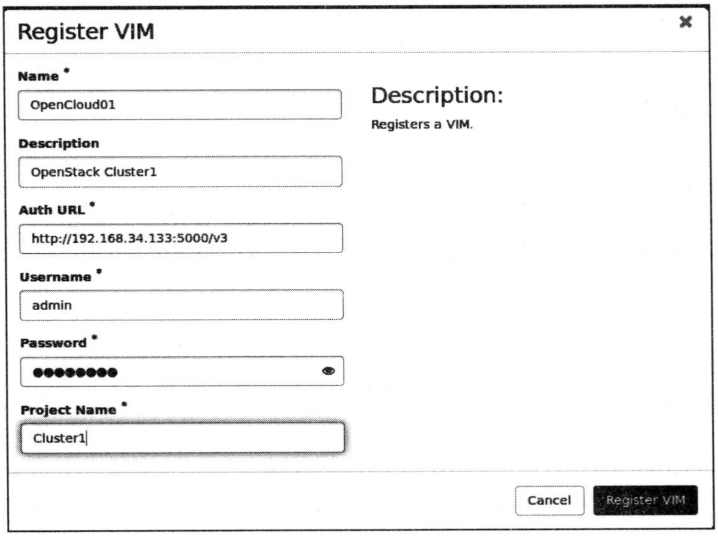

Register VIM

Name *
OpenCloud01
Description
OpenStack Cluster1
Auth URL *
http://192.168.34.133:5000/v3
Username *
admin
Password *
●●●●●●●●
Project Name *
Cluster1

Description:
Registers a VIM.

Cancel　Register VIM

图 7-4　注册 VIM

VIM 准备就绪后，下一步是添加 VNF 模板。此过程称为 VNF 上线（onboarding）。为此，请导航到 VNF Management | VNF catalog(VNF 管理 | VNF 目录)，单击 OnBoard VNF(上线 VNF)。要上线新 VNF，必须提供描述 VNF 的 TOSCA 模板，如图 7-5 所示

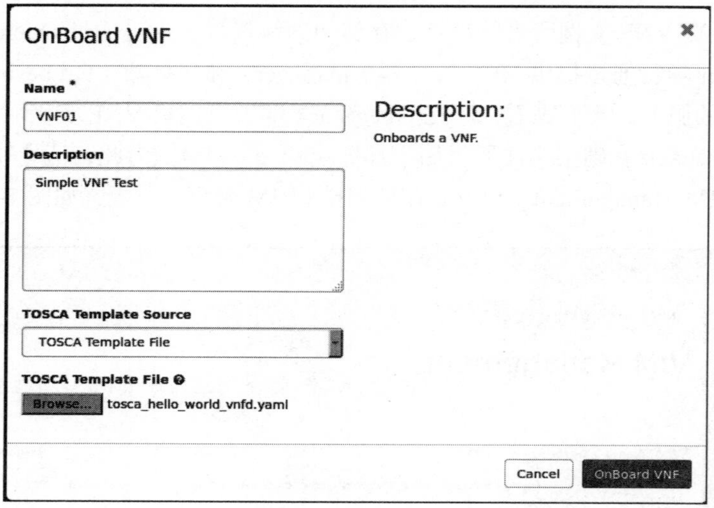

图 7-5　上线 VNF

下一步是部署 VNF 实例。为此，请导航至 NFV | VNF Management | VNF Manager (NFV| VNF 管理 |VNF 管理器)，点击 Deploy VNF（部署 VNF），如图 7-6 所示。

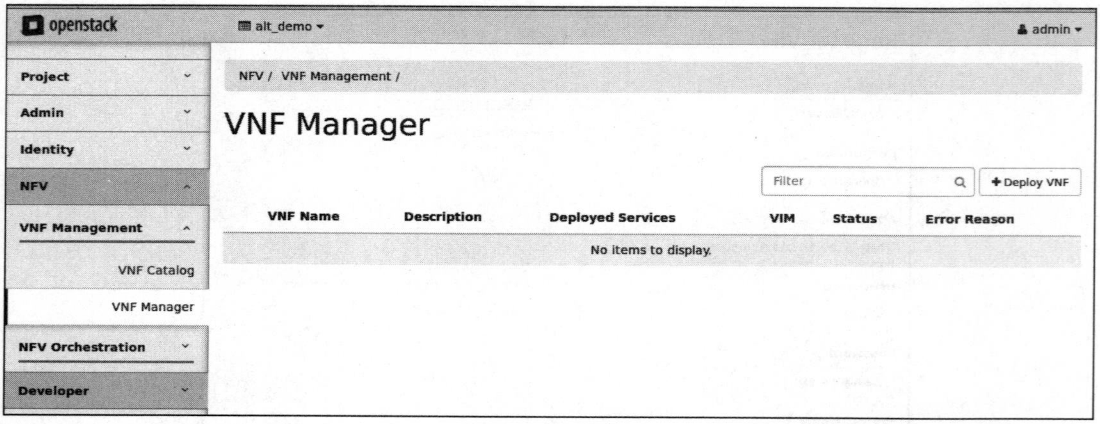

图 7-6　VNF 管理器

要创建新 VNF，您必须从目录中选择 VNF 模板。您还可以传递参数以自定义 VNF 实例，如图 7-7 所示。

图 7-7 创建新 VNF

启动 VNF 实例后，您可以在 Admin | System | Instance（管理 | 系统 | 实例）中查看实例，如图 7-8 所示。

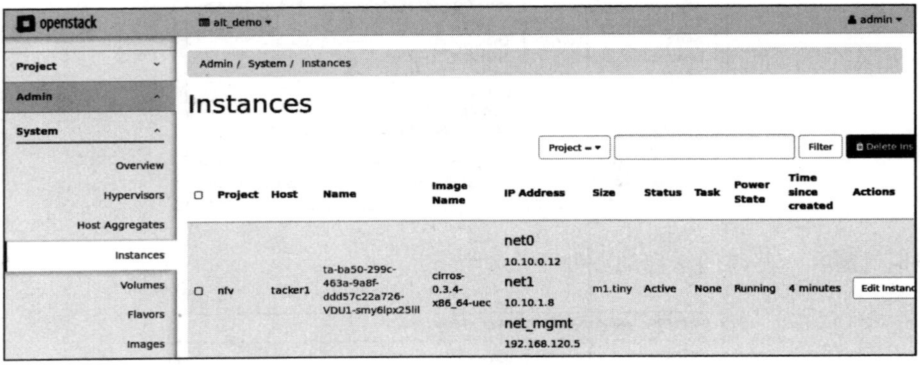

图 7-8 查看实例

7.4 基于 Octavia 的 LBaaS 实现

Neutron 负载均衡器服务 API 已发展为 V2 版本。新 LBaaS API 允许在单个负载均衡器 IP 上创建多个侦听器。Octavia 是 LBaaS v2 API 的一种实现。Octavia 使用虚拟设备来提供负载均衡器服务。

7.4.1 配置 Octavia

要配置 Octavia，请更新 neutron.conf 中的服务插件以包含以下内容：

```
service_plugins =
neutron_lbaas.services.loadbalancer.plugin.LoadBalancerPluginv2
service_provider =
LOADBALANCERV2:Octavia:neutron_lbaas.drivers.octavia.driver.OctaviaDriver:d
efault
```

7.4.2 创建负载均衡器

在创建 loadbalancer 之前，我们首先创建两个将运行实际服务的服务器实例。您需要记下分配给服务器的 IP 地址：

```
$ nova list
+--------------------------------------+-------+--------+------------+-------------+------------------------------------------------------------+
| ID                                   | Name  | Status | Task State | Power State | Networks                                                   |
+--------------------------------------+-------+--------+------------+-------------+------------------------------------------------------------+
| d4bba922-bc85-4025-8206-b8240db7a4a3 | node1 | ACTIVE | -          | Running     | private=fd96:a0e7:78f4:0:f816:3eff:fe53:b46e, 10.0.0.10 |
| 1b2966d7-abe4-4c40-993b-79e4f9799217 | node2 | ACTIVE | -          | Running     | private=fd96:a0e7:78f4:0:f816:3eff:fe75:c1c4, 10.0.0.8  |
+--------------------------------------+-------+--------+------------+-------------+------------------------------------------------------------+
```

接下来，我们创建 `loadbalanler` 实例。此步骤将创建一个虚拟设备来提供负载均衡服务：

```
$ neutron lbaas-loadbalancer-create --name lb1 private-subnet
Created a new loadbalancer:
+---------------------+--------------------------------------+
| Field               | Value                                |
+---------------------+--------------------------------------+
| admin_state_up      | True                                 |
| description         |                                      |
| id                  | 08583f1a-316f-4db5-bcfa-95f7d319543c |
| listeners           |                                      |
| name                | lb1                                  |
| operating_status    | OFFLINE                              |
| pools               |                                      |
| provider            | octavia                              |
| provisioning_status | PENDING_CREATE                       |
| tenant_id           | 96a927af6870461fa427732d8b73da1b     |
| vip_address         | 10.0.0.7                             |
| vip_port_id         | 318beb73-6f2d-44ac-bec3-e7c405e3258d |
| vip_subnet_id       | 5330af21-0640-465e-8be0-d6a4bd0961cd |
+---------------------+--------------------------------------+
```

虚拟机需要一些时间来启动并处于活动状态：

```
$ neutron lbaas-loadbalancer-show lb1
+---------------------+--------------------------------------+
| Field               | Value                                |
+---------------------+--------------------------------------+
| admin_state_up      | True                                 |
| description         |                                      |
| id                  | 08583f1a-316f-4db5-bcfa-95f7d319543c |
| listeners           |                                      |
| name                | lb1                                  |
| operating_status    | ONLINE                               |
| pools               |                                      |
| provider            | octavia                              |
| provisioning_status | ACTIVE                               |
| tenant_id           | 96a927af6870461fa427732d8b73da1b     |
| vip_address         | 10.0.0.7                             |
| vip_port_id         | 318beb73-6f2d-44ac-bec3-e7c405e3258d |
| vip_subnet_id       | 5330af21-0640-465e-8be0-d6a4bd0961cd |
+---------------------+--------------------------------------+
```

一旦负载均衡器（loadbalancer）变为活动状态，为它创建一个监听器（listener）。侦听器与负载均衡器 IP 上的一个端口（port）相关联。请注意，一个负载均衡器可关联使用不同端口的多个侦听器：

```
$ neutron lbaas-listener-create --loadbalancer lb1 --protocol HTTP --protocol-port 80 --name listener1
Created a new listener:
+---------------------------+------------------------------------------------+
| Field                     | Value                                          |
+---------------------------+------------------------------------------------+
| admin_state_up            | True                                           |
| connection_limit          | -1                                             |
| default_pool_id           |                                                |
| default_tls_container_ref |                                                |
| description               |                                                |
| id                        | c0b38610-6b2d-4025-9554-c7e216c4f04b           |
| loadbalancers             | {"id": "08583f1a-316f-4db5-bcfa-95f7d319543c"} |
| name                      | listener1                                      |
| protocol                  | HTTP                                           |
| protocol_port             | 80                                             |
| sni_container_refs        |                                                |
| tenant_id                 | 96a927af6870461fa427732d8b73da1b               |
+---------------------------+------------------------------------------------+
```

接下来，创建一个池（pool）并将其与侦听器（listener）关联。在创建池时，还必须指定负载平衡策略。在以下示例中，我们使用了轮询（ROUND_ROBIN）策略：

```
$ neutron lbaas-pool-create --lb-algorithm ROUND_ROBIN --listener listener1 --protocol HTTP --name pool1
Created a new pool:
+---------------------+------------------------------------------------+
| Field               | Value                                          |
+---------------------+------------------------------------------------+
| admin_state_up      | True                                           |
| description         |                                                |
| healthmonitor_id    |                                                |
| id                  | b4248e89-9055-4716-9378-b4bb975fdc11           |
| lb_algorithm        | ROUND_ROBIN                                    |
| listeners           | {"id": "c0b38610-6b2d-4025-9554-c7e216c4f04b"} |
| loadbalancers       | {"id": "08583f1a-316f-4db5-bcfa-95f7d319543c"} |
| members             |                                                |
| name                | pool1                                          |
| protocol            | HTTP                                           |
| session_persistence |                                                |
| tenant_id           | 96a927af6870461fa427732d8b73da1b               |
+---------------------+------------------------------------------------+
```

现在将运行实际服务的服务器添加到池中：

```
$ neutron lbaas-member-create  --subnet private-subnet --address 10.0.0.8 --protocol-port 80 pool1
Created a new member:
+----------------+--------------------------------------+
| Field          | Value                                |
+----------------+--------------------------------------+
| address        | 10.0.0.8                             |
| admin_state_up | True                                 |
| id             | 6cee56ad-d6ad-4274-afc8-a459a6bd9263 |
| name           |                                      |
| protocol_port  | 80                                   |
| subnet_id      | 5330af21-0640-465e-8be0-d6a4bd0961cd |
| tenant_id      | 96a927af6870461fa427732d8b73da1b     |
| weight         | 1                                    |
+----------------+--------------------------------------+
```

接下来，在被添加到池中的 nova 实例上启动服务。为了快速测试，我们将模仿一个 HTTP 服务器，如下所示，必须在池中的所有服务器上执行此操作：

```
# ssh cirros@10.0.0.10
The authenticity of host '10.0.0.10 (10.0.0.10)' can't be established.
RSA key fingerprint is 96:73:2a:b5:01:b5:e5:ec:24:20:ec:a5:1d:f3:2b:f0.
Are you sure you want to continue connecting (yes/no)? yes
Warning: Permanently added '10.0.0.10' (RSA) to the list of known hosts.
cirros@10.0.0.10's password:
$ MYIP=$(ifconfig eth0|grep 'inet addr'|awk -F: '{print $2}'| awk '{print $1}')
$ while true; do echo -e "HTTP/1.0 200 OK\r\n\r\nWelcome to $MYIP" | sudo nc -l -p 80 ; done&
$ Connection to 10.0.0.10 closed.
```

最后，我们连接到负载均衡器 IP 上的 80 端口，来测试负载均衡器。由于负载均衡算法是轮询（ROUND_ROBIN），因此不同服务器将服务于连续的客户端请求：

```
# curl 10.0.0.7
Welcome to 10.0.0.8
# curl 10.0.0.7
Welcome to 10.0.0.10
```

最后，创建一个监控检查器（healthmonitor）并将它关联到负载匀衡器：

```
$ neutron lbaas-healthmonitor-create --delay 5 --max-retries 2 \
  --timeout 10 --type HTTP --pool pool1
```

7.5 总结

本章中，我们研究了高级网络服务。这些项目大多数仍处于快速开发阶段，并在不断变化。同时，它们也始终在关注客户对灵活性和规模不断变化的需求。我们学习了 OVN 项目，该项目实现了 SDN 式的架构，并使用 OpenFlow 对交换机进行编程，它使用多个控制器和多个数据库来应对规模的挑战。

然后，我们讨论了名为 Tacker 的 NFV 解决方案，该解决方案使用 OpenStack 作为虚拟基础架构管理器。Tacker 项目还支持 VNF 目录和实例的全生命周期管理。最后，我们研究了 LBaaS 项目和 Octavia，Octavia 是 LBaaS API 的一个新的实现。Octavia 项目使用虚拟机来承载负载均衡器服务。

第 8 章 Chapter 8

OpenStack 集群操作与管理

在前面的章节中，我们讲述了与 OpenStack 基础架构配置和部署相关的组件及其原理，本章将带领 OpenStack 云计算终端用户和集群管理员开启 OpenStack 云计算下半程之旅——OpenStack 云计算平台操作！

本章将展示 OpenStack **可编程接口**（Application Programming Interface，API）和**命令行接口**（Command Line Interface，CLI）的测试驱动的 OpenStack 体验。最终，本章将汇总前面章节所述原理架构，从终端用户的角度，展示在实际应用场景中如何使用 OpenStack 各项服务组件。

对于一个可靠的基础架构设施平台，架构设计上的一致性和可重复性是其成功的关键的因素之一，这也正是服务器模板（Server Template）概念出现的主要原因和所要实现的目标。OpenStack 本身是个构建在基础架构即代码（Infrastructure as Code，IaC)）原则之上的云计算平台，因此 OpenStack 原生提供了编排服务项目。通过编排服务，OpenStack 资源被以代码形式描述，然后组装在模板中。为了展示如何高效操作和使用 OpenStack，本章将重点从以下几方面进行介绍：

- 用户、项目和资源配额管理。
- 探索 OpenStack 编排服务项目 Heat。
- 通过环境及时交付，使开发和测试团队更加敏捷。
- 学会使用 Heat 模板并对其进行扩展。
- 利用 Terraform 通过 IaC 方式对 OpenStack 基础架构进行高效操作。

8.1 OpenStack 租户操作

OpenStack 支持多租户模式，目前 OpenStack 中对**租户**术语的命名已由 Tenant（租户）改为 Project（项目）。正如第 3 章中介绍的，Keystone 组件通过对项目或租户中的资源进行分组和隔离来管理对它们的访问，这就意味着任何用户或者刚创建的用户组都可以访问给定项目的资源。OpenStack 通过为用户分配角色（role），以确保用户能够访问预定义的资源集。在 OpenStack 中，角色表示被授权用户可以访问哪些服务或服务组。

在生产环境中，不同的用户可能需要访问不同类型的服务，同时也有可能访问这些服务的底层资源。因此，作为 OpenStack 集群管理员，你需理清你的组织架构，进而才能确定每个项目对资源的管理和使用方式。

现在，跟随本章，我们一起来创建集群中的第一个项目和用户，并为用户分配 OpenStack 集群角色，从而为你揭开 OpenStack 环境的神秘面纱。

8.1.1 项目与用户管理

通常而言，组织结构中的开发或者 QA 团队很可能需要扩展他们的测试（test）或者预发布（staging）环境。此时，团队中的每个成员都要访问 OpenStack 集群中的独立环境，并且启动他们自己的实例。这里，我们来回顾一下上一节中提到的内容，可以在 OpenStack 中针对测试和预发布创建两个不同的项目，然后再创建归属于这两个项目的用户。此处，我们将用户 pp_test_user 添加到项目 Testing_PP 中。通过 Keystone 的 CLI，首先创建一个新项目，如下所示：

```
    # keystone tenant-create --name Testing_PP --description "Test
Environment Project"
        +-------------+----------------------------------+
        |  Property   |              Value               |
        +-------------+----------------------------------+
        | description |     Test Environment Project     |
        |   enabled   |               True               |
        |     id      | 832bd4c20caa44778f4acf5481d4a4a9 |
        |    name     |            Testing_PP            |
        +-------------+----------------------------------+
```

然后，创建用户 pp_test_user，如下所示：

```
    # keystone user-create --name pp_test_user --pass password --email
pptest@testos.com
        +----------+----------------------------------+
        | Property |              Value               |
        +----------+----------------------------------+
        |  email   |        pptest@testos.com         |
        | enabled  |               True               |
        |    id    | 4117dc3cc0054db4b8860cc89ac21278 |
        |   name   |           pp_test_user           |
        | username |           pp_test_user           |
        +----------+----------------------------------+
```

将用户 pp_test_user 以 member 角色分配到租户 Testing_PP 中，如下所示：

```
# keystone user-role-add --user pp_test_user --tenant Testing_PP --role
_member_
```

使用 OpenStack CLI，可以列出给定用户的全部角色。CLI 还提供了更多的灵活查询功能，例如根据用户和项目来查询给定用户的全部角色，如下所示：

```
# openstack role list -user pp_test_user -project Testing_PP
+--------------------------------+--------+-----------+-----------+
| ID                             | Name   |Project    |   User    |
+--------------------------------+--------+-----------+-----------+
9fe2ff9ee4384b1894a90878d3e92bab|_member_|Testing_PP |pp_test_user
+--------------------------------+--------+-----------+-----------+
```

8.1.2　用户权限管理

目前为止，我们在 OpenStack 集群中已经创建了一个项目，并为其分配了一个 member 角色的用户。上一步新创建的用户现在已经可以登录 Dashboard 了，并可以在一个逻辑独立的环境中创建和管理他自己的资源。需要指出的是，OpenStack 中现有的默认角色可能无法满足给定用户或用户组的自定义授权需求。在某些情况下，需要减少对部分用户的限制，从而使其可以访问某些资源。我们上一步分配给新用户的角色为 _member_，该角色可能会阻止用户执行某些操作。作为 OpenStack 集群管理员，你可以自定义角色，并为其关联具有特定权利的用户权限，从而实现对用户权限灵活多变的自主控制。

在 OpenStack 中，每个服务都提供了一个名为 policy.json 的文件，该文件由 OpenStack 的服务策略引擎进行解析。

policy 文件的位置通常是：/etc/OPENSTACK_SERVICE/policy.json。OPENSTACK_SERVICE 是你已经安装并启动运行的 OpenStack 服务名称。

策略文件由一组规则集组成，这些规则集可归类如下。

- **通用规则**（generic rule）：这些规则对一个或多个用户的安全凭证属性与一个或多个资源的属性进行对比。
- **基于角色的规则**（role-based rule）：如果分配给用户的角色存在于规则之中，那么规则将返回成功并授权资源给该用户。
- **基于字段的规则**（field-based rule）：如果资源支持一个或多个字段，并且这些字段完全匹配特定值，则规则返回成功并对资源授权。

到现在为止，我们新创建的用户 pp_test_user 有很多集群操作权限是不具备的，例如，仅有 _member_ 角色的 pp_test_user 并不具备在集群中创建虚拟路由的权限，如下输出表明 pp_test_user 需要 admin 权限才能创建路由器：

```
~(keystone_pp_test_user)]# neutron router-create test-router-1
You are not authorized to perform the requested action: admin_required
(HTTP 403) (Request-ID: req-746f8266-4e2e-4e4c-b01d-e8fc10069bfd)
```

但是，从集群管理的角度来看，向需要进行权限控制的用户授予 admin 权限是一种非常不推荐的做法。要解决此类授权用户的限制，OpenStack 集群管理员可以自定义一个新的角色，并为与其关联的用户授予创建路由器的权限，如下命令将创建一个名为 router_owner 的角色：

```
# keystone role-create --name router_owner
+----------+----------------------------------+
| Property |              Value               |
+----------+----------------------------------+
|    id    | e4410d9ae5ad44e4a1e1256903887131 |
|   name   |           router_owner           |
+----------+----------------------------------+
```

将新创建的角色关联到用户 pp_test_user，如下：

```
# keystone user-role-add --user pp_test_user --tenant Testing_PP --role
router_owner
```

角色分配完成之后，最后一步就是在默认的网络策略文件 (/etc/neutron/policy.json) 中找到对应的规则行并对其进行编辑。OpenStack 默认会在该策略文件中配置一个名为 create_router 的基于角色的规则，在该行后面附件如下内容，即可赋予 pp_test_user 用户创建路由器的权限：

```
# vim /etc/neutron/policy.json
...
"create_router": "rule:admin_only or role:router_owner"
...
```

使用 pp_test_user 用户登录集群，创建一个路由器，将会看到用户 pp_test_user 已经可以成功创建路由器，如下所示：

```
~(keystone_pp_test_user)]# neutron router-create test-router-1
Created a new router:
+-----------------------+--------------------------------------+
| Field                 | Value                                |
+-----------------------+--------------------------------------+
| admin_state_up        | True                                 |
| external_gateway_info |                                      |
| id                    | 7151c4ca-336f-43ef-99bc-396a3329ac2f |
| name                  | test-router-1                        |
| routes                |                                      |
| status                | ACTIVE                               |
| tenant_id             | 832bd4c20caa44778f4acf5481d4a4a9     |
+-----------------------+--------------------------------------+
```

在本书写作期间，用户接口界面还未呈现路由器的创建和管理仪表界面。另外，修改 OpenStack 的服务策略文件并不需要重启对应的服务。

8.1.3　资源配额管理

在告知测试和开发人员可以使用 OpenStack 功能之前，我们应事先定义一个使用资源的限制性策略，以限制项目或租户对 OpenStack 资源的使用。通常，我们通过资源配额（Resource Quota）管理来实现这一目的。在上一节创建项目时，针对这一项目的默认配额就已被使用了。在 OpenStack 中，我们可以轻易实现针对各个服务资源的配额管理，例如计算资源、存储资源、网络资源和编排服务资源等。

1. 计算服务配额管理

下述命令显示了我们在上一节中新创建的租户所具有的默认配额，这些配额主要针对的是 OpenStack 计算服务 Nova 的各种配额：

```
# nova quota-show --tenant 832bd4c20caa44778f4acf5481d4a4a9
+-----------------------------+-------+
| Quota                       | Limit |
+-----------------------------+-------+
| instances                   | 10    |
| cores                       | 20    |
| ram                         | 51200 |
| floating_ips                | 10    |
| fixed_ips                   | -1    |
| metadata_items              | 128   |
| injected_files              | 5     |
| injected_file_content_bytes | 10240 |
| injected_file_path_bytes    | 255   |
| key_pairs                   | 100   |
| security_groups             | 100   |
| security_group_rules        | 200   |
| server_groups               | 10    |
| server_group_members        | 10    |
+-----------------------------+-------+
```

要列出每个租户或者项目计算服务资源的配额，请使用如下命令行：

```
# nova quota-show --tenant TENANT_ID
```

其中，TENANT_ID 是需要查询配额的租户或者项目的 ID，用户可以通过 keystone tenant-list 命令行获取该 ID。

在 OpenStack 中，更新租户计算资源的配额很简单。下面的示例演示如何将 Testing_PP 租户的实例配额限制从 10 增加至 20，同时将 RAM 资源配额降低至 2500MB：

```
    # nova quota-update --instances 20 ram 25000
832bd4c20caa44778f4acf5481d4a4a9
```

要更新每个租户或项目计算服务资源的配额，请使用如下命令：

```
# nova quota-update QUOTA_KEY QUOTA_VALUE TENANT_ID
```

其中：

QUOTA_KEY 是通过 nova quota-show 命令显示出来的配额项名称；

QUOTA_VALUE 是准备分配给 QUOTA_KEY 的目标配额值；

TENANT_ID 是需要更新配额的租户或者项目的 ID，用户可以通过 keystone tenant-list 命令获取该 ID。

在修改了租户或项目的配额后，任何添加至该租户或项目中的新用户都将继承这些配额。作为 OpenStack 集群管理员，你可能需要为不同的租户分配不同的配额，甚至需要为同个租户中的不同用户分配各自的配额。例如，来自同一个项目中的 10 个用户可能需要根据应用、数据库、网络划分成不同的测试执行者，因此他们需要的资源也将各不相同。此时，如果通过指定租户方式来更新配额，则租户中的所有用户都将毫无差别地使用更新后的配额。要查看租户中特定用户的配额，可通过如下方式实现：

```
# nova quota-show --user 411dabfe17304da99ac8e62ac3413cc5 --tenant
832bd4c20caa44778f4acf5481d4a4a9
+-----------------------------+-------+
| Quota                       | Limit |
+-----------------------------+-------+
| instances                   | 20    |
| cores                       | 20    |
| ram                         | 25000 |
```

要查看每个租户用户或项目用户的计算服务资源配额，请使用如下命令：

```
# nova quota-show --user USER_ID --tenant TENANT_ID
```

其中：

USER_ID 是通过 keystone user-list 命令看到的用户 ID；

TENANT_ID 是需要查询配额的租户或者项目的 ID，用户可以通过 keystone tenant-list 命令获取这个 ID。

现在，假设仅有 Testing_PP 租户中的 pp_test_user 用户需要执行一个新的测试，测试由 Web 服务器组成的前端应用组的扩展功能，这个应用测试基准最多需要三台 Web 服务器，并且至少需要一台 Web 服务器。在这种情况下，针对 pp_test_user 用户，而不是针对 Testing_PP 租户的配额管理就非常有用，上述目的可按如下方式实现：

```
# nova quota-update --user 411dabfe17304da99ac8e62ac3413cc5 --instances 3
```

要更新每个租户用户或项目用户计算服务资源的配额，请使用如下命令：

```
# nova quota-update --user USER_ID QUOTA_KEY QUOTA_VALUE
```

其中：

USER_ID 是通过 keystone user-list 查看到的用户 ID；

QUOTA_KEY 是通过 nova quota-show 命令显示出来的配额项名称；

QUOTA_VALUE 是准备分配给 QUOTA_KEY 的目标配额值。

2. 块存储服务配额管理

与 Nova 类似，Cinder 也通过配额管理方式来限制每个租户对块存储空间的使用，以及租户可用的卷（volume）和快照（snapshot）数量。对于某个给定的租户，其块存储资源配额可通过 Cinder CLI 查看，如下所示：

```
#cinder quota-show Testing_PP
+-----------+-------+
|  Property | Value |
+-----------+-------+
| gigabytes |  500  |
| snapshots |   10  |
|  volumes  |   10  |
+-----------+-------+
```

通过指定必需的配额属性和租户 ID，Cinder 的配额可轻松被修改，例如，需要将 Testing_PP 租户的快照数量增加到 50，可通过如下命令来实现：

```
# cinder quota-update -snapshots 50  832bd4c20caa44778f4acf5481d4a4a9
```

要更新每个租户或项目块存储服务资源的配额，请使用如下命令：

```
# cinder quota-update --QUOTA_NAME QUOTA_VALUE TENANT_ID
```

此处：

QUOTA_NAME 是通过 cinder quota-show 看到的配额的具体项名称，在 Cinder 中，可用的配额名称有 gigabytes、snapshots 和 volumes；

QUOTA_VALUE 是准备分配给 QUOTA_KEY 的目标配额值；

TENANT_ID 是通过 keystone tenant-list 命令看到的租户 ID。

更新后的 PP_Testing 租户块存储配额如下：

```
# cinder quota-show Testing_PP
+-----------+-------+
|  Property | Value |
+-----------+-------+
| gigabytes |  500  |
| snapshots |   50  |
|  volumes  |   10  |
+-----------+-------+
```

更多关于 Cinder 默认配额的设置，可以在 Cinder 主配置文件 /etc/cinder/cinder.conf 中看到，其中包含其他一些额外的配置，如每个租户卷备份

（volume backup）数目以及可用于备份的全部存储空间大小。

3. 网络服务配额管理

在 Neutron 网络中，针对某个租户的网络服务配额管理与 Nova 和 Cinder 的配额管理方式略有不同。默认情况下，针对每个租户项目的网络资源配额限制并没有启用，因此每个租户都有相同的网络资源。要为每个租户设置不同的配额限制，需要在 Neutron 的默认配置文件 /etc/neutron/neutron.conf 中取消针对 quota_driver 的注释，取消注释后的配置如下：

```
...
quota_driver = neutron.db.quota_db_DbQuotaDriver
...
```

一旦启用 Neutron 网络服务配额配置，就可查看每个租户的网络资源配额。Neutron 项目的 CLI 支持租户级别的配额查询，如下所示：

```
# neutron quota-list
```

floatingip	network	port	router	subnet	tenant_id
25	10	30	15	10	832bd4c20caa44778f4acf5481d4a4a9

使用 Neutron 的 quota-update 命令，可以轻松修改租户项目 Neutron 网络资源的配额。下述命令行实现对 Testing_PP 项目中子网资源和浮动 IP（floating IP）资源的配额限制更新：

```
# neutron quota-update --tenant_id  832bd4c20caa44778f4acf5481d4a4a9
--subnet 15 --floatingip 30
```

要更新每个租户或项目网络服务资源的配额，请使用如下命令：

```
# neutron quota-update --TENANT_ID --QUOTA_NAME
QUOTA_VALUE
```

此处：

TENANT_ID 是通过 keystone tenant-list 命令看到的租户 ID；

QUOTA_NAME 是通过 neutron quota-show 命令看到的配额具体项名称。在 Neutron 中，可用的配额名称有 floatingip、network、port、router 和 subnet；

QUOTA_VALUE 是准备分配给 QUOTA_KEY 的目标配额值。

更新后的 Testing_PP 租户配额值如下：

```
# neutron quota-show --tenant_id 832bd4c20caa44778f4acf5481d4a4a9
+------------+-------+
| Field      | Value |
+------------+-------+
```

```
| floatingip | 30    |
| network    | 10    |
| port       | 30    |
| router     | 15    |
| subnet     | 15    |
```

Neutron 的配置文件提供了更为灵活的方式来控制特定 Neutron 网络资源的配额，在 Neutron 配置文件 /etc/neutron/neutron.conf 的配额配置段中启用或停用特定的 Neutron 网络资源，即可开启或关闭对应网络资源的配额设置，如下配置文件的摘录部分表明仅对 Neutron 的 network 和 port 资源启用配额设置：

```
...
[quotas]
quota_items = network, port
```

Mitaka 版本之后，Neutron 支持对安全组和每个安全组的安全规则数目进行配额定义。安全组的配额设置可以通过如下方式启用，即在 neutron.conf 文件的配额配置段中添加如下配置行：

```
...
[quotas]
...
quota_secuirty_gourp = 20
quota_security_group_rule = 100
...
```

4. 编排服务配额管理

OpenStack 中的模板栈（Stack）由 Heat 项目进行管理。在下一节中，我们将会看到 OpenStack 中的编排服务组件以代码形式，将不同的资源组装起来作为一个完整的 OpenStack 资源模板栈运行。这是一种非常理想的 DevOps 实现方式，它能够快速实现资源供给，并利用模板文件中的测试代码和应用功能。另一方面，对用户而言，要控制好资源模板栈并不是一件轻松的事情，因为模板栈中指定的资源是随需而变的，而且可能很快就会耗尽。所幸的是，Heat 也提供了配额机制来控制每个租户可以使用的模板数量以及模板中可以使用的资源限额，Heat 中每个栈资源的管理并不像 Nova、Cinder 和 Neutron 一样可以通过 CLI 进行直接操作，例如，要增加栈中给定资源的配额限额，首先就必须通过前面几节介绍的方法，使用 CLI 对资源配额分别进行调整，Heat 主配置文件允许用户对以下几个配额指令进行设置，从而控制每个租户可使用的模板栈配额：

- max_stacks_per_tenant = 200：设置每个租户默认可使用的最大栈数为 200；
- max_resources_per_stack=2000：设置每个租户模板栈默认可使用的最大资源数为 2000；
- max_template_size=1000000：设置每个模板默认最大裸字节数为 1 000 000；
- max_nested_stack_depth=10：使用嵌套模板的时候，该指令设置模板允许的最大嵌套深度为 10；
- max_events_per_stack = 2000：设置每个模板栈允许的最大事件数为 2000。

8.2 OpenStack 编排服务

正如标题所示，本节介绍如何在 OpenStack 中构建栈（stack）。从栈这个术语中，你可能已经猜到，这里的栈包括 OpenStack 集群中的各种资源组，如实例、存储卷、网络、虚拟路由、防火墙、负载均衡器等，这些资源组构成了一个完整的 OpenStack 编排服务模板资源栈。那么，资源栈是怎样被创建和管理的呢？从 Grizzly 版本开始，OpenStack 引入了一个名为 Heat 的编排服务项目。通过 Heat 项目，使用一种基于 YAML 的模板语言，通常也称为 HOT（Heat Orchestration Template）模板，用户便可以一种全自动化的方式创建多个实例、逻辑网络和很多其他的云服务。是的，估计你已经想到，资源栈正是从资源模板中创建而来的！

或许你熟悉 AWS 提供的 cloud formation 服务，OpenStack 中的 Heat 与 AWS 的模板格式完全兼容，并提供 API 来与 AWS 基于 JSON 格式的 CFN 模板规范统一。

8.2.1 OpenStack Heat 项目介绍

OpenStack 是一种动态的基础架构平台，其中计算、存储和网络资源以一种可编程方式呈现给终端用户。随着租户或项目的与日俱增，OpenStack 资源消耗也将不断扩大，OpenStack 运营者不得不采用更为复杂的资源管理方式来应对大规模的资源请求、分配和创建。在这种情况下，基于基础架构即代码理念，用户自己就可以通过自定义基础架构资源模型的方式来实现这些功能。但是，挑战也随之而来，那就是如何从基础架构和资源的角度对上层应用资源需求的变化做出合理的响应。在一定程度上，可以通过程序设计来解决这个问题，当底层的基础架构资源增加和缩减时，对应的程序能够接受并适应这些频繁的变更。

简要了解 OpenStack Heat 项目的组件架构对于很多相关的设置和概念理解很有帮助，这点不仅仅是针对 OpenStack 管理员而言，对于 OpenStack 运营商和终端用户也一样，理解 Heat 项目的组件架构都是非常有用的。从本质上来看，Heat 项目有如下几个核心组件。

- heat-api：这是 OpenStack 原生的 HTTPd RESTful API，其主要作用就是将 API 调用通过高级消息队列协议发送给 Heat engine 组件；
- heat-api-cfn：这是兼容 Heat 的 AWS Cloud Formation API 服务，其主用作用就是将 API 请求通过高级消息队列协议转发至 Heat engine 组件；
- Heat engine：这是 OpenStack 编排服务中处理和启动模板最主要的核心组件；

Heat engine 在其核心实现中提供了自动缩放（auto-scaling）和 HA 功能。

- Heat CLI 工具：用于同 heat-api 进行通信的 Heat 客户端命令行工具；

- heat-api-cloudwatch：这是一个附加的 API，当启用 AWS Cloud Formation 服务时，heat-api-cloudwatch 负责监控资源栈和编排服务。

下面我们将深入分析 Heat 相关的各个术语及其功能，从而进一步揭示 OpenStack 中 Heat 编排服务的强大之处。

8.2.2　OpenStack 模板栈及其介绍

OpenStack 允许云管理员和终端用户独立地创建各种云资源，也允许将各种资源元素汇集到一个单元里面进行统一创建。资源编排项目 Heat 的主要目标，就是充分利用 OpenStack 中强大的自动化资源使用功能。通过 Stack 这一概念的引入，终端用户通过很简单的方式就可简单明了地组织自己的应用，而无须经历痛苦折磨的学习过程和各种“救火”经历。

无论使用哪种格式的模板栈，终端用户所关心的，只是如何部署应用，并将整个部署过程看成一个独立单元。Heat 使用的是由 YAML 语言定义的 HOT（Heat Orchestration Template）格式模板，它见许用户使用代码对 OpenStack 资源进行自动分配。HOT 文件中的文本化描述语言充当了用户与应用环境之间的桥梁，OpenStack 中资源栈的构建过程，就是从 HOT 文件中置备完整应用环境的过程。一个典型的 HOT 文件代码结构如下所示：

```
heat_template_version:
description:
parameters:
  param1
    type:
    label:
    description:
    default:
  param2:
     ….
resources:
  resource_name:
    type: OS::*::*
    properties:
      prop1: { get_param: param1}
      prop2: { get_param: param2}
      .......
outputs:
  output1:
   description:
   value: { get_attr: resource_name,attr] }
          ......
```

关于这段 HOT 文件代码的分析大致如下。

- heat_template_version：这里指定了 HOT 文件所使用的模板语法版本，标准版本是 2013-05-23，标记为 2014-10-16 的新版本在 Juno 版本中引入，新版本同时也引入了一些新选项。

- description：此处是关于该模板的详细描述。
- parameters：此处声明输入列表，每一个参数都有给定的名称、类型和描述；默认值是可选的。参数部分可以包括任何信息，例如一个特定的镜像或者用户指定的网络 ID。
- resources：这里的资源可以看成是 Heat 需要创建或者在其操作中需要修改的对象，HOT 文件中的 resources 代码段就是定义不同组件的地方，例如，resource_name 为 virtual_web 的资源具有 OS::Nova::Server 的属性，这就指定了资源类型为 Nova 计算实例。资源还可被子属性列表扩展限定，例如，可以为 virtual_web 实例资源指定所使用的镜像、资源模板和私有网络等资源。
- outputs：在将资源栈部署到 Heat engine 后，可以将其属性全部导出。

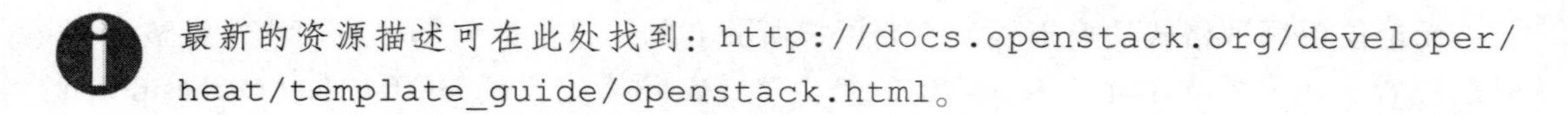
最新的资源描述可在此处找到：http://docs.openstack.org/developer/heat/template_guide/openstack.html。

8.2.3 OpenStack 模板栈组织架构

当用户在最开始定义资源栈的时候，使用 Heat 来部署应用可能会很简单。但是随着基础架构资源的增加，越来越多的资源定义段会被添加到模板栈中，最终导致一个复杂且冗长的模板栈文件。在运营大规模基础架构云平台时，使用单一模板文件可能会导致很多问题，同时想要向单一模板栈文件中注入各种必要的变更也很困难。

克服单一模板栈不足之处最可行的方式，就是将应用环境拆分成为多个栈。Heat 设计的目标之一，就是针对给定的应用，每个模板栈文件都可在不同的地方重复使用，因此拆分后的每个模板栈都可在不同的地方重复使用。图 8-1 是将多层应用环境拆分成多个栈文件的示例，其中的每个栈文件都可进行独立的构建和修改，例如网络栈文件、应用栈文件、Web 服务器栈文件和数据库栈文件。

如图 8-1 所示，用户可以定义一个父模板，作为进入其余子模板栈的入口文件。应用部署所需的全部资源均在子模板栈文件中描述，子栈之间的参数传递可由父栈进行管理，父栈将某个子栈创建后的输出作为另一个子栈的输入，例如将网络栈创建后的输出作为应用栈的输入。

8.2.4 栈模块化编排应用

使用嵌套模板来组织基础架构资源编排代码，用户的开发速度可以提高到十倍以上。下述示例将结合部分可重用的模板文件，使用 Heat 来部署一套多层应用，应用架构包括：

- 一个负载均衡器。
- 位于负载均衡器后端的两个运行 HTTPD 的 Web 服务器实例。
- 运行 MariaDB 数据库实例的数据库。

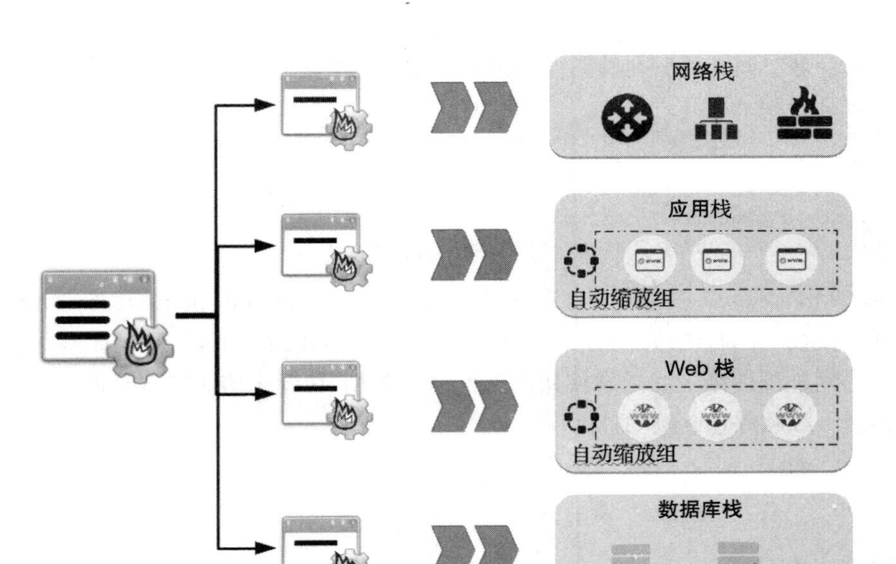

图 8-1 Heat 模板拆分示例

在本示例中，我们从定义创建 Heat 模板的栈开始讲解，这些栈的层次结构如下：

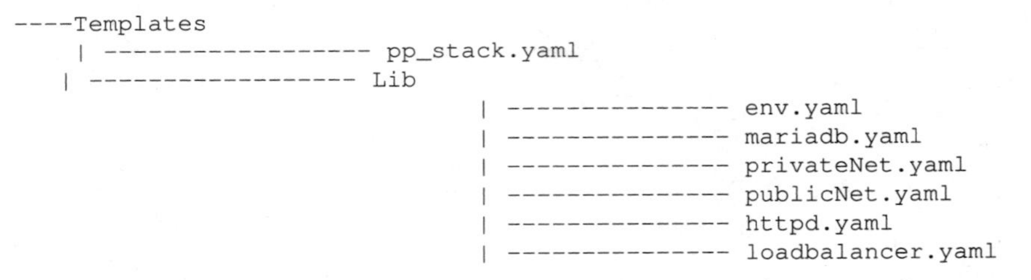

```
----Templates
    | ------------------ pp_stack.yaml
   | ------------------ Lib
                                          | --------------- env.yaml
                                          | --------------- mariadb.yaml
                                          | --------------- privateNet.yaml
                                          | --------------- publicNet.yaml
                                          | --------------- httpd.yaml
                                          | --------------- loadbalancer.yaml
```

这里，我们将 pp_stack.yaml 文件称为父栈模板，我们需要做的就是准备子栈模板，这些子栈模板通常以库模板的形式存储下来，以供后续重复使用，子栈模板包括：

- env.yaml：该模板文件包含对已定义 Heat 模板的自定义引用配置，它的主要作用就是将名称映射到模板中，这个环境文件主要包括以下三个配置段。
  - resource_registry：此配置段的主要功能是为父模板指定资源的自定义名称。
  - parameters：在此配置段内定义仅有父模板才能使用，而子模板不能使用的特定参数。
  - parameter_defaults：此配置段为父模板和嵌套模板中的默认参数定义全局参数值。

在本示例中，我们定义 resource_registry 配置段内容如下：

- 我们的环境文件中的命名约定以 Lib 为前缀，后跟 PacktPub 作为每个模板部署的自定义命名空间，然后在其路径中为每个模板提供名称。

```
resource_registry:
 Lib::PacktPub::MariaDB: mariadb.yaml
 Lib::PacktPub::PrivNet:privateNet.yaml
 Lib::PacktPub::PubNet:publicNet.yaml
 Lib::PacktPub::Httpd:httpd.yaml
 Lib::PacktPub::LoadBalancer:loadbalancer.yaml
```

- mariadb.yaml：这个文件定义了一个用于安装 mariadb 和 mariadb-server 的嵌套数据库模板，同时还包括利用安全组来设置安全 DMZ 的功能。数据库基本上不会直接连接到外部网络上，通常使用实例网络的 NAT 功能来访问外网从而在 mariadb 服务器上下载软件包，例如：

```
heat_template_version: 2013-05-23

description: installs a maridb server with a database.

parameters:
  image:
    type: string
    default: centos7
  flavor:
    type: string
    default: m1.medium
  key:
    type: string
    default: my_key
  private_network:
    type: string
    default: Private_Network
  database_name:
    type: string
  database_user:
    type: string

resources:
 database_root_password:
   type: OS::Heat::RandomString
 database_password:
   type: OS::Heat::RandomString
 database_root_password:
   type: OS::Heat::RandomString

 security_group:
   type: OS::Neutron::SecurityGroup
   properties:
     name: db_server_security_group
     rules:
       - protocol: tcp
         port_range_min: 3306
         port_range_max: 3306
 port:
```

```
    type: OS::Neutron::Port
    properties:
      network: { get_param: private_network }
      security_groups:
        - { get_resource: security_group }

  mariadb_instance:
    type: OS::Nova::Server
    properties:
      image: { get_param: image }
      flavor: { get_param: flavor }
      key_name: { get_param: key }
      networks:
        - port: { get_resource: port }
      user_data_format: RAW
      user_data:
        str_replace:
          params:
            __database_root_password__: { get_attr:
[database_root_password, value] }
            __database_name__: { get_param: database_name }
            __database_user__: { get_param: database_user }
            __database_password__: { get_attr:
[database_password, value] }
          template: |
            #!/bin/bash -v
            yum -y install mariadb mariadb-server
            systemctl enable mariadb.service
            systemctl start mariadb.service
            mysqladmin -u root password $db_rootpassword
            cat << EOF | mysql -u root --
password=$db_rootpassword
            CREATE DATABASE $db_name;
            GRANT ALL PRIVILEGES ON $db_name.* TO "$db_user"@"%"
            IDENTIFIED BY "$db_password";
            FLUSH PRIVILEGES;
            EXIT
            EOF

outputs:
  name:
    description: Database Name.
    value: { get_attr: [mariadb_instance, name] }
  ip:
    description: Database IP address.
    value: { get_attr: [mariadb_instance, first_address] }
  port:
    description: Database port number.
    value: { get_resource: port }
  database_password:
    description: Database password.
    value: { get_attr: [database_password, value] }
```

- privateNet.yaml：此子栈模板文件定义了与父模板中指定实例相关联私有云网络的创建过程。通过模板文件的方式，你可以在一个模板文件中根据需要创建任意网络，而无须在不同的模板文件中分别设置分配给实例使用的网络和网段。此外，该模板文件还定义了路由器的创建以及将路由器接口连接到私有网络上以便通过路由器来访问外部网络的过程，privateNet.yaml 的内容如下：

```
heat_template_version: 2013-05-23

description: Template that creates a private network

parameters:
 public_network:
   type: string
   default: Public_Network
 cidr:
   type: string
   default: '10.10.10.0/24'
 dns:
   default: '8.8.8.8'


resources:
 private_network:
   type: OS::Neutron::Net


 private_subnet:
   type: OS::Neutron::Subnet
   properties:
     network_id: { get_resource: private_network }
     cidr: 10.10.10.0/24
     dns_nameservers: { get_param: dns }


 router:
   type: OS::Neutron::Router
   properties:
     external_gateway_info:
       network: { get_param: public_network }


 router-interface:
   type: OS::Neutron::RouterInterface
   properties:
     router_id: { get_resource: router }
     subnet: { get_resource: private_subnet }


outputs:
 name:
   description: Private Network.
   value: { get_attr: [private_network, name] }
```

- publicNet.yaml：此子栈模板文件定义了实例如何去访问外部网络，这个模板文件的主要功能就是为 Web 服务器分配浮动 IP（floating IP），内容如下：

```
        heat_template_version: 2013-05-23
        description: Associate floating IP to servers to access
public network.
```

```
parameters:
 port:
   type: string

 public_network:
   type: string.
   default: Public_Network

resources:
 floating_ip:
   type: OS::Neutron::FloatingIP
   properties:
     floating_network: { get_param: public_network }


 floating_ip_assoc:
   type: OS::Neutron::FloatingIPAssociation
   properties:
     floatingip_id: { get_resource: floating_ip }
     port_id: { get_param: port }

outputs:
 ip:
   description: The floating IP address assigned to the server.
   value: { get_attr: [floating_ip, floating_ip_address] }
```

- httpd.yaml：此子栈模板文件定义了一个运行 HTTPD 服务进程的简单 Web 服务器，这个模板将创建一个新的安全组，并且仅允许 HTTP 和 HTTPS 协议数据流通过，模板文件内容如下：

```
heat_template_version: 2013-05-23
description: Installs a web server running httpd.

parameters:
 image:
   type: string
   default: centos7
 flavor:
   type: string
   default: m1.small
 key:
   type: string
   default: my_key
 private_network:
   type: string
   default: Private_Network


resources:
 security_group:
   type: OS::Neutron::SecurityGroup
   properties:
     name: web_server_sg
     rules:
       - remote_ip_prefix: 0.0.0.0/0
         protocol: tcp
```

```
          port_range_min: 80
          port_range_max: 80


        - remote_ip_prefix: 0.0.0.0/0
          protocol: tcp
          port_range_min: 443
          port_range_max: 443
  port:
    type: OS::Neutron::Port
    properties:
      network: { get_param: private_network }
      security_groups:
        - { get_resource: security_group }


  ws_instance:
    type: OS::Nova::Server
    properties:
      image: { get_param: image }
      flavor: { get_param: flavor }
      key_name: { get_param: key }
      networks:
        - port: { get_resource: port }
      user_data_format: RAW
      user_data:
        str_replace:
          template: |
            #!/bin/bash -ex
            yum -y install httpd
            systemctl enable httpd.service
            systemctl start httpd.service
            setsebool -P httpd_can_network_connect_db=1

outputs:
  name:
    description: Web Server instance.
    value: { get_attr: [ws_instance, name] }
  ip:
    description: Web Server IP address.
    value: { get_attr: [ws_instance, first_address] }
  port:
    description: Web Server Port number.
    value: { get_resource: port }
```

- loadbalancer.yaml：这个模板文件定义了一个简单的负载均衡器，所有发起的请求都将被负载均衡器接受并转发给后台 Web 服务器，模板文件内容如下：

```
heat_template_version: 2013-05-23
description: A load-balancer server
parameters:
  image:
    type: string
  key_name:
    type: string
 flavor:
   type: string
```

```
  pool_id:
    type: string
  user_data:
    type: string
  metadata:
    type: json
  network:
    type: string


resources:
  server:
    type: OS::Nova::Server
    properties:
      flavor: {get_param: flavor}
      image: {get_param: image}
      key_name: {get_param: key_name}
      metadata: {get_param: metadata}
      user_data: {get_param: user_data}
      user_data_format: RAW
      networks: [{network: {get_param: network} }]
  member:
    type: OS::Neutron::PoolMember
    properties:
      pool_id: {get_param: pool_id}
      address: {get_attr: [server, first_address]}
      protocol_port: 80


outputs:
  server_ip:
    description: Load Balancer IP Address
    value: { get_attr: [server, first_address] }
  lb_member:
    description: LB member details.
    value: { get_attr: [member, show] }
```

- pp_stack.yaml：这个 YAML 文件定义了主模板，主模板将使用前面介绍的嵌套模板，主模板中的资源可以通过调用每个嵌套模板命名空间的方式来声明，主模板内容如下：

```
heat_template_version: 2013-05-23
description: Create Multi-Tier Application Stack
parameters:
  image:
    type: string
    default: centos7
  flavor:
    type: string
    default: m1.medium
  key:
    type: string
    default: my_key
  public_network:
    type: string
    default: Public_Network
resources:
```

```
  network:
    type: Lib::PacktPub::PrivNet
    properties:
      public_network: { get_param: public_network }

  mariadb:
    type: Lib::PacktPub::MariaDB
    properties:
      image: { get_param: image }
      flavor: { get_param: flavor }
      key: { get_param: key }
      private_network: { get_attr: [network, name] }
      database_name: website
      database_user: website_user
  server:
    type: Lib::PacktPub::Httpd
    properties:
      image: { get_param: image }
      flavor: { get_param: flavor }
      key: { get_param: key }
      private_network: { get_attr: [network, name] }
      mariadb: { get_attr: [mariadb, ip] }
      database_name: website
      database_user: website_user
      database_password: { get_attr: [mariadb,
database_password] }

  public_ip:
    type: Lib::PacktPub::PubNet
    properties:
      port: { get_attr: [server, port] }
      public_network: { get_param: public_network }

outputs:
  ip:
    description: Web Server Public IP
    value: { get_attr: [public_ip, ip] }
```

在创建栈之前，可以先使用如下命令验证每个模板，这对于后续栈的成功创建非常有帮助：

```
# heat template-validate --template-file hot_template_file.yaml
```

现在即可通过 Heat 模板部署一个多层应用栈了。首先确保指向引用嵌套模板的环境文件（如下所示），之后会自动将所有嵌套模板文件上传至 Heat 中：

```
# heat stack-create multi_tier_app -f pp_stack.yaml -e Lib/env.yaml
```

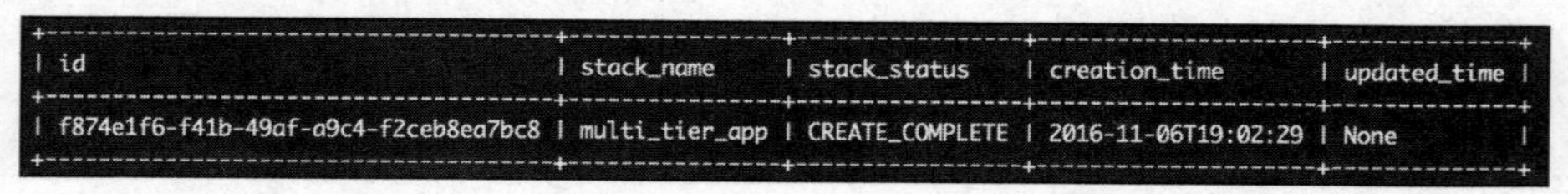

id	stack_name	stack_status	creation_time	updated_time
f874e1f6-f41b-49af-a9c4-f2ceb8ea7bc8	multi_tier_app	CREATE_COMPLETE	2016-11-06T19:02:29	None

8.2.5 资源编排利器 Terraform

正如前文所介绍的，Heat 支持几乎全部 OpenStack 资源的自动供给。虽然 Heat 模板实现了嵌套和重用功能，但是随着底层栈中定义的资源不断增加，Heat模板会变得越来越复杂，要阅读定义基础架构资源的代码也变得十分困难。另外，Heat模板是一种基于YAML的文档代码，在针对相同底层基础架构资源来部署不同的应用环境时，这些模板栈显得比较散乱，因此通常需要模块化模板栈，而这些过程在Heat中并不简单。

基于这方面的考虑，我们找到了一种称为Terraform的基础架构管理工具。与Heat类似，Terraform允许用户通过定义配置文件的方式，从一个或多个云供应商提供的基础架构资源中自动供给云计算资源。不过，与Heat不同的是，就OpenStack提供的基础架构资源而言，Terraform在管理上更为简单，同时在与底层基础架构资源交互时也更为安全。

Terraform是Hashicorp开发的一款云供应商透明工具，支持AWS、OpenStack、VMware vCloud、DigitalOcean等云供应商。需要指出的是，并非供应商提供的全部基础架构资源都支持Terraform，Terraform对基础架构资源的支持因供应商而异。Terraform对OpenStack云计算资源的支持请参考：`https://www.terraform.io/docs/providers/openstack/`。

Terraform支持OpenStack中的几个功能模块，包括计算、块存储、对象存储、网络、负载均衡以及防火墙资源。在本书写作期间，Terraform对OpenStack功能模块的支持仍然在不断扩展，未来Terraform将会支持更多的OpenStack模块。

同OpenStack原生的编排服务Heat相比，Terraform最大的区别就是提供了简洁的提示功能，并对特定基础架构资源提供了最佳解决方案，如下：

- **资源抽象**：Terraform中的所有资源都以DSL亲和语言进行描述，并由GO语言进行内部解析。用户只需专注于描述资源的代码编写即可，此外，Terraform旨在通过模块重用环境，而不是复制每个环境代码文件。

Go语言，也称为Golang，是Google推出的一种简单编程语言，Go提供了很多功能并且配有卓越的标准库，Go官方网址是：`https://golang.org/`。

- **变更可见性**：使用Terraform，任何变更都可拆分成plan和execution两个阶段来进行追踪。在plan阶段，Terraform提取针对OpenStack资源的添加、修改和删除等操作的action plan，用户可以review针对每个资源的action plan列表，并最终确定是否执行这个action Plan。下一个阶段就是把这些action plan应用到OpenStack集群管理的基础架构资源中。
- **基础架构状态管理**：Terraform可以保留整个基础架构资源最近的已知状态。另外，在每次基础架构资源更新后，将会生成一个本地状态备份文件，这个状态备份文件可用于后续的回退机制。

- **故障处理：**另外一个值得一提的功能，就是 Terraform 具备处理供给资源故障的能力。与 OpenStack 中的 Heat 不同，Terraform 会对故障的资源供给做一个污点标记，被标记为污点的资源在下一次重复部署期间会被替换，并仅针对污点资源进行重新配置供给，而不是将整个资源供给推倒后重新配置。

Terraform 资源编排案例

在正式使用 Terraform 在 OpenStack 中构建我们的第二个基础架构（第一个已由先前的 Heat 构建）之前，需要首先安装 Terraform，Terraform 的安装可按如下步骤进行：

（1）从 Hashicorp 官方库中获取最新的 Terraform 发行版本。在本书写作期间，Terraform 0.7.7 是最新稳定可用版本，可通过如下方式获取：

```
# wget https://releases.hashicorp.com/terraform/0.7.7/
  terraform_0.7.7_linux_amd64.zip
```

（2）解压安装包，并将本地环境变量设置为解压后的目录，如下：

```
# unzip terraform_0.7.7_linux_amd64.zip
# vim ~/.bash_profile
PATH=$PATH:<filepath>
```

此处的 <filepath> 是 Terraform 安装包解压提取后的路径。

（3）加载本地环境变量：

```
# source ~/.bash_profile
```

4. 检查 Terraform 安装是否成功：

```
# terraform --version
Terraform v0.7.7
```

接下来，我们将通过几个步骤，利用 Terraform 部署一套 Web 服务器，并将 Web 服务器关联到一个已经存在的私有网络上，外部网络可以访问该服务器。Terraform 使用 .TF 结尾的配置文件，本示例中使用到的配置文件如下：

- `variables.tf`：这个文件中包含需要分配给资源属性的不同变量。
- `provider.tf`：这是一个独立文件，包括 OpenStack 租户和用户身份凭证。
- `infra.tf`：此文件中包含全部资源描述，包括计算、网络等资源。
- `postscript.sh`：这是用户自定义的脚本文件，用于在生成的 Web 服务器中安装设置指定的软件。

本节中，我们从定义 `variables.tf` 文件开始，来演示 Terraform 如何部署 Web 服务器。variables.tf 文件指定了针对 OpenStack 的特定配置环境，包括身份凭证、镜像、资源模板和网络资源，内容如下：

```
variable "OS_USERNAME" {
   description = "The username for the Tenant."
   default   = "pp_user"
}

variable "OS_TENANT" {
   description = "The name of the Tenant."
   default   = "pp_tenant"
}

variable "OS_PASSWORD" {
   description = "The password for the Tenant."
   default   = "367811794c1d45b4"
}

variable "OS_AUTH_URL" {
   description = "The endpoint url to connect to the Cloud Controller
OpenStack."
   default   = "http://10.0.10.10:5000/v2.0"
}


variable "OS_REGION_NAME" {
   description = "The region to be used."
   default   = "RegionOne"
}
```

同样，在这个文件中，我们还定义了已上传的 Glance 镜像、启动 Web 服务器实例的资源模板、密钥（key）和默认的 SSH 用户，如下：

```
variable "image" {
 description = "Default image for web server"
 default = "centos"
}

variable "flavor" {
  description = "Default flavor for web server instance"
  default = "m1.small"
}

variable "ssh_key_file" {
  description = "Public SSH key for passwordless access the server."
  default = "~/.ssh/pubkey"
}
variable "ssh_user_name" {
 description = "Default SSH user configured in the centos image uploaded
byglance."
 default = "centos"
}
```

为了将 Web 服务器绑定到已有的私有网络，还需添加一些网络变量，如下：

```
variable "private_network" {
 description = "Default private network created in OpenStack"
```

```
 default = "Private_Network"
}

variable "private_subnet" {
 description = "Default private subnet network which the web server will be
attached to"
 default = "Private_Subnet"
}

variable "router" {
description = "Default Neutron Router created in OpenStack"
default = "pp_router"
}

variable "external_gateway" {
description = "Default External Router Interface ID"
default =  "ac708df9-23b1-42dd-8bf1-458189db71c8"
}

variable "public_pool" {
 description = "Default public network to assign floating IP for external
access"
 default = "Public_Network"
}
```

postscript.sh 脚本将在 Web 服务器上安装必要的软件包，同时启动 httpd 进程，如下：

```
#!/bin/bash
yum -y install httpd
systemctl enable httpd.service
systemctl start httpd.service
chkconfig --level 2345 httpd on
```

下面，我们将继续介绍剩余的 Terraform 文件。provider.tf 文件主要用来向 OpenStack 提供各种需要的身份凭证，如下：

```
provider "openstack" {
 user_name = "${var.OS_USERNAME}"
 tenant_name = "${var.OS_TENANT}"
 password  = "${var.OS_PASSWORD}"
 auth_url  = "${var.OS_AUTH_URL}"
}
```

接下来的 infra.tf 文件将包括构建 Web 服务器的模块，这些模块的主要功能是为资源指定预定义的变量，第一个配置段是定义密钥对，如下：

```
resource "openstack_compute_keypair_v2" "mykey" {
 name        = "mykey"
 public_key = "${file("${var.ssh_key_file}.pub")}"
}
```

接下来的配置段主要是为 Web 服务器创建一个安全组，该安全组仅允许 HTTP 和 HTTPS 协议外部数据流通过，并且仅允许内部 SSH 访问，如下：

```
resource "openstack_compute_secgroup_v2" "ws_sg" {
 name         = "ws_sg"
```

```
  description = "Security group for the Web Server instances"

  rule {
    from_port   = 22
    to_port     = 22
    ip_protocol = "tcp"
    cidr        = "192.168.0.0/16"
  }

  rule {
    from_port   = 80
    to_port     = 80
    ip_protocol = "tcp"
    cidr        = "0.0.0.0/0"
  }
  rule {
    from_port   = 443
    to_port     = 443
    ip_protocol = "tcp"
    cidr        = "0.0.0.0/0"
  }
}
```

要让外部网络可以访问 Web 服务器，需要在 Terraform 配置文件中定义 OpenStack 资源，以便从已有公网 IP 池中分配浮动 IP 地址并关联到实例上，如下：

```
resource "openstack_compute_floatingip_v2" "fip" {
 pool        = "${var.public_pool}"
}
```

定义了必需的变量之后，现在可以描述 Web 服务器实例的资源属性了，这里包括接入实例的私有网络资源属性，如下所示：

```
resource "openstack_compute_instance_v2" "web_server" {
 name            = "web_server"
 image_name      = "${var.image}"
 flavor_name     = "${var.flavor}"
 key_pair        = "${openstack_compute_keypair_v2.mykey.name}"
 security_groups = ["${openstack_compute_secgroup_v2.ws_sg.name}"]
 floating_ip     = "${openstack_compute_floatingip_v2.fip.address}"

 network {
   uuid = "${var.Private_Network}"
 }
```

接下来定义如何访问资源并进行资源配置，此处定义一个名为 `remote-exec` 的配置器，通过 SSH 远程访问方式，与远端资源建立连接并执行 `user_data` 部分指定的配置脚本 `postscript.sh`，如下：

```
  provisioner "remote-exec" {
   connection {
     user      = "${var.ssh_user_name}"
     secret_key_ = "/root/.ssh/id_rsa"
     timeout = "20m"
   }
```

```
    user_data = "${file("postscript.sh")}"

  }
}
```

作为一种替代方案，可以在配置器中使用 inline 指令，而无须指向一个外部配置脚本文件。上述 user_data 部分可以被如下命令行替换：

```
inline = [
        "yum -y install httpd",
        "systemctl enable httpd.service"
        "systemctl start httpd.service",
        "chkconfig --level 2345 httpd on"
]
```

在部署资源之前，我们可以使用 Terraform 的 plan 功能，在基础架构资源做出任何实际性的变更之前，先核查变更结果，如下：

```
# terraform plan
```

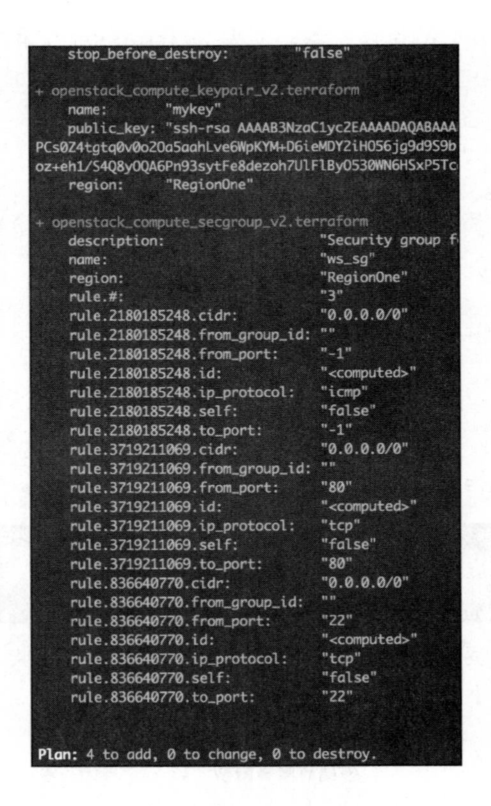

stop_before_destroy: "false"
+ openstack_compute_keypair_v2.terraform
name: "mykey"
public_key: "ssh-rsa AAAAB3NzaC1yc2EAAAADAQABAAA
PCs0Z4tgtq0v0o2Oa5aahLve6WpKYM+D6ieMDY2iH056jg9d9S9b
oz+eh1/S4Q8yOQA6Pn93sytFe8dezoh7UlFlByO530WN6HSxP5Tc
region: "RegionOne"
+ openstack_compute_secgroup_v2.terraform
description: "Security group f
name: "ws_sg"
region: "RegionOne"
rule.#: "3"
rule.2180185248.cidr: "0.0.0.0/0"
rule.2180185248.from_group_id: ""
rule.2180185248.from_port: "-1"
rule.2180185248.id: "<computed>"
rule.2180185248.ip_protocol: "icmp"
rule.2180185248.self: "false"
rule.2180185248.to_port: "-1"
rule.3719211069.cidr: "0.0.0.0/0"
rule.3719211069.from_group_id: ""
rule.3719211069.from_port: "80"
rule.3719211069.id: "<computed>"
rule.3719211069.ip_protocol: "tcp"
rule.3719211069.self: "false"
rule.3719211069.to_port: "80"
rule.836640770.cidr: "0.0.0.0/0"
rule.836640770.from_group_id: ""
rule.836640770.from_port: "22"
rule.836640770.id: "<computed>"
rule.836640770.ip_protocol: "tcp"
rule.836640770.self: "false"
rule.836640770.to_port: "22"
Plan: 4 to add, 0 to change, 0 to destroy.

Terraform 的 plan 命令行输出结果告诉我们，在 Terraform 正式执行的时候将会有多少资源实例生成、改变和销毁。我们可以选择同意上述输出结果，并正式执行 Terraform，如下：

```
# terraform apply
```

```
openstack_compute_secgroup_v2.terraform: Refreshing state... (ID: 95002a0d-3fb6-4d26-83b5-8a5b7d4ce25a)
openstack_compute_keypair_v2.terraform: Refreshing state... (ID: mykey)
openstack_compute_floatingip_v2.terraform: Creating...
  address:     "" => "<computed>"
  fixed_ip:    "" => "<computed>"
  instance_id: "" => "<computed>"
  pool:        "" => "public_network"
  region:      "" => "RegionOne"
openstack_compute_floatingip_v2.terraform: Creation complete
openstack_compute_instance_v2.terraform: Creating...
  access_ip_v4:                  "" => "<computed>"
  access_ip_v6:                  "" => "<computed>"
  flavor_id:                     "" => "<computed>"
  flavor_name:                   "" => "m1.small"
  floating_ip:                   "" => "10.0.2.96"
  image_id:                      "" => "<computed>"
  image_name:                    "" => "centos"
  key_pair:                      "" => "mykey"
  name:                          "" => "web_server"
  network.#:                     "" => "1"
  network.0.access_network:      "" => "false"
  network.0.fixed_ip_v4:         "" => "<computed>"
  network.0.fixed_ip_v6:         "" => "<computed>"
  network.0.floating_ip:         "" => "<computed>"
  network.0.mac:                 "" => "<computed>"
  network.0.name:                "" => "<computed>"
  network.0.port:                "" => "<computed>"
  network.0.uuid:                "" => "26adf398-409d-4f6e-9c44-918779d8f57f"
  region:                        "" => "RegionOne"
  security_groups.#:             "" => "1"
  security_groups.1149137907:    "" => "ws_sg"
  stop_before_destroy:           "" => "false"
openstack_compute_instance_v2.terraform: Still creating... (10s elapsed)
```

Terraform 的部署会花一定的时间，这取决于有多少资源实例要被创建。在我们的示例中，一个配置有浮动 IP 地址的 Web 服务器将会被部署，可以通过 nova 命令行查看，如下：

```
# nova list
```

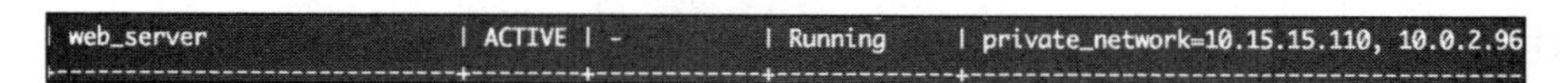

```
| web_server                | ACTIVE | -          | Running      | private_network=10.15.15.110, 10.0.2.96
```

另外，还可以通过浮动 IP 地址，从外部网络访问 Web 服务器的默认页面，以检测 Web 服务器是否可以正常使用，如下：

```
# curl http://10.0.2.96
```

```
<!DOCTYPE html PUBLIC "-//W3C//DTD XHTML 1.1//EN" "http://www.w3.org/TR/xhtml11/DTD/xhtml11.dtd"><html><head>
<meta http-equiv="content-type" content="text/html; charset=UTF-8">
                <title>Apache HTTP Server Test Page powered by CentOS</title>
                <meta http-equiv="Content-Type" content="text/html; charset=UTF-8">
```

Terraform 还提供了一个很不错的功能，即通过 destroy 命令行清除之前部署的全部基础架构资源，如下：

```
Do you really want to destroy?
  Terraform will delete all your managed infrastructure.
  There is no undo. Only 'yes' will be accepted to confirm.

  Enter a value: yes
```

另外，Terraform 也提供了资源删除功能的预览命令，允许用户事先预览删除命令将会执行哪些操作，如下：

```
# terraform plan -destroy
```

```
openstack_compute_keypair_v2.terraform: Refreshing state... (ID: mykey)
openstack_compute_secgroup_v2.terraform: Refreshing state... (ID: 95002a0d-3
openstack_compute_floatingip_v2.terraform: Refreshing state... (ID: c599a799
openstack_compute_instance_v2.terraform: Refreshing state... (ID: 91854f04-4
openstack_compute_instance_v2.terraform: Destroying...
openstack_compute_instance_v2.terraform: Still destroying... (10s elapsed)
openstack_compute_instance_v2.terraform: Destruction complete
openstack_compute_keypair_v2.terraform: Destroying...
openstack_compute_floatingip_v2.terraform: Destroying...
openstack_compute_secgroup_v2.terraform: Destroying...
openstack_compute_keypair_v2.terraform: Destruction complete
openstack_compute_floatingip_v2.terraform: Destruction complete
openstack_compute_secgroup_v2.terraform: Still destroying... (10s elapsed)
openstack_compute_secgroup_v2.terraform: Destruction complete

Destroy complete! Resources: 4 destroyed.
```

8.3 本章小结

本章从终端用户的角度，讲述了与使用 OpenStack 服务相关的几个主题。在起始部分，我们对如何将用户与项目关联到一起这类基本应用进行了简单的介绍。从集群管理员的角度来说，掌握如何通过配额设置来限制用户对 OpenStack 资源的访问和使用是非常关键的。本章的后半部分介绍了 OpenStack 编排服务 Heat 的各种强大功能，发现 OpenStack 此类项目的优势，使得用户可以将自身的应用程序部署过程代码自动化，而不是通过 Horizon 或 CLI 这类手工且易出错的方式来进行。此外，本章还探讨了可与 OpenStack Heat 项目媲美的第三方工具 Terraform，介绍了如何通过 Terraform 工具对应用栈进行简单而轻松的生命周期管理，尽管 Terraform 支持的资源编排模块不如 Heat 多，但是 Terraform 对 OpenStack 资源模块的支持还在不断增加中。

当终端用户在 OpenStack 中进行资源编排配置时，底层的基础架构设施可能会出现较大的工作负载。作为云供应者，应该做好应对此类峰值的准备。当然，和前面章节中讨论的一样，OpenStack 在设计之初就是具备弹性扩展能力的。此外，我们还需确保 OpenStack 中的每一项服务都能够应对可能的故障。在第 9 章中，我们将重点介绍 OpenStack 基础架构中的每一层是如何实现高可用，从而应对各种可能故障的。

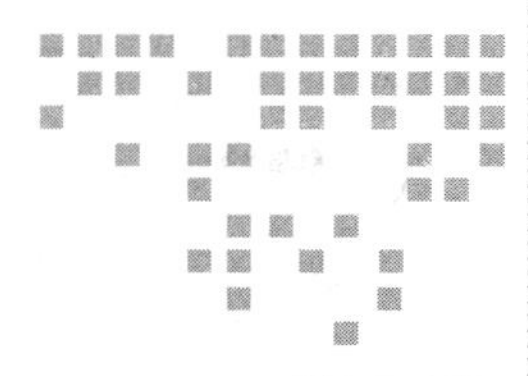

第 9 章 Chapter 9

OpenStack 高可用与容错机制

唯有认识自我，方能超越极限！

——阿尔伯特 · 爱因斯坦（Albert Einstein）

到目前为止，相信你已经掌握了运行操作 OpenStack 云计算所需的必备技能。第 1 章中，我们介绍了设计完整 OpenStack 架构的各种方式；在第 3 和第 4 章中，我们以云控制器和计算节点为切入点，深入介绍了 OpenStack 集群中最为重要的逻辑和物理架构设计；在第 5 章介绍了独立存储集群之后，我们讨论了旨在降低服务中断时间、运行在控制节点和计算节点上的分布式 OpenStack 集群服务。在 OpenStack 中，有很多设计方式可以实现类似的高可用目标，不过，要在生产环境中实现 OpenStack 高可用，并非仅是排除架构设计中每一层服务的单点故障这么简单。OpenStack 组件可以分布在不同的节点上，并通过消息队列实现协同工作。本章中，我们将重点介绍以下几方面的内容：

- 理解 HA 和容错机制是怎样确保 OpenStack 业务连续性的。
- 寻找配置 OpenStack 不同组件高可用的实现方案。
- 对比验证实现数据库和消息队列服务高可用的不同方式。
- 实现 OpenStack 原生 API 服务的高可用。
- 增强 OpenStack 中网络服务的高可用。

9.1 集群高可用

OpenStack 在设计之初，就是一种极其灵活的模块化架构。一个真正稳定的 OpenStack

云计算平台，应包括各个架构层次的容错机制，要成功地实现这一点，必须在设计之初就进行规划。对于初期小规模的集群，要实现各个架构层次的高可用，相对而言是比较简单的，但是随着集群规模的扩大，这将是一个非常具有挑战性的难题。OpenStack 各个核心服务组件最大的特点，就是其可以运行在通用商业服务器上，OpenStack 是一种可大规模扩展，并可借用各种已有 HA（High Availability，高可用）技术实现各个基础架构层次高可用的云计算平台，通过 OpenStack 的高可用设计，我们可以实现故障自动切换以及地域级别的故障冗余。

在 OpenStack 集群中，无论节点因为何种原因出现故障，终端用户都应该在无感和无任何数据丢失的情况下继续运行他们的应用或者创建新的实例。基于这些原因，OpenStack 集群管理员需要估算云平台的可用性，衡量系统持续运行时间的通用公式如下：

$$\text{Availability} = \text{MTTF}/\ (\text{MTTF} + \text{MTTR})$$

此处：

- MTTF（Mean Time to Failures）：表示故障前系统正常运行的平均时间估算值。
- MTTR（Mean Time to Repair）：表示修复系统故障部件或组件的平均时间估算值。

对于系统可用性的估算，可能会有不同的定义。这里有另外一种系统可用性计算公式：

$$\text{Availabilty} = \text{MTBF}/(\text{MTTR}+\text{MTBF})$$

这里的 MTBF（Mean Time between Failures）表示系统部件或组件两次故障之间的估算间隔时间。

如果没有经历过持续的设计和测试，要正确地理解和定位 HA 并非想象中那样简单，在 HA 的设计和测试过程中，一些关键指标是需要重点考虑的，这些指标包括：

- 系统响应时间。
- 系统平均运行时间。
- 系统平均故障时间。
- 系统吞吐量。

在对 OpenStack 进行 HA 架构设计时，应该完全覆盖每一个架构层次可能存在的单点故障，通过 HA 高级模式和技术，这一点是完全可以实现的。另外，OpenStack 在高可用方面不仅局限于自身服务组件的高可用，还开发了很多功能以满足用户各种应用场景下的高可用。例如，传统应用程序经常需要面对基础架构设施故障的情况，如果主机故障，则该主机上的应用程序可能就再也不能被访问了，通过 OpenStack 高可用功能的使用，受故障影响的客户机实例会被自动调度到另外一台正常运行的主机上。通过 OpenStack 的扩展设置，利用可用区（AZ，Availability Zone）的概念，云环境可以进一步扩展到域故障。下面列出了高可用设计模式的几个要点：

- 排除一切单点故障。

- 采用区域复制（Geo-Replication）设计。
- 自动监控。
- 规划容灾与快速恢复。
- 尽可能地解耦并独立 OpenStack 的功能组件。

9.1.1　不能混淆的 HA 概念

OpenStack 集群的主要目标之一，就是确保节点故障时，服务仍能正常运行！OpenStack HA 设计的主要目标，就是确保集群中的不同节点之间协同工作，从而满足故障情况下所需的特定停机时间。事实上，HA 几乎是所有组织机构必须实现的目标，这里可以使用一些有用的概念来帮助以最短的停机时间实现高可用，例如：

- **故障迁移**（Failover）：将故障节点上的服务迁移至正常节点上继续运行（在主节点和备节点之间切换）。
- **故障回切**（Fallback）：当发生故障迁移后，服务运行在备节点上，此时，应能保证服务可以从备节点回切至主节点。
- **故障切换**（Switchover）：在节点之间进行手动切换以保证必需的服务正常运行。

在集群 HA 中，有很多关键的术语，其中负载均衡可能是大家最为熟知的。在高负载环境中，通常需要引入负载均衡器分担服务请求以减轻高负荷服务器的压力。这里面很多概念与高性能集群很相似，只不过高性能集群的内部逻辑关注的是相同来源的服务请求，而高可用集群中的负载均衡器旨在根据后端服务器负载通过可选方式来分布服务请求。

9.1.2　Open Stack 中的 HA 级别

理解 OpenStack 集群 HA 部署中的相关知识体系对 OpenStack 高可用集群的部署是非常重要的。计算环境中的 HA 有不同的级别，区分不同的 HA 级别是非常关键的，这些 HA 级别如下：

- L1：这一层 HA 级别包括物理主机、网络、存储设备，以及 Hypervisor。
- L2：这一层 HA 级别包含 OpenStack 服务，其中包括计算、网络和存储控制器，以及数据库和消息队列系统等。
- L3：这一层 HA 级别主要包括运行在由 OpenStack 服务管理的物理主机上的虚拟机实例。
- L4：这是最上层的 HA，主要包括运行在虚拟机上的用户应用程序。

OpenStack 高可用集群建设主要聚焦在 L1 和 L2 层，这也是本章主要涵盖的内容。此外，L3 层的 HA 也在不断被 OpenStack 社区支持和改进，通过后端共享存储机制，在主机故障情况下，OpenStack 可以实现实例在线迁移（Live Migration）功能。

Nova 也支持 Nova evacuate 功能，即在计算节点故障的情况下，通过调用 Nova 的 API 实现实例向其他主机的迁移。

Live Migration 功能就是在无服务终止的情况下实现实例在线热迁移的，默认情况下，OpenStack 中的 Live Migration 功能要求共享文件系统，例如 NFS。此外，OpenStack 还支持无须共享文件的系统的块级别 Live Migration，块迁移通过 TCP 协议进行主机间虚拟磁盘文件的远程拷贝。更多关于 OpenStack 虚拟机迁移的内容，请参考如下链接：http://docs.openstack.org/admin-guide/compute-configuring-migrations.html#section-configuring-compute-migrations。

9.1.3 严格制定 SLA

一般来说，如果你已计划花费一定的时间和预算在 OpenStack 集群上，那么你首要考虑的就是 OpenStack 的 HA 架构。因为这是确保业务连续性和服务可靠性的基石，从这个角度而言，要满足 OpenStack 集群的高可用性，你不得不了解很多以前不曾掌握的知识体系。另外，如果一个基础架构设施（或者私有云）不具备高可用性，那无疑是在你身边埋了一枚随时会爆炸的重磅炸弹！我们必须记住一点，你在 OpenStack 集群中构建的每一个组件服务，对终端用户而言，都必须是随时可用的。

可用性并不仅仅意味着服务的持续运行，还意味着必须将服务暴露出来以便用户可以访问使用。表 9-1 是关于最大宕机时间的通用概述，通过可用性百分比或 X 个 9 来表示。

表 9-1 业务系统可用性时间对照表

可用性级别	可用性百分比	每年宕机时间	每天宕机时间
1 个 9	90	～ 36.5 天	～ 2.4 小时
2 个 9	99	～ 3.65 天	～ 14 分钟
3 个 9	99.9	～ 8.76 小时	～ 86 秒
4 个 9	99.99	～ 52.6 分钟	～ 8.6 秒
5 个 9	99.999	～ 5.25 分钟	～ 0.86 秒
6 个 9	99.9999	～ 31.5 秒	～ 0.0086 秒

可用性管理，是 IT 管理中最基本的部分，它确保了任何服务在需要时都是正常运行的，而且也反映了你的服务级别协议（Service-Level Agreement，SLA）：

- 最少宕机时间和数据丢失。
- 用户满意度。
- 不存在重复事件。
- 服务必须具备访问连续性。

在既定的 OpenStack 集群环境中，简单地通过增加额外硬件设备来扩大集群规模，并不能同等比例地消除集群单点故障（SPOF）；相反，可能会带来更多的单点故障，更糟糕的是，底层基础架构越复杂，运行维护越困难。

9.1.4 量化与度量SLA

不能被量化或度量的事情，通常也不能被很好地管理，这是一个简单的常识。但是，在OpenStack高可用集群中，应该用什么指标来量化OpenStack的HA呢？

高可用技术可以提升资源利用率，这一点也得到广泛认可，但是，即使进行了高可用设计，在某些情况下，仍然会碰到服务不可用的情况，如表9-1所示，在该表中，你并没有看到100%的业务可用性！

在关于OpenStack的HA讨论中，我们得首先感谢OpenStack非厂商锁定的高可用架构设计。作为基础工作，你需要搞懂不同HA解决方案在虚拟机基础架构层面上的功能差异，当主机突然故障时，不同HA解决方案都可为虚拟机提供保护机制，从而在不同的主机上恢复故障虚拟机实例。虚拟机本身怎么样了？它挂掉了吗？这些都可以通过上述介绍的HA级别来定义。在OpenStack中，我们会看到运行着可管理服务的云控制器和计算节点主机，这些计算节点主机可能是各种Hypervisor引擎，或者就是虚拟机实例本身。

上述SLA中的最后一个服务级别，不一定全是云管人员的任务，因为最大化内部服务可用性属于终端用户的任务。不过，我们真正要考虑的是切实影响到实例的外部因素，例如：

- 存储挂载。
- 绑定的网络设备。

在OpenStack集群中，最佳实践就是设计一个可以跟踪的HA架构，使得每一个层次的HA都可以被跟踪。

> 在设计OpenStack基础架构设施时，消除可能潜在的单点故障（SPOF），可确保OpenStack集群实现更大规模的扩张。

我们遵循的一个最佳策略，就是通过裁决方式设计一个不受信任的SPOF规则（untrustworthy SPOF principle），在任何系统的任何地方都可以发现这个关键词。在第1章的第一种设计方案中，我们重点突出的是一种可以确保大量虚拟机均实现高可用的简单架构。

如今，大型IT基础架构都面临着数据库跨多节点扩展性的问题。同样的，OpenStack集群中的数据库也需要扩展，在下文中，我们将详细介绍如何实现数据库HA的解决方案。

> OpenStack中的HA并不意味着我们同时也实现了集群最佳性能，相反，我们需要考虑到集群中运行相同服务的不同节点进行更新时可能消耗的节点资源。

9.1.5 HA字典

为了更好地理解本章下面的知识，我们有必要了解以下几个术语，从而更好地说明后续 HA 和故障切换的合理性：

- Stateless service：即无状态服务，无状态服务是无须记录任何前序请求状态的服务，从本质上来说，每个交互请求都被根据其自身携带的信息进行处理。换句话说，任何两个请求之间没有任何数据上的依赖，例如无须任何状态数据的复制保存。如果针对某个服务器的访问请求失败了，那它还可以在其他服务器上得到处理。
- Stateful service：即有状态服务，有状态服务中请求依赖起着重要作用，任何请求都依赖前序和后续请求的结果，有状态服务很难管理，为了保持一致性，需要对其进行同步。

表 9-2 是 OpenStack 中典型的有状态服务和无状态服务列表。

表 9-2　OpenStack 中有状态与无状态服务

有状态服务	无状态服务
RabbitMQ、MySQL	nova-api、nova-conductor、glance-api、keystone-api、neutron-api、novascheduler、webserver [Apache/Nginx]

正如第 1 章中描述的一样，任何 HA 架构都会引入 Active/Active 或者 Active/Passive 服务部署模式，这也正是 OpenStack 集群规模能够实现弹性伸缩的关键点。首先，我们来看这两个概念之间的区别，以便你在服务部署模式上做出正确的决定。

- Active/Active：本质上来说，所有运行相同有状态服务的 OpenStack 节点都有一致的状态。例如，部署一个 Active/Active 模式的 MySQL 集群，就需要一个多主（multi-master）的 MySQL 架构设计，这种架构设计需要考虑实例在不同节点之间的更新。对于无状态服务，通过冗余服务来实现负载均衡即可。
- Active/Passive：在有状态服务中，Active 节点故障情况下，处于 Passive 状态的服务才被激活。以数据库集群为例，在仅有一个 Master 节点的集群中，故障迁移发生时，另一个节点将处于监听状态。对于无状态服务，则通过负载均衡实现请求的分布式处理。

在第 1 章中，我们介绍了 OpenStack 云计算架构设计需要考虑的各个方面，给出了 OpenStack 架构设计的参考提示。对于 OpenStack 架构设计，千万不要吝啬你的想法，因为 OpenStack 没有既定架构模式，最关键的，还是要设计出最适合你自己的架构模式。在 OpenStack 架构设计时，你首先想到的可能是：OpenStack 没有原生的 HA 组件可供使用，怎样把这些 HA 组件整合到 OpenStack 集群中呢？关于 OpenStack 各个组件的使用解决方案，我们在之前的章节中已做了详细介绍。

9.2　负载均衡器 HAProxy

HAProxy 是 High Availability Proxy 的缩写。HAProxy 是一款完全费免的负载均衡软件，

它主要实现基于 TCP/HTTP 的请求代理和转发，将客户端请求转发到最合适的后端节点进行处理。要实现这些功能，HAProxy 在前端服务器中包含了一个负载均衡的功能，从 HAProxy 的配置上来看，HAProxy 中存在两种服务器角色。

- 前端服务器（frontend server）：前端服务器监听来自特定 IP 地址和端口的请求，并确定连接和请求应该转发到哪里去。
- 后端服务器 backend server）：后端服务器配置定义了一个接收并处理请求的服务器集群。

通常，HAProxy 定义了以下两种不同的负载均衡模式。

- **4 层负载均衡：** 在这种模式下，负载均衡在 OSI 模型的传输层实现。所有用户请求都基于特定 IP 地址和端口来转发至后端服务器。例如，负载均衡器想要转发 OpenStack 内部请求至运行 Horizon 的后端服务器组，这种情况下，无论后端哪个 Horizon 实例被选中，都应该能够正常响应请求，当所有后端 web 服务器提供完全相同的内容时，就可实现这一点。前面的示例演示的是多个服务器连接至单一数据库，在我们设计的 OpenStack 集群中，所有服务都连接至相同的数据库集群。
- **7 层负载均衡：** 这种模式下，负载均衡功能在 OSI 的应用层实现。这是一种非常好的网络负载均衡实现方式，所有到后端服务器的转发都是基于请求自身的内容来简单实现的。

HAProxy 的配置中提供了很多负载均衡算法，如何从后端服务器池中选择一个最佳服务器节点来响应并处理请求，这是算法应该干的事情。下面是几个常用的负载均衡算法：

- Round robin：轮询模式，在这种模式下，轮询选择每一台后端服务器。在 HAProxy 的配置中，Round robin 是一种可动态调整的算法，如果后端某个节点宕机或者开始变慢，则可以动态调整权重以剔除或者减少对其节点的请求转发。
- Leastconn：最少连接数模式，在这种模式下，请求被转发至后端连接数最少的节点上去。

在长时间的 HTTP 会话中，强烈建议使用 Leastconn 负载均衡算法。

- Source：源地址模式，在这种模式下，只要后端节点一直处于运行状态，则可以根据源 IP 地址的 Hash 值将源自此 IP 地址的请求全部转发到该节点去。

与 RR 和 Leastconn 算法相比，Source 被认为是一种静态算法。这意味着后端节点权重变化对请求转发没有任何影响。

- URI：在 URI 模式下，负载均衡器基于请求的 URI 将请求转发至同一个后端节点上。这种模式在缓存代理实现中，对于增加缓存命中率非常理想。

与 Source 算法一样，URI 也是一种静态算法。这也意味着后端节点权重变化对请求转发没有任何影响。

你可能会好奇，上述几种算法是如何从 OpenStack 集群中决定哪一个节点应该被选中的。实际上，HAProxy 会对后端服务器的可用性进行健康检查并进行标记，HAProxy 通过健康检查的方式是剔除后端服务器中不再监听特定 IP 地址和端口的服务器。

但是，HAProxy 是如何处理连接的呢？要回答这个问题，可以参考第 1 章提及的逻辑设计，其中，提到了虚拟 IP（VIP）。下面我们来了解一些使用 VIP 进行高可用设计的使用案例。

9.2.1 OpenStack 服务高可用

VIP 可以配置在运行 OpenStack 服务的主机节点上，节点上的服务通过这个 VIP 来访问或接受访问请求。例如，在控制节点 1 故障并切换至控制节点 2 时，控制节点 1 上的 nova-api 将不再提供服务，此时客户端仍然可以通过 VIP 来访问控制节点 2 上的 nova-api，在这个过程中，客户端请求不会出现任何中断，如图 9-1 所示。

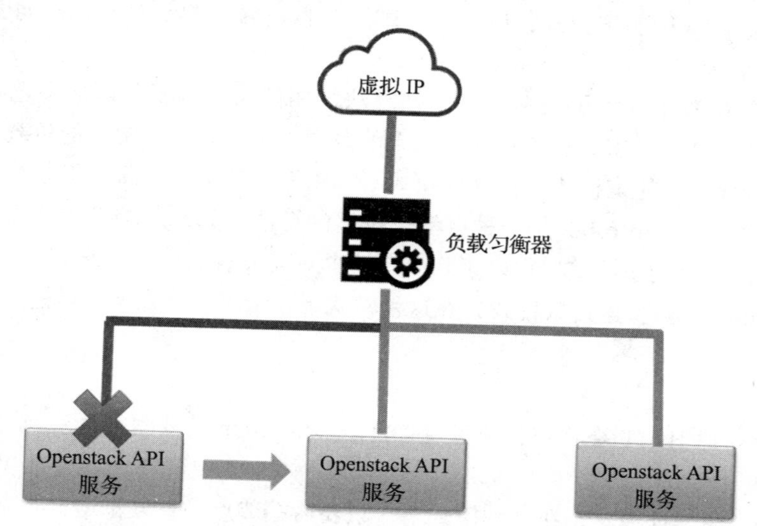

图 9-1　基于 VIP 与负载均衡器的 OpenStack 服务高可用

9.2.2 负载均衡高可用

在前面的使用案例中，我们都是基于负载均衡器绝不会出现故障的假设，而实际应用中，负载均衡器也会存在单点故障，我们必须在负载均衡器集群前端配置 VIP 以实现负载均衡器的高可用。通常，OpenStack 集群服务要求使用无状态的负载均衡器，因此，我们可以使用类似于 Keepalived 的软件来应对此类挑战，如图 9-2 所示。

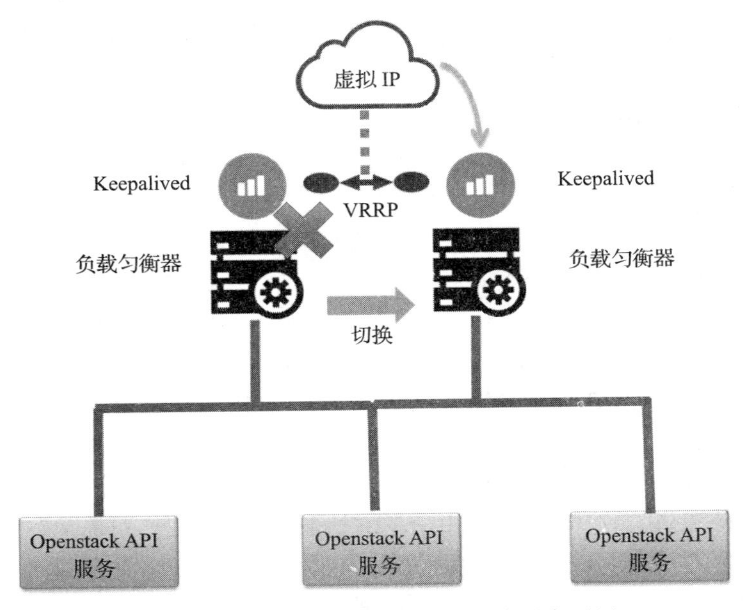

图 9-2 基于 Keepalived 的负载均衡器高可用

Keepalived 是一款完全开源的软件，基于 LVS（Linux Virtual Server）框架，提供了高可用和负载均衡功能。

> LVS 是一种构建在真实物理服务器集群上的虚拟服务器，其实现方式就是在 Linux 操作系统上运行负载均衡器。Keepalived 广泛应用于 web、mail、FTP 等服务场景中。

如之前示例中看到的一样，没有什么是神奇的！Keepalived 使用虚拟路由冗余协议（Virtual Router Redundancy Protocol，VRRP）确保服务 IP 地址高可用，从而排除单点故障。VRRP 以静态、默认路由方式在两个或多个服务器之间实现了虚拟路由，当主路由失败后，备份路由将被激活并成为主路由继续提供服务。

> 在标准的 VRRP 设置中，备份路由节点持续监听主节点上的多播数据包。如果备节点在特定时间内仍然不能接受到主节点的广播数据包，那么将认为主节点故障，备节点将接管路由，并将路由 IP 也切换到本机上。在存在多个备份路由的环境中，具有相同优先级的多个备节点中，最高位 IP 地址值最大的主机将成为新的主路由节点。

9.3 OpenStack HA 实现方法

HA 可以说高深莫测，OpenStack 的高可用集群环境设置也是变化多样的！你的 HA 环境可能与既定方案有些偏差，但是要记住，取决于你所选用的软件集群解决方案，你完全可以实现属于自己的 OpenStack 高可用配置。

下面，我们来实现第 1 章中提及的 OpenStack 云计算架构设计方案，同时，进一步理解 HA 及其模式。下面，我们将主要关注 OpenStack 核心组件的 HA 实现，同时也尽可能多地展示不同的 HA 实现方案。

9.3.1 数据库高可用

毫无疑问，任何集群背后都有一个故事！在 OpenStack 环境中创建高可用数据库是很矛盾的一件事情。我们在云控制器节点上部署的 MySQL 服务其实也可以部署到独立的节点上，更重要的是，要确保数据库的安全，总是显得顾此失彼。为了解决 MySQL 的集群问题，很多技术已被提出，主流的集中 MySQL 集群架构主要有以下几种。

- 主从复制（master/slave replication）：如图 9-3 所示，图中使用了可以随意漂移的 VIP，这种架构的一个缺陷就是由于 VIP 切换时候的时延，可能导致数据不一致的现象发生（数据丢失）。
- 主主复制（MMM replication）：如图 9-4 所示，同时配置两台 master 角色服务器，但是在给定时间内仅有一台 master 提供写服务。对于 OpenStack 数据库而言，这不是一种非常可靠的 HA 实现方式。因为在 master 故障时候，可能会丢失部分提交的事务。

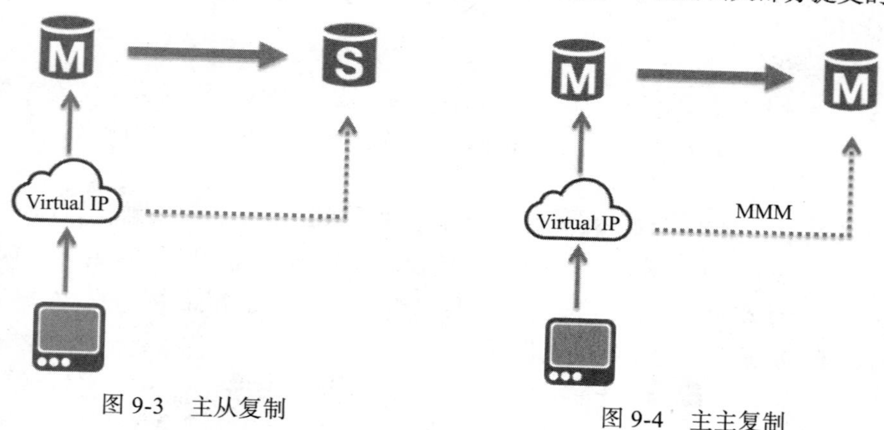

图 9-3　主从复制

图 9-4　主主复制

- MySQL 共享存储（MySQL shared storage）：在这种模式中，服务器节点都依赖于共享存储，如图 9-5 所示，数据存储设备和数据处理服务器之间必须独立开来，我们需要明白，在集群环境中，一个节点随时都有可能因故退出，如果节点出现故障，在集群检查到故障节点之后，必须启动另外的节点接管 VIP，同时关闭故障节点。新节点在挂载共享存储之后，重新启动服务，并通过 VIP 对外提供服务。这类 MySQL 高可用解决方案在稳定性方面很出色，但是需要强大的存储硬件支撑，而这类设备通常是极其昂贵的。

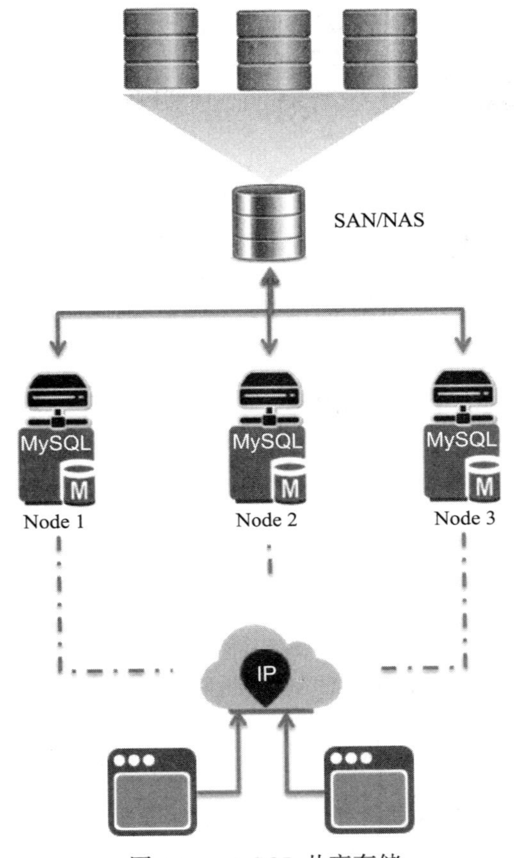

图 9-5　MySQL 共享存储

- 块级别复制（block-level replication）：在块级别复制模式中，最实用的一种实现方式就是 DRBD（Distributed Replicated Block Device）复制，如图 9-6 所示，这种方案在块设备之间进行数据复制，这些块设备就是 OpenStack MySQL 节点之间的物理块设备。

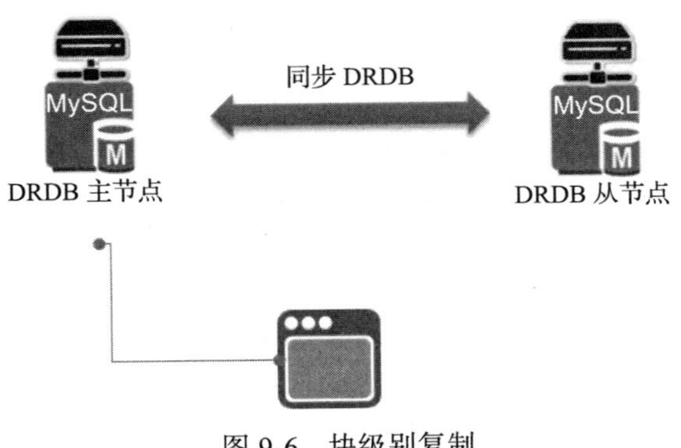

图 9-6　块级别复制

在这种模式下，你需要的仅是一台运行 Linux 的服务器，DRBD 运行在 Linux 内核层，它属于系统 I/O 栈的底层。

在共享存储方案中，如果要多节点同时并发写入，则需要集群文件系统的存在，例如 Linux 中的 GFS。

DRBD 是一种廉价解决方案，但是性能较差，尤其是在上百个节点的环境中，这并非一种理想方案。另外，DRDB 可能会影响到集群的扩展性。

- MySQL Galera 多主复制（MySQL Galera multi-master replication）：这是一种基于主主复制的技术，MySQL/innoDB 数据库 Galera 解决方案在 MMM 架构中存在一些性能挑战。本质上，Galera 使用的是同步复制技术，数据在集群范围内进行全复制。正如第 1 章中所提到的，Galera 集群至少需要三个节点才能实现。接下来我们深挖下 OpenStack 集群中 Galera 的设置，以清楚其内部工作原理。通常而言，任何 MySQL 复制方案都是简单可行并能满足 HA 的，但是，在切换过程中可能出现数据丢失的情况，Galera 在这方面进行了完善，从而解决了多主数据库环境中的这类冲突。在传统的多主数据库环境中，你可能面临一个问题，即具有不同数据的所有节点都在尝试更新同一个数据库，尤其是在出现 Master 故障的时候，就可能会出现同步问题。这也正是 Galera 使用基于认证复制技术（Certification Based Replication，CBR）的原因。

其实很简单，CBR 的主要思想就是假设数据库可以回滚未提交的变更，除了在所有实例中以相同顺序应用已复制的事件之外，它还是事务性的。复制完全是并行的，每次复制都会进行 ID 检查，Galera 为 OpenStack 高可用集带来的好处，还包括它极易扩展的优势，当然，还有其他优势，例如在生产环境中自动加入一个节点，Galera 集群的最终实现架构如图 9-7 所示，这是一种 Active/Active 的多主拓扑架构，并具有低延时、极少事务丢失的特性。

图 9-7 中，一个有趣的地方，在于 OpenStack 集群中的每个 MySQL 节点都需要打上 Write-Set Replication (wsrep) API 补丁。如果你的集群中已经存在一个 master-master 的 MySQL 集群，则你只需安装 wsrep 并配置 Galera 集群即可。

wsrep 是一个旨在为数据库复制功能开发通用插件的项目，Galera 是 wsrep 项目的使用者之一，Galera 通过调用 wsrep API 来实现 MySQL 数据库的复制功能。

用户可以从 `https://github.com/codership/galera` 下载并安装 Galera。每一个 MySQL 节点都需要一定的步骤来安装和配置 Galera。

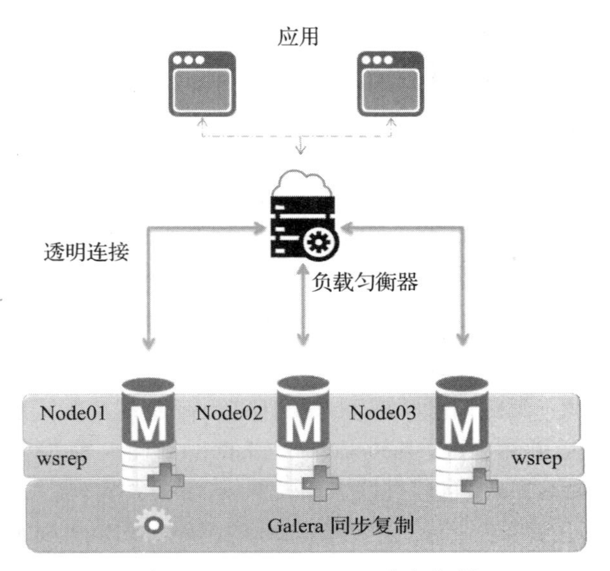

图 9-7　MySQL Galera 多主复制

9.3.2　消息队列高可用

RabbitMQ 主要负责 OpenStack 集群各个服务组件之间的通信。问题其实很简单：没有队列，就没有 OpenStack 集群之间的交互。所以你应该很清楚，OpenStack 中另一个很关键的服务，需要保证可用性并能够应对故障的服务，就是消息队列服务 RabbitMQ。RabbitMQ 是一个相对成熟的软件，它有自己的 HA 解决方案，因此无须通过如 Pacemaker 之类的集群软件来实现队列高可用。

使用 RabbitMQ，一个让人兴奋的好处，就是可以通过不同的方式实现消息系统的扩展性，并且这是一种 Active/Active 的架构设计。RabbitMQ 有如下两种集群方式：

- RabbitMQ 集群（RabbitMQ clustering）：在这种集群模式下，RabbitMQ Broker 所需的所有数据或状态在全部节点间都是可复制的。
- RabbitMQ 队列镜像（RabbitMQ mirrored queues）：节点中的消息队列并不能在节点故障或重启后仍然有效，RabbitMQ 实现了一种 Active/Active 的高可用消息队列。简单来说，就是把队列在 RabbitMQ 集群节点中进行镜像，因此，任何节点故障，都会自动使用其他节点上的镜像队列。

> RabbitMQ 中的 exchange 和 binding 可以忍受故障，因为它们分布式地运行在集群每个节点上。设置集群队列镜像并不会将消息系统负载分布到各个节点上，这种方案仅是确保消息的高可用。关于 RabbitMQ 的队列 HA 的更多内容，请参考：`https://www.rabbitmq.com/ha.html`。

同所有标准的集群设置一样，最初处理队列的主机节点被看成是 master 节点，在其他节点上的队列完全是 master 节点队列的一个拷贝。一旦最初的 master 故障，则作为 slave 节点时间最长的节点，将被选举为新的 master 节点。

9.4 HA 规划与实现

到目前为止，我们已经介绍了可用于构建 OpenStack 高可用环境的各种可能解决方案，OpenStack 控制器节点、数据库集群以及网络节点可通过以下冗余方式进行部署：

- MySQL 高可用：通过 Galera Active/Active 多主部署模式和 Keepalived 实现。
- RabbitMQ 高可用：通过消息队列镜像和 HAProxy 负载均衡实现。
- OpenStack API 高可用：nova-scheduler、glance-registry 等控制节点 API 服务通过 Pacemaker 和 Corosync 集群软件以 Active/Passive 模式实现。
- Neutron L3 高可用：L3 Agent 通过 Neutron 内部路由冗余机制实现。

9.4.1 MySQL 高可用实现

在具体实现过程中，需要三个独立的 MySQL 节点和两个 HAProxy 节点，以保证负载均衡器能够在故障出现时进行切换。Keepalived 与 HAProxy 配套安装，以保证 VIP 在节点故障时可以正常迁移，不同节点的 IP 配置如下：

- Virtual IP: 192.168.47.47
- HAProxy01: 192.168.47.120
- HAProxy02: 192.168.47.121
- MySQL01: 192.168.47.125
- MySQL02: 192.168.47.126
- MySQL03: 192.168.47.127

为了实现 MySQL 的高可用，我们依次执行如下步骤：

（1）首先安装配置 HAProxy 服务器。

```
packtpub@haproxy1$ yum update
packtpub@haproxy1$ yum install haproxy keepalived
```

（2）检查 HAProxy 安装是否正确。

```
packtpub@haproxy1$ haproxy -v
HA-Proxy version 1.5.2 2014/07/12
```

（3）配置第一个 HAProxy 节点 HAProxy1，首先备份默认配置文件。

```
packtpub@haproxy1$ cp /etc/haproxy/haproxy.cfg
/etc/haproxy/haproxy.cfg.bak
packtpub@haproxy1$ nano /etc/haproxy/haproxy.cfg
  global
```

```
log       127.0.0.1 local2
chroot    /var/lib/haproxy
pidfile   /var/run/haproxy.pid
maxconn   1020 # See also: ulimit -n
user haproxy
group haproxy
daemon
stats socket /var/lib/haproxy/stats.sock mode 600 level admin
stats timeout 2m
defaults
mode     tcp
log      global
option   dontlognull
option   redispatch
retries            3
timeout queue      45s
timeout connect    5s
timeout client     1m
timeout server     1m
timeout check      10s
maxconn            1020
listen haproxy-monitoring *:80
mode      tcp
stats     enable
stats     show-legends
stats     refresh     5s
stats     uri         /
stats     realm       Haproxy Statistics
stats     auth        monitor:packadmin
stats     admin       if TRUE
frontend haproxy1 # change on 2nd HAProxy
bind *:3306
default_backend       mysql-os-cluster
backend mysql-os-cluster
balance roundrobin
server mysql01       192.168.47.125:3306 maxconn 151 check
server mysql02       192.168.47.126:3306 maxconn 151 check
server mysql03       192.168.47.127:3306 maxconn 151 check
```

（4）启动 haproxy 服务：

```
packtpub@haproxy1$ sudo service haproxy start
```

（5）重复上述 4 个步骤，在第 4 步中用 haproxy2 代替 haproxy2。

（6）实现 HAProxy 的高可用，在 haproxy1 中添加 VRRP 文件 /etc/keepalived/keepalived.conf，首先还是备份初始配置文件。

```
packtpub@haproxy1$ sudo cp /etc/keepalived/keepalived.conf
/etc/keepalived/keepalived.conf.bak
packtpub@haproxy1$ sudo nano /etc/keepalived/keepalived.conf
```

为了在服务器上绑定一个实际上不存在的虚拟 IP 地址，在 REHL/CentOS 操作系统的 /etc/sysctl.conf 文件中添加如下语句：

```
net.ipv4.ip_nonlocal_bind=1
```

同时，使用如下命令激活变更：

```
packtpub@haproxy1$ sudo sysctl -p
packtpub@haproxy1$ sudo nano /etc/keepalived/keepalived.conf
vrrp_script chk_haproxy {
  script "killall -0 haproxy"
  interval 2
  weight 2
}
vrrp_instance MYSQL_VIP {
  interface eth0
  virtual_router_id 120
  priority 111 # Second HAProxy is 110
  advert_int 1
virtual_ipaddress {
    192.168.47.47/32 dev eth0
  }
  track_script {
    chk_haproxy
  }
}
```

（7）在 haproxy2 上重复步骤 6，将 /etc/keepalived/keepalived.conf 配置文件中的 vrrp_instance MYSQL_VIP 配置段下的 priority 设置为 110。

（8）在两个 HAProxy 节点上检查 VIP 是否已经出现。

```
packtpub@haproxy1$ ip addr show eth0
packtpub@haproxy2$ ip addr show eth0
```

（9）现在 HAProxy 和 Keepalived 已经正常配置并运行，下面为所有 MySQL 节点配置 Galera 插件。

```
packtpub@db01$ wget
https://launchpad.net/codership-mysql/5.6/5.6.16-25.5/+download/MyS
QL-server-5.6.16_wsrep_25.5-1.rhel6.x86_64.rpm
packtpub@db01$ wget https://launchpad.net/galera/0.8/0.8.0/
+download/galera-0.8.0-x86_64.rpm
```

（10）安装 Galera 及其相关依赖。

```
packtpub@db01$ rpm -Uhv galera-0.8.0-x86_64.rpm
packtpub@db01$ rpm -Uhv MySQL-server-5.6.16_wsrep_25.5
1.rhel6.x86_64.rpm
```

如果你的环境中已经运行 MySQL 集群，但是还没有 Galera，则你需要停止已运行 MySQL 服务，然后再安装配置 Galera 集群。本示例中假设你已经提前安装了 MySQL，并且为了配置 Galera，已将 MySQL 暂停。

（11）Galera 创建安装完成之后，登录 MySQL 节点并在数据库中创建用户 galera 和密码 galerapass。作为可选步骤，可以在数据库中创建 HAProxy 监控用户，简单起见，这个监控用户无须设置密码。需要指出的是，对于 MySQL 集群，新用户 sst 必须存在，我们将为它设置一个新密码 sstpassword 来为节点授权：

```
mysql> GRANT USAGE ON *.* to sst@'%' IDENTIFIED BY 'sstpassword';
mysql> GRANT ALL PRIVILEGES on *.* to sst@'%';
mysql> GRANT USAGE on *.* to galera@'%' IDENTIFIED BY 'galerapass';
mysql> INSERT INTO mysql.user (host,user) values ('%','haproxy');
mysql> FLUSH PRIVILEGES;mysql> quit
```

（12）在每个 MySQL 节点上为 MySQL 配置 wsrep 库，主要在 /etc/mysql/conf.d/wsrep.cnf 中进行配置，对于 db01.packtpub.com 节点，配置如下：

```
wsrep_provider=/usr/lib64/galera/libgalera_smm.so
wsrep_cluster_address="gcomm://"
wsrep_sst_method=rsync
wsrep_sst_auth=sst:sstpass
```

重启 MySQL 服务：

```
packtpub@db01$ sudo /etc/init.d/mysql restart
```

对于 db02.packtpub.com 节点，配置如下：

```
wsrep_provider=/usr/lib64/galera/libgalera_smm.so
wsrep_cluster_address="gcomm://192.168.47.125"
wsrep_sst_method=rsync
wsrep_sst_auth=sst:sstpass
```

重启 MySQL 服务：

```
packtpub@db01$ sudo /etc/init.d/mysql restart
```

对于 db03.packtpub.com 节点，配置如下：

```
wsrep_provider=/usr/lib64/galera/libgalera_smm.so
wsrep_cluster_address="gcomm://192.168.47.126"
wsrep_sst_method=rsync
wsrep_sst_auth=sst:sstpass
```

重启 MySQL 服务：

```
packtpub@db01$ sudo /etc/init.d/mysql restart
```

记住：为了创建一个新的集群，db01.packtpub.com 节点中的 gcomm:// 地址是空着的，上面最后一步将会连接到 db03.packtpub.com 节点。

要重新配置 db01.packtpub.com 节点，我们需要修改节点的 /etc/mysql/conf.d/wsrep.cnf 文件，并将值指向 192.168.47.127，如下：

```
wresp_cluster_address ="gcomm://192.168.47.127"
```

在 mysol 命令行中，设置 MySQL 的全局变量，如下：

```
mysql> set global
wsrep_cluster_address='gcomm://192.168.1.140:4567';
```

（13）检查 Galera 复制功能是否如预期正常运行。

```
packtpub@db01$ mysql -e "show status like 'wsrep%' "
```

（14）如果 Galera 集群正常运行，应该看到如下标志：

```
wsrep_ready = ON
```

（15）也可以通过其他命令行方式来验证集群状态，在 `db01.packtpub.com` 节点 MySQL 命令行中，执行如下命令：

```
Mysql> show status like 'wsrep%';
|wsrep_cluster_size    | 3       |
|wsrep_cluster_status  | Primary |
| wsrep_connected      | ON      |
```

`wsrep_cluster_size` 显示的值为 3，这意味着我们集群中的三个节点都正常运行，同时通过 wsrep_cluster_status 可以看出，集群将 `db01.packtpub.com` 节点设置为 primary 节点。

（16）从第 9 步开始，就可以添加 MySQL 节点，同时将其加入 Galera 集群中。

在我们的示例中，MySQL 节点与 OpenStack 控制节点是独立部署的，也就是说 OpenStack 控制节点服务运行在前端，而 MySQL 数据库运行在后端，因此包括 Keystone、Glance、Nova、Cinder 和 Neutron 服务都需要正确指向后端数据库服务器。另外，要记住我们的方案使用了 HAProxy 和 Keepalived 来实现 MySQL 的高可用，因此 VIP 就是数据库服务器高可用 IP 地址。

在 OpenStack 集群中，我们需要重新配置 OpenStack 服务对数据库的指向地址为 VIP 地址，分别对每一个服务进行配置，如下：

```
Nova: /etc/nova/nova.conf
sql_connection=mysql://nova:openstack@192.168.47.47/nova
Keystone: /etc/keystone/keystone.conf
sql_connection=mysql://keystone:openstack@192.168.47.47/keystone
Glance: /etc/glance/glance-registry.conf
sql_connection=mysql://glance:openstack@192.168.47.47/glance
Neutron: /etc/neutron/plugins/openvswitch/ovs_neutron_plugin.ini
sql_connection=mysql://neutron:openstack@192.168.47.47/neutron
Cinder: /etc/cinder/cinder.conf
sql_connection=mysql://cinder:openstack@192.168.47.47/cinder
```

需要指出的是，修改 OpenStack 配置文件后，你必须重启对应的服务。同时确保服务重启之后，一切运行正常，日志文件中没有错误信息出现。如果熟悉 `sed` 或 `awk` 命令行，那么配置文件的修改会简单得多，你也可以了解一下 `crudini`，它主要用来操作 `ini` 和

conf文件，这是一个非常有用工具，关于这个工具的更多介绍，可以参考关于crudini使用介绍的链接：http://www.pixelbeat.org/programs/crudini/。

要更新已存在的配置文件，只需简单地执行如下命令即可：

```
# crudini --set <Config_File_Path> <Section_Name> <Parameter> <Value>
```

例如，要更新前面提到的nova配置文件/etc/nova/nova.conf，只需执行如下命令行即可：

```
# crudini --set /etc/nova/nova.conf database connection
mysql://nova:openstack@192.168.47.47/nova
```

9.4.2 RabbitMQ高可用实现

为了实现RabbitMQ的高可用，我们需要对已经运行在OpenStack控制节点中的RabbitMQ服务做些小改动，即需要在RabbitMQ Broker中启用队列镜像功能。在示例中，我们假设RabbitMQ运行在OpenStack的三个控制节点上，如下所示：

- Virtual IP: 192.168.47.47
- HAProxy01: 192.168.47.120
- HAProxy02: 192.168.47.121
- Cloud Controller 01: 192.168.47.100
- Cloud Controller 02: 192.168.47.101
- Cloud Controller 03: 192.168.47.102

要实现RabbitMQ的HA，可以执行如下步骤：

（1）停止Cloud Controller 02和Cloud Controller 03上的RabbitMQ服务，将Cloud Controller 01上的cookie拷贝至另外两个节点：

```
packtpub@cc01$ scp /var/lib/rabbitmq/.erlang.cookie root
@cc02:/var/lib/rabbitmq/.erlang.cookie
packtpub@cc01$ scp /var/lib/rabbitmq/.erlang.cookie root
@cc03:/var/lib/rabbitmq/.erlang.cookie
```

（2）在Cloud Controller 02（CC02）和Cloud Controller 03（CC03）上设置属主为rabbitmq：rabbitmq，文件权限为400，如下：

```
packtpub@cc02$ sudo chown rabbitmq:rabbitmq
/var/lib/rabbitmq/.erlang.cookie
packtpub@cc02$ sudo chmod 400 /var/lib/rabbitmq/.erlang.cookie
packtpub@cc03$ sudo chown rabbitmq:rabbitmq
/var/lib/rabbitmq/.erlang.cookie
packtpub@cc03$ sudo chmod 400 /var/lib/rabbitmq/.erlang.cookie
```

（3）在Cloud Controller 02（CC02）和Cloud Controller 03（CC03）上启动RabbitMQ服务。

```
packtpub@cc02$ service rabbitmq-server start
packtpub@cc02$chkconfig rabbitmq-server on
packtpub@cc03$ service rabbitmq-server start
packtpub@cc03$chkconfig rabbitmq-server on
```

现在我们来配置 RabbitMQ 集群并设置镜像队列。目前来看，三个 RabbitMQ 节点是彼此独立、互相之间没有关联的节点，我们接下来要做的事情，就是将它们加入同一个集群中。首先停止 rabbitmqctl 进程。

在 Cloud Controller 02（CC02）节点上：

```
# rabbitmqctl stop_app
Stopping node 'rabbit@cc02' ...
...done.
# rabbitmqctl join-cluster rabbit@cc01
Clustering node 'rabbit@cc02' with 'rabbit@cc01' ...
...done.
# rabbitmqctl start_app
Starting node 'rabbit@cc02' ...
... done
```

在 Cloud Controller 03（CC03）节点上：

```
# rabbitmqctl stop_app
Stopping node 'rabbit@cc03' ...
...done.
# rabbitmqctl join-cluster rabbit@cc01
Clustering node 'rabbit@cc03' with 'rabbit@cc01' ...
...done.
# rabbitmqctl start_app
Starting node 'rabbit@cc03' ...
... done
```

在任意一个 RabbitMQ 节点上检查集群状态，如下：

```
# rabbitmqctl cluster_status
Cluster status of node 'rabbit@cc03' ...
[{nodes,[{disc,['rabbit@cc01','rabbit@cc02',
'rabbit@cc03']}]},
{running_nodes,['rabbit@cc01','rabbit@cc02',
'rabbit@cc03']},
{partitions,[]}]
...done
```

最后一步，配置 RabbitMQ 使用镜像队列。设置镜像队列后，连接到任何 RabbitMQ Broker 的每一个消息队列，其中的 producers 和 consumers 队列都会被镜像。如下命令将会同步队列到所有 RabbitMQ 节点中：

```
# rabbitmqctl set_policy HA '^(?!amq.).*' '{"ha-mode":"all", "ha-sync-mode":"automatic" }'
```

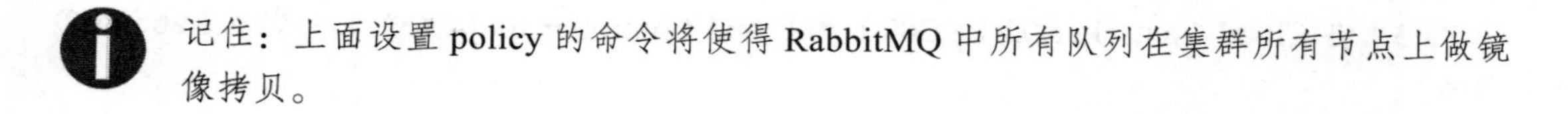

记住：上面设置 policy 的命令将使得 RabbitMQ 中所有队列在集群所有节点上做镜像拷贝。

在每一个 RabbitMQ 节点上，编辑主配置文件 /etc/rabbitmq/rabbitmq.config 以使得 RabbitMQ 在重启后加入集群中：

```
[{rabbit,
[{cluster_nodes, {['rabbit@cc01', 'rabbit@cc02', 'rabbit@cc03'], ram}}]}].
```

接下来，配置 RabbitMQ 的负载均衡功能。只需在 haproxy1 和 haproxy2 的配置文件中增加部分配置并重新加载配置文件即可：

```
listen rabbitmqcluster 192.168.47.47:5670
  mode tcp
  balance roundrobin
    server cc01 192.168.47.100:5672 check inter 5s rise 2 fall 3
    server cc02 192.168.47.101:5672 check inter 5s rise 2 fall 3
    server cc03 192.168.47.102:5672 check inter 5s rise 2 fall 3
```

注意，当前正在监听 VIP 地址 192.168.47.47，在两个 HAProxy 节点上重新加载配置文件，如下：

```
# service haproxy reload
```

使用 VIP 来作为 RabbitMQ 的代理以实现负载均衡高可用，需要重新配置 OpenStack 的每个服务，将服务对消息队列的请求指向新的 VIP 地址 192.168.47.47 和端口 5670。因此，我们需要重新为 OpenStack 服务配置 RabbitMQ，如下：

- Nova：/etc/nova/nova.conf：

```
# crudini --set /etc/nova/nova.conf DEFAULT rabbit_host
192.168.47.47
# crudini --set /etc/nova/nova.conf DEFAULT rabbit_port 5470
rabbit_host=192.168.47.47
rabbit_port=5470
```

- Glance：/etc/glance/glance-api.conf：

```
# crudini --set /etc/glance/glance-api.conf DEFAULT rabbit_host
192.168.47.47
# crudini --set /etc/glance/glance-api.conf DEFAULT rabbit_port
5470
rabbit_host=192.168.47.47
rabbit_port=5470
```

- Neutron：/etc/neutron/neutron.conf：

```
# crudini --set /etc/neutron/neutron.conf DEFAULT rabbit_host
192.168.47.47
# crudini --set /etc/neutron/neutron.conf DEFAULT rabbit_port 5470
rabbit_host=192.168.47.47
rabbit_port=5470
```

- Cinder：/etc/cinder/cinder.conf：

```
# crudini --set /etc/cinder/cinder.conf DEFAULT rabbit_host
192.168.47.47
# crudini --set /etc/cinder/cinder.conf DEFAULT rabbit_port 5470
```

9.4.3 OpenStack 控制节点高可用实现

配置 OpenStack 控制节点服务的高可用，需要一种管理前置节点服务运行的方法。除了 HAProxy 和 Keepalived 之外，另一种服务 HA 实现方案就是 Pacemaker 和 Corosync 的组合。作为 Linux 系统中原生的 HA 解决方案，Pacemaker 依赖 Corosync 基于消息层的集群通信管理。Corosync 默认采用多播（multicast）网络进行通信配置，在不支持多播的环境中，Corosync 可以配置成单播（unicast）方式。在多播网络中，所有集群节点都连接至相同的物理设备，在配置文件中，确保至少配置一个多播地址是非常必要的。可以将 Corosync 看成是总线系统，Corosync 的存在使得运行在不同节点上的 OpenStack 服务可以进行仲裁（quorum）和 Pacemaker 集群成员关系管理。但是，Pacemaker 怎么与 OpenStack 服务进行交互呢？简单来说，Pacemaker 私用资源代理（Resource Agent，RA）方式来作为资源集群的接口。Pacemaker 支持 70 多种 RA，可以在如下网站中查询：`http://www.linux-ha.org/wiki/Resource_Agents`。

在我们的示例中，将采用 OpenStack 原生的 RA：

- OpenStack Compute service
- OpenStack Identity service
- OpenStack Image service

Pacemaker 中其实也有用于管理 MySQL 和 VIP 的原生 RA。你也可以使用这类 RA 来作为 Galera 复制方案的一种替代。

要实现 OpenStack 控制节点服务的 HA，可以执行如下步骤：

（1）在控制节点上安装配置 pacemaker 和 corosync：

```
# yum update
# yum install pacemaker corosync
```

（2）Corosync 允许任意节点以 Aactive/Active 或者 Active/Passive 故障容忍配置方式加入集群中。你需要准备一个未使用过的多播地址和端口，首先还是对 Corosync 的默认配置做一个备份，然后编辑 `/etc/corosync/corosync.conf` 文件，如下：

```
# cp /etc/corosync/corosync.conf.bak/etc/corosync/corosync.conf
# nano /etc/corosync/corosync.conf
  Interface {
     ringnumber: 0
  bindnetaddr: 192.168.47.0
  mcastaddr: 239.225.47.10
  mcastport: 4000
  ....}
```

在单播网络环境中，你需要在 Corosync 配置文件中指定全部允许成员 OpenStack 集群成员的 IP 地址，而在多播网络环境中，就没必要这样做。配置模板样例可以在如下链接中找到：http://docs.openstack.org/high-availability-guide/content/_set_up_corosync_unicast.html.

（3）在 CC01 上生成密钥，以确保控制节点之间的正常通信。

```
# sudo corosync-keygen
```

（4）将生成的 /etc/corosync/authkey 和 /etc/corosync/corosync.conf 拷贝到其他节点上。

```
# scp /etc/corosync/authkey /etc/corosync/corosync.conf
packpub@192.168.47.101:/etc/corosync/
# scp /etc/corosync/authkey /etc/corosync/corosync.conf
packpub@192.168.47.102:.etc/corosync/
```

（5）启动 pacemaker 和 corosync 服务

```
# service pacemaker start
# service corosync start
```

（6）检查配置正确与否，最简单的方式就是运行如下命令：

```
# crm_mon -1
Online: [cc01 cc02 cc03]
First node (cc01)
```

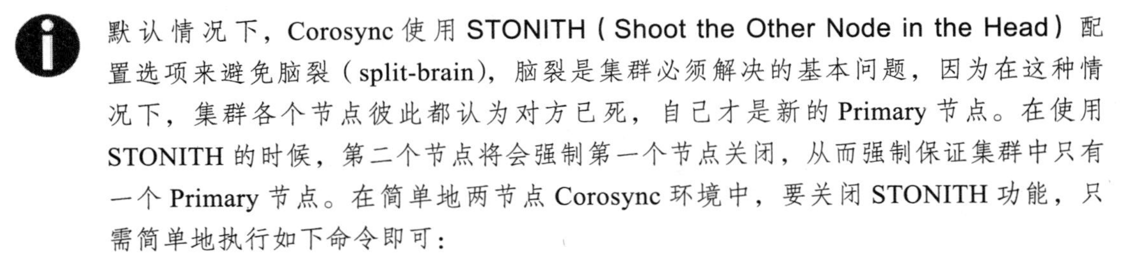

默认情况下，Corosync 使用 STONITH（Shoot the Other Node in the Head）配置选项来避免脑裂（split-brain），脑裂是集群必须解决的基本问题，因为在这种情况下，集群各个节点彼此都认为对方已死，自己才是新的 Primary 节点。在使用 STONITH 的时候，第二个节点将会强制第一个节点关闭，从而强制保证集群中只有一个 Primary 节点。在简单地两节点 Corosync 环境中，要关闭 STONITH 功能，只需简单地执行如下命令即可：

```
# crm configure property stonith-enabled= "false"
```

（7）在 CC01 上配置高可用 VIP，这个 VIP 由三个控制节点共享。这里我们设置 VIP 为 192.168.47.48，同时设置 3 秒的监控间隔。

```
# crm configure primitive VIP ocf:heartbeat:IPaddr2 params
ip=192.168.47.48 cidr_netmask=32 op monitor interval=3s
```

（8）可以看到，VIP 已经出现在 CC01 节点上。需要注意的是，如果 CC01 在 3 秒内没有做出响应，则 VIP 将迁移至另外的控制节点上。

```
# crm_mon -1
Online: [ cc01 cc02]
VIP     (ocf::heartbeat:IPaddr2):   Started cc01
```

（9）创建一个新的目录 /usr/lib/ocf/resource.d/openstack 用于存放下载好的 RA 脚本（可选操作）。

创建新的 VIP 地址后，OpenStack 服务也必须指向这个新创建的 VIP 地址。在每个控制节点上，确保导出正确的环境变量：#export OS_AUTH_URL=http://192.168.47.48:5000/v2.0/

（10）设置 Nova 的 RA 并配置 Pacemaker。首先，在三个控制节点上下载必需的 RA。

```
# cd /usr/lib/ocf/resource.d/openstack
# wget https://raw.github.com/leseb/OpenStack-ra/master/nova-api
# wget https://raw.github.com/leseb/OpenStack-ra/master/nova-cert
# wget https://raw.github.com/leseb/OpenStack-ra/master/
  nova-consoleauth
# wget https://raw.github.com/leseb/OpenStack-ra/
  master/nova-scheduler
# wget https://raw.github.com/leseb/OpenStack-ra/master/nova-vnc
# chmod a+rx *
```

（11）检查 Pacemaker 是否已经识别到新下载的 RA，如下：

```
# crm ra info ocf:openstack:nova-api
```

（12）现在，配置 Pacemaker 以使用 RA 来控制我们的 Nova 服务。下面的配置创建一个名为 p_nova_api 的资源，用于控制 Nova 的 nova-api 服务：

```
# crm configure primitive p_nova-api ocf:openstack:nova-api
params config="/etc/nova/nova.conf" op monitor interval="5s"
timeout="5s"
```

（13）创建 p_cert 资源，用于控制 Nova 的 nova-cert 服务：

```
# crm configure primitive p_cert ocf:openstack:nova-cert
params config="/etc/nova/nova.conf" op monitor interval="5s"
timeout="5s"
```

（14）创建 p_consoleauth 资源，用于管理 Nova 的 nova-consoleauth 服务：

```
# crm configure primitive p_ consoleauth ocf:openstack:
nova-consoleauth params config="/etc/nova/nova.conf"
op monitor interval="5s" timeout="5s"
```

（15）创建 p_scheduler 资源，用于管理 Nova 的 nova-scheduler 服务：

```
# crm configure primitive p_scheduler ocf:openstack:nova-
scheduler params config="/etc/nova/nova.conf" op monitor
interval="5s" timeout="5s"
```

（16）创建 p_novnc 资源，用于管理 Nova 的 nova-novnc 服务：

```
# crm configure primitive p_ novnc ocf:openstack:nova-vnc
params config="/etc/nova/nova.conf" op monitor interval="5s"
timeout="5s"
```

（17）为 Keystone 设置 RA 并配置 Pacemaker 集群。在三个控制节点上下载 Keystone 的 RA。

```
# cd /usr/lib/ocf/resource.d/openstack
# wget https://raw.github.com/madkiss/
openstack-resource-agents/master/ocf/keystone
```

（18）使用刚下载的 RA 继续配置用于控制 Keystone 的 Pacemaker 资源。下面创建 `p_keystone` 资源，用于控制 `Keystone` 认证服务：

```
# crm configure primitive p_keystone ocf:openstack:keystone
params config="/etc/keystone/keystone.conf" op monitor
interval="5s" timeout="5s"
```

根据以下步骤，为 Glance 服务配置 RA 和 Pacemaker 集群资源：

（1）在三个控制节点上下载 Glance 需要使用的 RA

```
# cd /usr/lib/ocf/resource.d/openstack
# wget https://raw.github.com/madkiss/
openstack-resource-agents/master/ocf/glance-api
# wget https://raw.github.com/madkiss/
openstack-resource-agents/master/ocf/glance-registry
```

（2）使用刚下载的 RA 进一步配置 Pacemaker 以控制 Glance 的 `glance-api` 服务。下面创建 `p_glance-api` 服务，用于控制 OpenStack 镜像 API 服务：

```
# crm configure primitive p_glance-api ocf:openstack:glance-api
params config="/etc/glance/glance-api.conf" op monitor
interval="5s" timeout="5s"
```

（3）创建 `p_glance-registry` 资源，用于控制 OpenStack glance-registry 服务：

```
# crm configure primitive p_glance-registry
ocf:openstack:glance-registry params config="/etc/glance/
glance-registry.conf " op monitor interval="5s" timeout="5s"
```

根据以下步骤，为 Neutron 服务配置 RA 和 Pacemaker 集群资源：

（1）在全部三个控制节点上下载 RA：

```
# cd /usr/lib/ocf/resource.d/openstack
# wget https://raw.github.com/madkiss/openstack-resource-agents/
master/ocf/neutron-server
```

（2）使用刚下载的 RA 配置 Pacemaker 资源用于控制 Neutron 服务。下面创建 `p_neutron-server` 资源，用于控制 OpenStack 网络服务：

```
# crm configure primitive p_neutron-server ocf:openstack:
neutron-server params config="/etc/neutron/neutron.conf"
op monitor interval="5s" timeout="5s"
```

（3）检查 Pacemaker 集群是否可以正常处理 OpenStack 各个服务：

```
# crm_mon -1
Online: [ cc01 cc02 cc03 ]
VIP (ocf::heartbeat:IPaddr2): Started cc01
```

```
p_nova-api (ocf::openstack:nova-api):
Started cc01
p_cert (ocf::openstack:nova-cert):
Started cc01
p_consoleauth (ocf::openstack:nova-consoleauth):
Started cc01
p_scheduler (ocf::openstack:nova-scheduler):
Started cc01
p_nova-novnc (ocf::openstack:nova-vnc):
Started cc01
p_keystone (ocf::openstack:keystone):
Started cc01
p_glance-api (ocf::openstack:glance-api):
Started cc01
p_glance-registry (ocf::openstack:glance-registry):
Started cc01
p_neutron-server (ocf::openstack:neutron-server):
Started cc01
```

（4）要同时使用私有和公有 IP 地址，你必须创建两个不同的 VIP。例如，你需要按如下方式定义 endpoint：

```
keystone endpoint-create --region $KEYSTONE_REGION
--service-id $service-id --publicurl  'http://PUBLIC_VIP:9292'
--adminurl 'http://192.168.47.48:9292'
--internalurl 'http://192.168.47.48:9292'
```

9.4.4 网络节点高可用实现

在最新发行的 OpenStack 版本中，网络服务高可用性得到了极大增强。正如前面章节中讨论的一样，OpenStack 推荐的网络部署方式是采用独立节点安装网络服务。Neutron 的挑战主要是如何简化实现网络高可用，以及如何实现 Neutron 的网络冗余。OpenStack 的网络服务由下面的 agent（代理）构成：

- ❑ L2 agent。
- ❑ DHCP agent。
- ❑ L3 agent。

L2 agent 位于每个计算节点上，这意味着每个计算节点都独立包含了 L2 agent，因此也无须过多考虑 L2 的高可用配置问题。另外，DHCP 也可以运行在多个节点上，并且默认也是支持高可用的。

DHCP 协议支持在同一个网络中存在不同的 DHCP Server，并且这些 DHCP Server 同时服务于同一个 IP 地址池。在 Neutron 中，每一个新创建的端口上都会映射一个 IP 地址和 MAC 地址，而这些信息将会保存在 dnsmasq 服务器的 leases 文件中。

与 L2 不同，L3 agent 的高可用设置就需要特别的关注了。在讨论 L3 agent 高可用设置之前，我们先来了解一下 L3 agent 主要负责的事情：

- 负责调度每个租户创建的虚拟路由。
- 负责实例与外网之间的互联。
- 管理浮动 IP，确保外部网络对虚拟机的正常访问。
- 负责不同虚拟网络内部虚拟机之间的通信。

很明显，一旦运行 L3 agent 的节点故障，则由路由器发起和初始化的全部网络和连接都会消失。在 Icehouse 之前，Neutron 没有任何应对 L3 agent 高可用的内建功能。换句话说，只能通过外部集群解决方案，如之前详细介绍过的 Pacemaker 和 Corosync 来实现网络高可用。

通过调度程序，分布在不同 L3 agent 网络节点上的虚拟路由器有助于网络扩展，但是并非路由 HA 的直接解决方案。

尽管后来的一些解决方案可以充分满足网络高可用要求，但是每个层次的高可用级别都要求有最快的故障切换时间。考虑到在极短时间内，需要重新调度分发不同租户的大量虚拟路由器，社区必须采用另外的方法来实现。为了应对这些挑战，在 OpenStack 的 Juno 版本中，社区引入了针对 Neutron 高可用的新解决方案，主要包括以下几种：

- Virtual Router Redundancy Protocol (VRRP)
- Distributed Virtual Routing (DVR)

接下来，我们将看到如何通过 VRRP 来实现 Neutron 冗余路由设置。

Neutron 中的 VRRP

本章在前面部分对 VRRP 协议做了简单介绍，基于 VRRP 协议，OpenStack 社区创造了一种新方法来实现 Neutron 网络高可用。

与本章前面介绍的方法一样，利用 VRRP 和 Keepalived 高可用软件，Neutron 实现了一种在多网络节点之间切换故障路由器的高可用方案。如图 9-8 所示，可以将每个租户路由器看成一个组（图 9-8 中，上面三个路由器和下面三个路由器各为一组），每一组路由器中都由一个处于 Active 状态的主路由器来（图 9-8 中，标记了 Master vRouter 的路由器为主路由器，标记了 Backup vRouter 的路由器为备路由器）转发网络流量到实例。另外，根据主备路由器实例的调度结果，所有实例的流量负载得以分布在所有网络节点之上。基于 Keepalived 机制原理，主路由器内部配置了一个 VIP，并且持续在路由器组中广播主路由器的状态和优先级信息。

主路由器需要周期性地向备路器由广播它的状态，这个周期称为广播间隔时间（advertisement interval timer）。如果在指定时间间隔内，备路由器未收到广播信息，那么就会重新发起新 master 路由器的选举。master 的选举基于优先级实现，优先级最高的备路由器将成为新的 master 路由器。优先级在 0 ～ 255 之间，255 代表最高优先级。

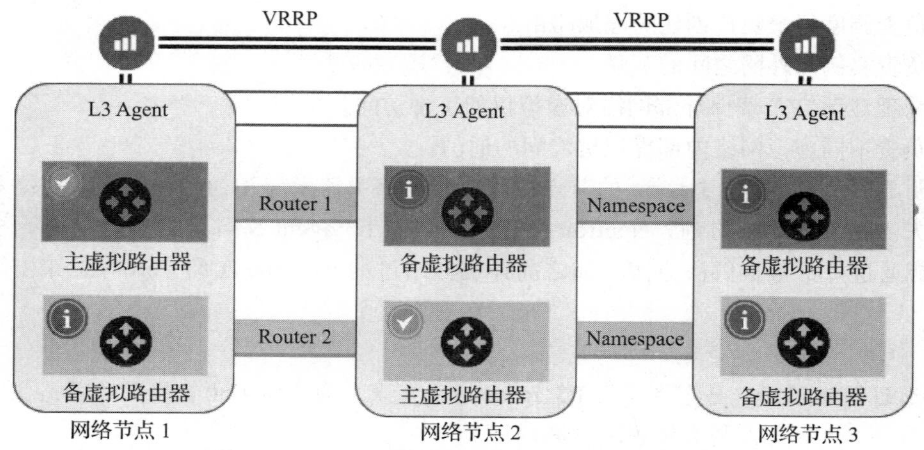

图 9-8　基于 VRRP 协议的 Neutron 高可用架构

每个新创建的 HA 路由器，都会在网络节点上新增一个路由器网络命名空间（network namespace），并在该命名空间中启动 Keepalived 进程。配置为 HA 模式的路由器将使用特定的 HA 网络进行通信，这个特定的 HA 网络对普通用户是不可见的。HA 网络接口的名称都带有“ha”前缀。

每一个高可用路由器都有一个网络命名空间，这个命名空间具有 HA 设备，Keepalived 网络流量通过 HA 设备传送。

默认情况下，对于每个启用了 HA 模式的租户路由器，Neutron 都会创建一个 169.254.192.0/18 网段的 HA 网络池。下面将会介绍 Neutron 路由器设置的几个步骤。

在我们最初的设计中，为了增强 OpenStack 网络性能，同时排除网络单点故障，我们尽可能增加运行 L3 agent 的网络节点，具体配置步骤如下：

（1）在网络节点 nn02 上，安装 Neutron L3 agent 相关的软件包。

```
# yum install openstack-neutron openstack-neutron-ml2 openstack-
neutron-openvswitch -y
```

（2）将新增的 Neutron 网络代理指向 RabbitMQ，编辑配置文件 /etc/neutron/neutron.conf，如下：

```
...
rabbit_host = 192.168.47.47
...
```

（3）编辑 Neutron L3 配置文件 /etc/neutron/l3_agent.ini，指定 interface_driver 参数，下面的配置使用的是支持路由器 HA 功能的 OVS 插件：

```
[Default]
interface_driver =
neutron.agent.linux.interface.OVSInterfaceDriver
```

LinuxBridge 也支持路由器 HA 功能，也可以配置 LinuxBridge 作为 L3 agent 的 Driver，要使用 LinuxBridge 插件，可以将 interface_driver 参数配置为：neutron.agent.linux.interface.BridgeInterfaceDriver。

（4）在配置文件 /etc/neutron/l3_agent.ini 中，设置 router_delete_namespaces 为 true。

```
...
router_delete_namespaces = True
...
```

这个配置的作用在于，当路由器被删除之后，所有与其相关的命名空间将被全部清除。

（5）重启 L3 agent 服务，如下：

```
# service neutron-l3-agent restart
```

（6）L3 agent 应该正常运行了，并且没有任何报错信息出现，如下：

```
# service neutron-l3-agent status
Redirecting to /bin/systemctl status neutron-l3-agent.service
neutron-l3-agent.service - OpenStack Neutron Layer 3 Agent
Loaded: loaded (/usr/lib/systemd/system/neutron-l3-agent.service;
disabled; vendor preset: disabled)
Active: active (running) since Sat 2016-11-26
...
```

（7）其余的 agent 可以从任何一个能运行 Neutron 命令行（CLI）的网络节点上查看到，如下：

```
# neutron agent-list --agent-type="L3 Agent"
```

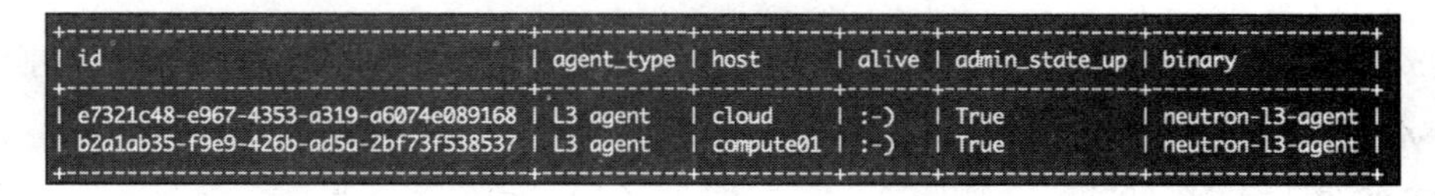

id	agent_type	host	alive	admin_state_up	binary
e7321c48-e967-4353-a319-a6074e089168	L3 agent	cloud	:-)	True	neutron-l3-agent
b2a1ab35-f9e9-426b-ad5a-2bf73f538537	L3 agent	compute01	:-)	True	neutron-l3-agent

（8）以下部分配置将在控制节点上执行。要在 Neutron 中启用 HA 模式，可通过编辑 /etc/neutron/neutron.conf 中的 l3_ha 参数来实现，如下：

```
l3_ha = True
```

启用路由器 HA 模式之后，所有新创建的路由器都将具备 HA 功能，而不再是传统的路由器。

（9）在同一个配置文件里面，同时还要设置另外两个参数，用以控制每个路由器对应的最大和最小 L3 agent 数目：

```
...
max_l3_agents_per_router = 3
...
```

（10）如果配置为两个备路由器和一个主路由器，则设置每个 HA 路由器的 L3 agent 数目最小值如下：

```
...
min_l3_agents_per_router = 2
...
```

（11）在控制节点上重启 neutron-server 服务

```
# service neutron-server restart
```

（12）接下来的步骤重点介绍 HA 路由器是如何有效运行的。首先，管理员可以使用 `--ha=true` 标志创建一个路由器，如果要创建传统路由器，可以设置 `--ha=false`。下面我们来创建一个 HA 路由器，如下：

```
# neutron router-create Router_PP_HA --ha=true
```

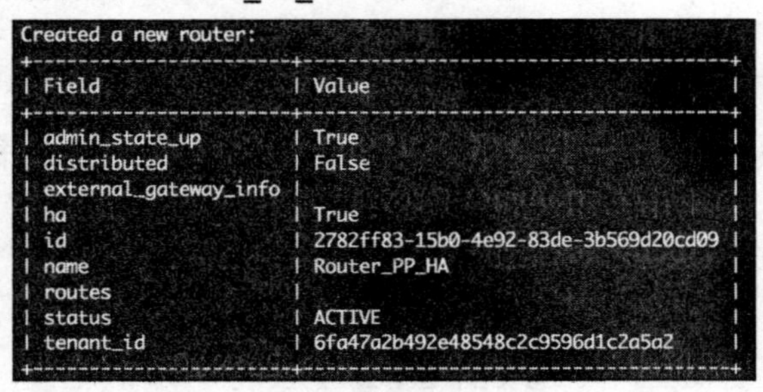
Created a new router:

Field	Value
admin_state_up	True
distributed	False
external_gateway_info	
ha	True
id	2782ff83-15b0-4e92-83de-3b569d20cd09
name	Router_PP_HA
routes	
status	ACTIVE
tenant_id	6fa47a2b492e48548c2c9596d1c2a5a2

请记住，只有管理员租户才能重写传统路由器的创建。可以使用以下命令行执行路由器的创建：

```
# neutron router-create --ha=<True | False> name_router
```

（13）在运行 L3 agent 的所有网络节点上，可以通过它的网络命名空间来观察刚创建的路由器，如下：

```
root@cc01 ~# ip netns
qrouter-2782ff83-15b0-4e92-83de-3b569d20cd09
qrouter-7151c4ca-336f-43ef-99bc-396a3329ac2f
qrouter-a029775e-204b-45b6-ad86-0ed2e507d5
root@nn01 ~# ip netns
qrouter-2782ff83-15b0-4e92-83de-3b569d20cd09
```

（14）检查控制节点上的网络命名空间，可以看到新的路由器已成为 HA 配置的一部分。从命名空间输出的 IP 地址信息中，可以看到新路由器的 HA 网络的接口上已经分配了默认 IP 地址。

```
root@cc01 ~# ip netns exec qrouter-2782ff83-15b0-4e92-83de-
3b569d20cd09 ip address
202: ha-e72b5718-cd: <BROADCAST,MULTICAST,UP,LOWER_UP> mtu 1500
qdisc noqueue state UNKNOWN
link/ether fa:16:3e:a5:32:c0 brd ff:ff:ff:ff:ff:ff
inet 169.254.192.2/18 brd 169.254.255.255 scope global ha-e72b5718-
cd
valid_lft forever preferred_lft forever
inet6 fe80::f816:3eff:fea5:32c0/64 scope link
```

```
valid_lft forever preferred_lft forever
root@nn02 ~# ip netns exec qrouter-2782ff83-15b0-4e92-83de-
3b569d20cd09 ip address
7: ha-3d3d639a-66: <BROADCAST,MULTICAST,UP,LOWER_UP> mtu 1500 qdisc
noqueue state UNKNOWN
link/ether fa:16:3e:71:0a:4b brd ff:ff:ff:ff:ff:ff
inet 169.254.192.1/18 brd 169.254.255.255 scope global ha-3d3d639a-
66
valid_lft forever preferred_lft forever
inet 169.254.0.1/24 scope global ha-3d3d639a-66
valid_lft forever preferred_lft forever
inet6 fe80::f816:3eff:fe71:a4b/64 scope link
valid_lft forever preferred_lft forever
```

默认 HA 网络的 CIDR 由 /etc/neutron/neutron.conf 配置文件中的 l3_ha_net_cidr 参数定义，它的默认值是 169.254.192.0/18。

（15）一旦新的 HA 模式路由器被创建好，Neutron 就会自动创建一个仅管理员可见的 HA 网络，如下：

```
# neutron net-list
```

id	name	subnets
26adf398-409d-4f6e-9c44-918779d8f57f	private_network	d928d559-9f9c-4e1a-ab3f-139129babb71 10.15.15.0/24
e6c9e195-d2f9-4ee8-8412-cfc03079d5b5	HA network tenant 6fa47a2b492e48548c2c9596d1c2a5a2	d974b680-2d22-4cd5-b67e-8402af903f96 169.254.192.0/18
ac708df9-23b1-42dd-8bf1-458189db71c8	public_network	11b1015c-38bd-4a70-9315-d42552b3506e 10.0.2.0/24

要确认主路由器究竟运行在哪个网络节点，可以通过如下命令行来实现：

 # neutron l3-agent-list-hosting-router Router_Name

这里，Router_Name 就是你要查看的路由器名称。

Neutron 中 VRRP 提供的另一个有吸引力的功能，是检查处于 Active 状态 L3 网络节点上的路由器命名空间的状态。在最新的 release 版本中，运行在每个命名空间中的 Keepalived 使用写入持久存储文件 /var/lib/neutron/ha_confs/ROUTER_NETNS/keepalived.conf 中的配置信息，这里的 ROUTER_NETNS 就是 HA 路由的命名空间。

故障切换日志会被记录到系统目录下的 neutron-keepalived-state-change.log 文件中，如下日志段记录了第一个网络节点发生路由器切换的过程：

```
...
DEBUG neutron.agent.l3.keepalived_state_change [-] Wrote router
2782ff83-15b0-4e92-83de-3b569d20cd09 state master write_state_change
...
```

Neutron 中的其他 HA 方式

与路由器 HA 模式类似，分布式虚拟路由（Distributed Virtual Router，DVR）也在多个网络节点之间工作。使用 DVR，网络负载可以分布到整个集群节点上，与传统的路由方式不同，运行 L2/L3 agent 的计算节点，消除了网络节点存在的单点故障。

外部数据流由计算节点通过与实例关联的浮动 IP（floating IP）直接访问实例，与传统路由方式相比，这种处理方式在消除网络瓶颈、提升网络性能方面非常有优势。另外，DVR 利用实例固定 IP（fixed IP）地址，也可以在网络节点上实现源网络地址转换（Source Network Address Translation，SNAT）功能。

也可以在计算层执行 SNAT，但这可能会增加更多复杂性和松散的解耦架构。

9.5 Ansible 实现 HA

在实际应用中，有不同的方式来实现 OpenStack 集群的 HA 功能。就如前文看到的一样，HA 可以在 OpenStack 的每一层来实现，包括服务冗余、数据库复制、基于 HAProxy 的负载均衡，以及基于 Pacemaker 和 Corosync 的集群方法。OpenStack 中的 HA 配置其实也可以实现自动化，本节主要介绍 OpenStack 高可用配置的自动化实现：Ansible playbook，将前文手工实现的 HA 由 Ansible 来实现自动化。

正如第 1 章中讨论的一样，我们已经使用运行包括数据库和消息队列等通用服务的三个控制节点来扩展了初始部署。我们需要在 /etc/openstack_deploy/openstack_user_config.yml 文件中描述网络范围和服务器信息。同样，在这个文件中，我们需要调整 VIP 地址，以使其指向 HAProxy 的端点（endpoint），要实现这一点，需要更新 global_overrides 配置段中内部和外部 VIP 地址，如下：

```
...
global_overrides:
  internal_lb_vip_address: 172.47.0.47
  external_lb_vip_address: 192.168.47.47
```

上面两个配置也可以通过设置 haproxy_keepalived_internal_vip_cidr 和 haproxy_keepalived_external_vip_cidr 来实现，这两个配置分别对应到内部和外部 VIP 地址，默认配置可以在 /etc/openstack_deploy/user_variables.yml 看到。

默认情况下，global_overrides 配置段指定了可以配置的不同网络，tunnel_bridge 和 management_bridge 参数默认值分别为 br-vxlan 和 br-mgmt。在配置中，要确保正确引用网络节点上的网络接口名称，为了命名方便，桥接接口名称可参考下面的 Ansible playbook 中的变量：

- br-mgmt：用于 OpenStack 服务组件内部之间彼此管理网络通信。
- br-vxlan：用于 Neutron 网络的 VxLAN 隧道通信。

- br-vlan：用于 Neutron 中 VLAN 类型的网络通信。Neutron 中无标记网络(untaggednetwork) 将自动归为 Vlan 类型网络。
- br-storage：用于提供计算节点到块存储服务器之间的访问通信。

在第 1 章中，我们为 OpenStack 集群定义了不同角色的服务器，在 Ansible 中，我们需要告知 Ansible HAProxy 应该安装在哪个节点上，从性能和服务可用性角度来看，我们强烈推荐将负载均衡器软件运行在指定的独立节点上。示例中，为了简单起见，我们将负载均衡器运行在控制节点上，配置如下：

```
...
haproxy_hosts:
  cc-01:
    ip: 172.47.0.10
  cc-02:
    ip: 172.47.0.11
  cc-03:
    ip: 172.47.0.12
```

默认情况下，HAProxy 的 playbook 使用位于 /vars/configs/haproxy_config.yml 中定义的变量。负载均衡器配置考虑到了各种默认服务，如 Galera、RabbitMQ、Glance、Keystone、Neutron、Nova、Cinder、Horizon、Aodh、Gnocchi、Ceilometer。另外，其他的一些 API 服务，如 Sahara、Trove 已超出本书讨论范围。HAProxy 中每一个配置条目都以 service 标记开始，然后是服务名称、后端节点、SSL 终端、端口和负载均衡类型。如下显示的是 HAProxy 默认配置文件中，OpenStack 镜像服务 API 的配置片段：

```
....
  - service:
      haproxy_service_name: glance_api
      haproxy_backend_nodes: "{{ groups['glance_api'] | default([]) }}"
      haproxy_ssl: "{{ haproxy_ssl }}"
      haproxy_port: 9292
      haproxy_balance_type: http
      haproxy_backend_options:
        - "httpchk /healthcheck"
...
```

通过调整 haproxy_config.yml，可以自定义服务或添加更多需要的服务。通过设置 user_variables.yml 配置文件中的 VRRP 的优先级，也可以自定义 HAProxy/Keepalived 实例，默认情况下，master 节点优先级是 100，而 slave 节点是 20，设置 Keepalived 使用多个 backup 节点的配置，可在配置文件 /vars/configs/keepalived_haproxy.yml 中找到。默认的优先级设置是可以修改的，例如：

```
haproxy_keepalived_priority_master: 101
haproxy_keepalived_priority_backup: 99
```

在配置文件中，还可以设置其他的一些配置，例如指定 Keepalived 在控制节点上监听内、外部 VIP 需要绑定的接口，如下配置片段在 user_variables.yml 配置文件中，将

br-mgmt 和 enp0s3 指定为 Keepalived 的内部和外部接口：

```
haproxy_keepalived_internal_interface: br-mgmt
haproxy_keepalived_external_interface: enp0s3
```

要在控制节点上安装和更新 HAProxy 与 Keepalived 的服务配置，运行 haproxy-install.yml playbok，如下：

```
# openstack-ansible haproxy-install.yml
```

playbook 中 HA 设置的最后一步，是先限制已更新节点的部署，再去更新其他还未更新的 OpenStack 服务，如下：

```
# openstack-ansible setup-openstack.yml --limit haproxy_hosts
```

9.6 总结

在本章中，你应该了解到了关于 HA 和 Failover 最为重要的一些概念，你也了解到了构建稳定、弹性和冗余 OpenStack 架构的不同方式。现在，你应该可以确诊你的 OpenStack 架构设计中所有服务可能存在的单点故障，我们重点强调了开箱即用的不同开源解决方案，以支持 OpenStack 基础架构并使其尽可能容错。我们引入了不同的技术以实现 OpenStack 高可用，例如 HAProxy、Galera 数据库复制、Keepalived、Pacemaker 和 Corosync，同时我们还介绍了 OpenStack 最新版本里面自带的网络 HA 技术（Juno 及其后续版本），基于 VRRP 和 DVR 的路由高可用技术，在应对网络高可用方面是非常不错的解决方案。这些高可用技术的引入，为 OpenStack 高可用平台的构建提供了极大的便利，同时也增强了我们集群稳定运行的信心。本章的最后简单介绍了如何利用 Ansible 实现 OpenStack 高可用集群，并以 HAProxy 的配置为例，介绍了如何通过 Keepalived，并进行适当的选项配置，来实现 OpenStack 服务的负载均衡和高可用。

将你的 IaaS 改造为高可用环境也需要更多的远见，提前规划一些预防性措施可以节省大量的工作和不必要的故障救火。因此，必须定期监视生产中运行的任何系统，并密切关注它的每个部分，出现问题时及时发出警报。在下一章中，我们将介绍如何通过对云平台进行有效系统监控和故障排除的方法来实现对 OpenStack 的监控。

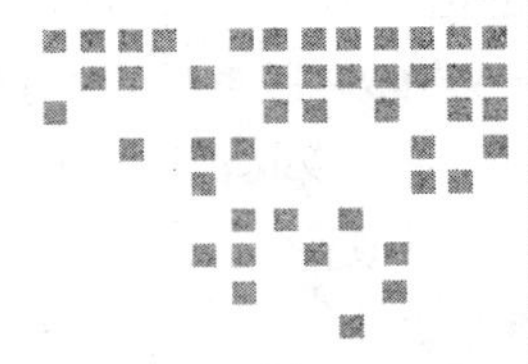

第 10 章 Chapter 10

OpenStack 集群监控与故障排查

凭推断接受事物，对事情不进行系统考究，将导致真相掩埋、行动盲目并误入歧途！

——Abu Nasr AlFarabi

如果不能对 OpenStack 集群中全部服务及其组件进行完善监控，那么，你运行的就不是一个功能完整的 OpenStack 云平台。随时保持对 OpenStack 基础架构资源和服务的监控，是朝正确方向迈出的重要一步。监控的作用并不局限于发现问题和解决问题，还在于提前预防，操作管理员可以根据资源使用趋势、集群的设计架构和部署方式来确定如何对云架构进行调整。如你在本章中即将了解到的，OpenStack 中的 Telemetry 模块有助于云管理员收集集群计量数据，并提供事件处理和警报等相关的功能。本章第一部分将着重介绍以下内容：

- ❑ Telemetry 服务在 OpenStack 中的发展趋势。
- ❑ OpenStack 最新版本中 Ceilometer 的设计。
- ❑ Telemetry 中的新项目——告警服务 Aodh。
- ❑ 时序数据库 Gnocchi。
- ❑ 在 OpenStack 中安装和集成 Telemetry 服务。

本章第二部分将带你进入一个新的监控领域：在 OpenStack 中安装集成外部接口工具 Nagios。通过高级和自定义的监控工具来增强你的基础架构设施，进一步提升基础架构的稳定性。这部分将包括以下内容：

- ❑ 介绍 Nagios 并在 OpenStack 环境中安装部署 Nagios。

- ❑ 探索 Nagios 插件在灵活性方面的强大优势。
- ❑ 监控 OpenStack 服务节点并进行告警。

监控有助于提前采取预防措施，而不是出现问题时才来救援。另外，当 OpenStack 主机因各种原因出现故障时，监控警报就会启动并告警。为了应对 MTTR（Mean Time To Repair，平均修复时间），OpenStack 管理员应该具备快速解决问题的一整套方法论，本章的最后一部分将会通过以下几个方面简要介绍 OpenStack 在故障排除方面的艺术：

- ❑ 介绍解决 OpenStack 事故的工具和简单方法。
- ❑ 学会检查不同的 OpenStack 服务并对其进行分析。
- ❑ 演示在计算节点重启或故障后如何恢复实例。
- ❑ 使用 OpenStack 命令行工具解决实例网络连接问题。

10.1 OpenStack 中的 Telemetry 服务

Telemetry 从 Grizzly 版本开始就集成到了 OpenStack 生态系统中。Telemetry 服务主要项目的代码模块为 Ceilometer，Ceilometer 提供了以下几方面的功能：

- ❑ 收集 OpenStack 集群中物理和虚拟资源的计量数据。
- ❑ 将计量数据存储在后端存储中以便后续分析。
- ❑ 定义并收集用于告警评估的事件。
- ❑ 基于定义的标准触发告警。

从 Liberty 版本开始，Telemetry 模块增加了更多功能，并改变了原有运行方式，其中就包括引入的另外两个子项目，这两个子项目与 Ceilometer 一起成为 Telemetry 服务的核心组件：

- ❑ Aodh service：处理报警代码功能。
- ❑ Gnocchi service：Ceilometer 中用于归档存储计量数据的调度驱动。

自 Liberty 之后，Telemetry 项目发生了较大变动。在接下来的几节中，我们将介绍在一个典型的生产环境中 Telemetry 的各个子项目是如何协同工作的。

10.1.1 Ceilometer 介绍及架构

Ceilometer 项目设计初衷（从 Folsom 版本开始）是用于收集集群资源的使用数据，并将其转换成计费项，以便云平台运营商可向用户提供计费依据。由于 Ceilometer 较好的模块化设计，Ceilometer 慢慢成为 OpenStack 中的监控和告警项目，同时也使其核心组件变得更为复杂。Liberty 之后，Ceilometer 就被拆分成几个子项目并进行了重构，其中就包括将告警功能移除，并重新创建一个名为 Aodh 的新项目。

1. Ceilometer 介绍

在我们进一步了解 Ceilometer 与 OpenStack 集成的核心架构之前，了解一下 Ceilometer

的基本概念和术语也是非常关键的。

- 资源（Resource）。OpenStack 中全部可以被计量的实体都是 Ceilometer 资源，如实例、卷等。
- 度量（Meter）。Meter 是被跟踪的 Ceilometer 资源的一个使用度量，通常也将其称为计数器（counter）。Meter 将资源使用情况转换成为可读的数值，例如，每个实例使用的 CPU 或特定主机上消耗的全部带宽，Meter 被定义为具有度量单位的字符值，可以将其归为以下三种类型。
  - Cumulative：此类数值在一段时间内会增加。
  - Gauge：此类数值仅在当前规格或持续时间段内出现变更时才会更新。
  - Delta：此类数值在前一个数值被更新后的一段时间内会改变。
- 样本（Sample）。每一个 Meter 都与具有特定属性的数据样本相关联。
- 代理（Agent）。这是一个运行在 OpenStack 环境中计量资源使用情况并将其发送至数据收集器的软件服务。
- 流水线（Pipeline）。理想情况下，Agent 收集的特定度量数据被推送到转换器（transformer），转换器通过流水线对这些数据进行操作和可视化，随后再把数据发到推送器（publisher），再将其发送给数据收集器（collector）。
- 归档策略（Archive policy）。该策略定义了在数据聚合期间哪些级别的度量数据会被捕获，还定义了聚合数据时必须保留的时间跨度。

> Ceilometer 可以使用 Gnocchi 驱动来作为度量数据的存储后端，通过归档策略，Gnocchi 为度量数据的归档存储提供了更为细粒度的配置。

- 保留（Retention）。Retention 定义了基于存档策略将数据源保留在归档存储中的时间。
- 统计（Statistics）。与各种其他监控工具一样，在某段时间内收集一组数值，并应用定义好的函数对给定的度量数据给出统计概览。在 Ceilometer 中，我们定义了 5 个函数去执行不同种类的初步计算，这些函数如下。
  - `avg`：特定时间段内的平均值。
  - `sum`：特定时间段内所有值的总和。
  - `min`：特定时间段内全部数值中的最小值。
  - `max`：特定时间段内全部数值中的最大值。
  - `count`：特定时间段内已注册数值的数目。

> 自 Liberty 后，Ceilometer 中的报警模块已被抛弃，该模块被重新演变为一个新项目，即 Aodh，不过，Aodh 仍然是 Telemetry 服务的一个子项目。自 Mitaka 版本之后，报警模块将彻底从 Ceilometer 中移除。

2. Ceilometer 架构

Ceilometer 中的工作流主要包括 4 个阶段：

- ❑ 数据收集。
- ❑ 数据处理。
- ❑ 数据存储。
- ❑ 数据提取。

在工作流的每个阶段，Ceilometer 都会使用不同的代理程序（agent）完成其整个工作流程，代理程序归纳如下。

- ❑ 轮询代理（polling agent）。这类代理定期轮询 OpenStack 基础架构的每个服务，并通过 API 调用方式对资源进行度量。

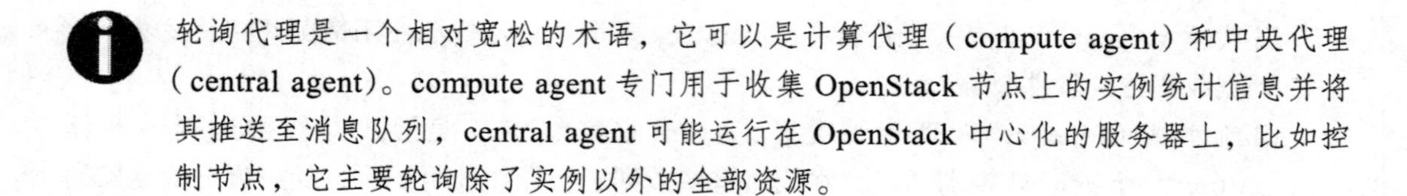

轮询代理是一个相对宽松的术语，它可以是计算代理（compute agent）和中央代理（central agent）。compute agent 专门用于收集 OpenStack 节点上的实例统计信息并将其推送至消息队列，central agent 可能运行在 OpenStack 中心化的服务器上，比如控制节点，它主要轮询除了实例以外的全部资源。

- ❑ 通知代理（notification agent）。它周期性地监听消息队列总线，收集来自 OpenStack 不同服务发出的通知消息，并在将其推送回合适的消息队列总线前，将其转换成可计量的指标数据。
- ❑ 收集代理（collector agent）。它监控信息队列、采集样本，并收集由每个 polling agent 和 notification agent 发送过来的计量消息，最终生成新的计量消息，并记录在后端存储中。
- ❑ API 服务（API service）。这是对外提供标准的 API 接口，用于访问内部 Ceilometer 数据库，如果允许的话，也可以使用 API 查询采集到的计量数据。

收集到的数据可以存储在内部 Ceilometer 数据库中，理想情况下，由于 MongoDB 具有优越的并发读写性能，因此通常被用作 Telemetry 存储计量数据的后端数据库。尽管 Ceilometer 已经比较完善，但是在其设计中仍然引入了最新的增强功能，主要在于为其每个核心组件提供更高的可扩展性。Ceilometer 的数据存储后端存在几个主要的基础性问题。首先，大规模集群中短时间内的大量 API 请求可能出现 CPU 被大量消耗并最终导致性能问题，这个问题的一个典型案例，就是在 OpenStack 中使用编排服务时会出现性能问题。Ceilometer 内部架构如图 10-1 所示。

数据收集主要通过 Agent 使用流水线机制来实现。在其内部，Agent 周期性地为样本对象发送请求，每个样本对象代表一个特定的计量。每个样本请求都会被转发到流水线。一旦被传递到流水线，计量数据就会被以下几种类型的转换器处理。

- ❑ Accumulator：累加多个计量数值，然后批量发送。

- Aggregator：聚合器会将多个数值合并成一个值。
- Arithmetic：计算百分比的算术函数。
- Rate of change：从之前数据中提取计量数值来识别变化趋势。
- Unit conversion：提供要使用的单位换算类型。

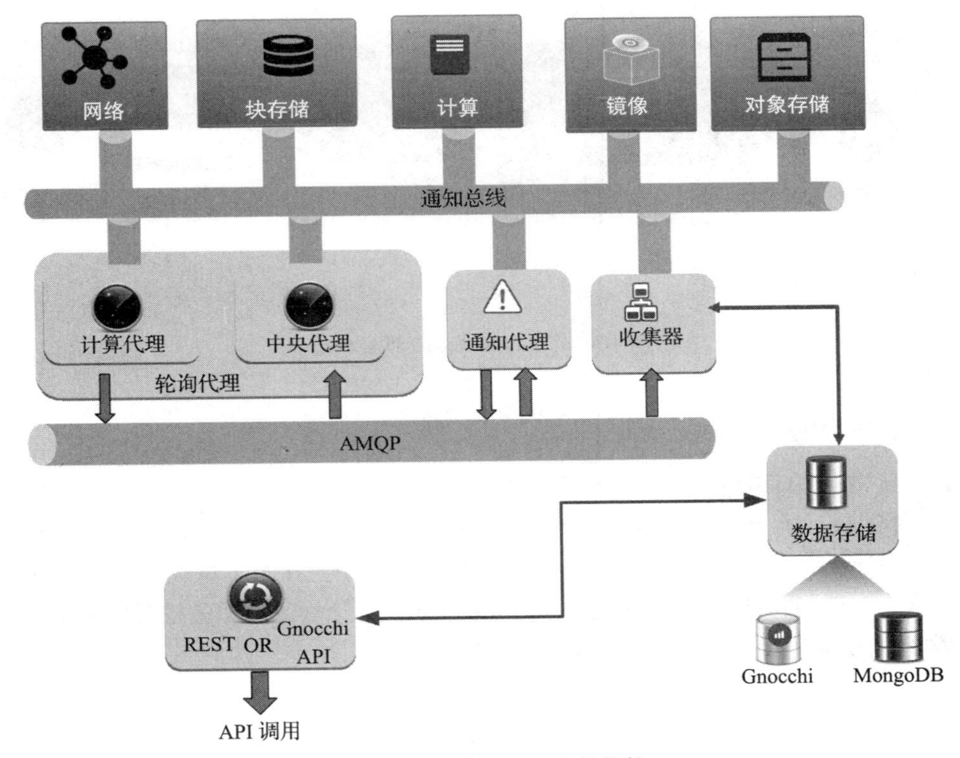

图 10-1　Ceilometer 内部架构

一旦计量数据被操作和转换，计量数据就会通过以下某个类型的推送器（Publisher）流入下一个阶段：

- Notifier：它采用 AMQP 消息队列推送计量数据。
- Rpc：它采用同步 RPC 推送计量数据。
- Udp：它通过 UDP 协议推送计量数据。
- File：它将计量数据推送到文件中。

Ceilometer 内部流水线如图 10-2 所示。

最后，基于先前记录的样本集得到的告警评估，在 OpenStack 中从模板启动多个集群会在 Telemetry 服务上产生较高的计算负荷，因此，很难及时捕获串行度量数据点进行存储。另外，依赖单个 MongoDB 数据库的存储解决方案也非常有限，因为难以做到扩展性。新的存储趋势是使用可扩展的文件系统，例如 Swift 或者 Ceph。Telemetry 新的子项目

Gnocchi 正是用于应对这些挑战的，它是 OpenStack 中的一种 Telemetry 服务组件，我们将在下一节介绍这种时序数据库。

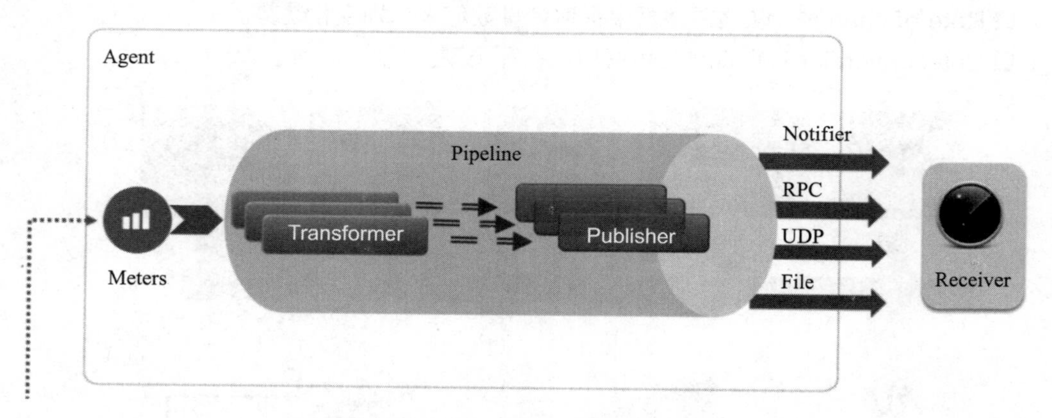

图 10-2　Ceilometer 内部流水线

10.1.2　时序数据库 Gnocchi

Gnocchi 项目的首要目标是大规模存储资源计量数据。在基于 Heat 的编排示例中，无须进行额外消耗计算资源的操作，即可创建不同云计算资源，这种实现极大减轻了集群负载。使用 Gnocchi 作为后端存储时，样本数据再也不用直接写入数据库，数据先转换成 Gnocchi 元素，随后再使用 Gnocchi 原生 API 来推送。汇聚后的数据通过时序来记录，每个转换后的数据样本都代表着一个时间跨度和度量值。

关于性能话题的更多详细讨论会在第 12 章中提出。

Gnocchi 架构

如图 10-3 所示，Gnocchi 使用 REST API 接口来访问计量指标数据，请求数据由数据库中的 Gnocchi 索引来处理，Gnocchi 是一种可插拔的架构，其索引后端支持多种数据库，如 PostSQL 和 MySQL。使用 Gnocchi 进行数据优化的关键点，在于索引资源及其相关联的属性。Gnocchi 的这种架构设计，使得任何数据查询都是一个非常快速的操作过程。正如之前所提到的，通过使用如 Swift 和 Ceph 等可扩展文件系统作为计量数据存储后端，Gnocchi 引入了可扩展的计量指标数据存储设计。通过 Gnocchi 自带的后端存储驱动，用户可以配置 Gnocchi 收集数据并将其存储到 Swift 和 Ceph 中。

Gnocchi 项目从 Kilo 版本后开始成为 OpenStack 中 Telemetry 服务项目的成员，关于 Gnocchi 的更多内容，请参考：`http://gnocchi.xyz/`。

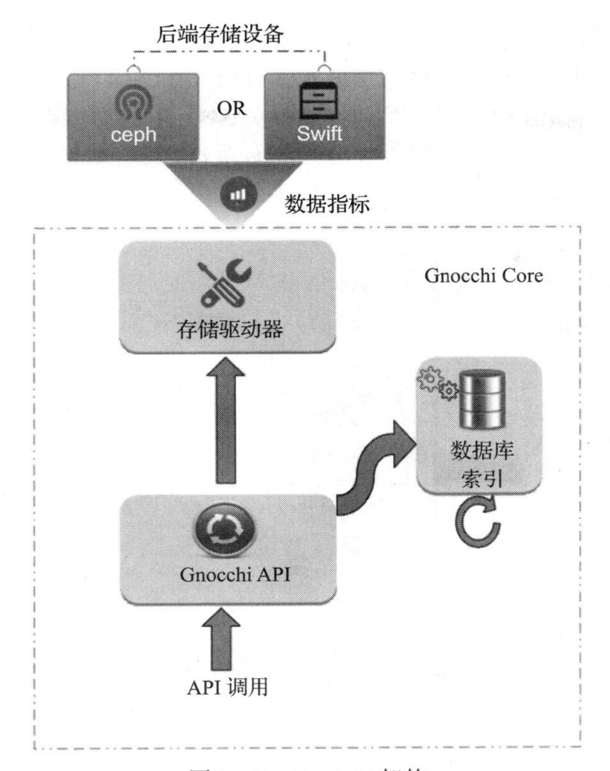

图 10-3　Gnocchi 架构

10.1.3　监控告警项目 Aodh

另外一个加入 OpenStack Telemetry 服务成员的子项目，是处理告警机制的 Aodh，告警组件是 Ceilometer 中的核心组件，但是 Liberty 版本后被拆分出去了。现在，告警子系统被拆分后已经成为新的项目，即 Aodh。进行这种架构重设的最大优势，就是充分利用了扩展性对原来的架构进行更为松散的解耦。

Aodh 是一个古老的爱尔兰词语，它的意思是火。它的灵感来自跟几位国王相关的爱尔兰神话。

Aodh 架构

自从 Liberty 版本后，Ceilometer 的告警功能就被分离出去，并发展成为新的独立项目 Aodh，Aodh 使用的是用户自定义规则触发警报。如图 10-4 所示，与 Ceilometer 拆分之前的告警服务相比，可以发现很明显的区别，即高负载情况下水平扩展的能力。使用同样的消息队列，Aodh 使用事件监听器来获取新的通知信息并提供零延迟的及时响应。Aodh 监听器依赖于用户预定义的警报，这些警报将根据事件和配置的计量指标实现即刻触发。在 Aodh 架构下，使用 Heat 编排时，自动扩展功能会非常有用。

另外，对告警数据的存储设计也是非常灵活的，Aodh 的后端存储既可以是 Ceilometer 的传统数据库，也可以是 Gnocchi 存储后端。正如在 Gnocchi 架构中所看到的，Aodh 也支持外部可访问的 API 接口。

在 OpenStack 的 Mitaka 版本中，Aodh 核心服务在性能上得到了极大提升，这种性能增强使得 Aodh 支持多个 Worker 同时进行警报处理。

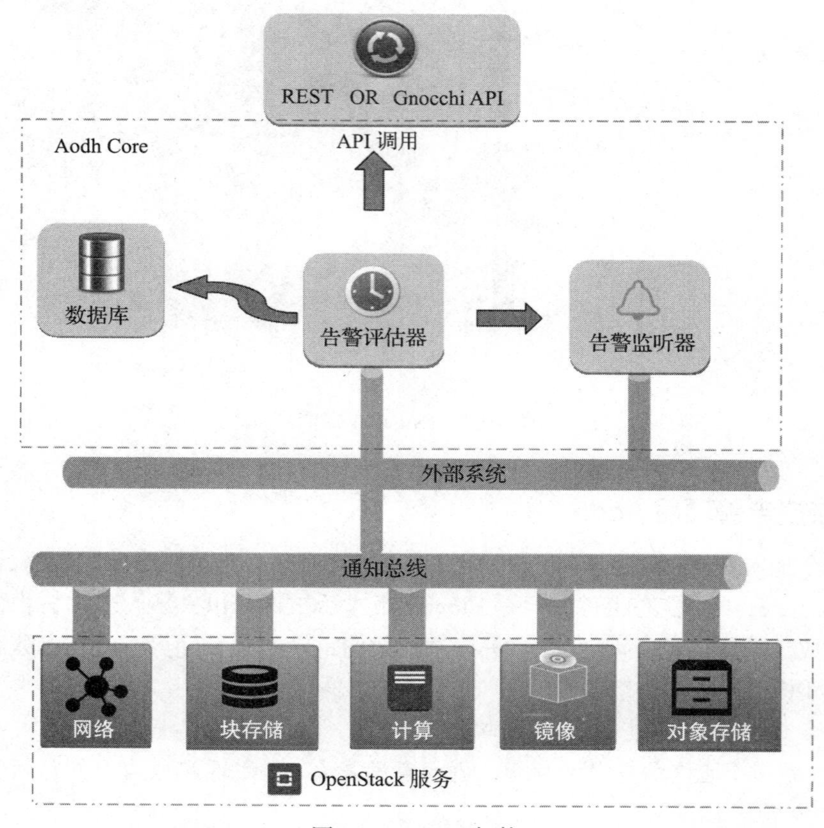

图 10-4 Aodh 架构

10.2 在 OpenStack 中安装 Telemetry

本节中，我们将讲解 OpenStack 中的 Telemetry 模块，简单起见，我们将在控制节点上通过 OpenStack 命令行安装 Telemetry 的下列组件：

- 使用传统存储后端的 Ceilometer。
- 用于告警通知和评估的 Aodh。

10.2.1 Ceilometer 安装部署

下述步骤介绍了如何在我们已经运行的 OpenStack 环境中安装 Ceilometer，首先从控制节点 cc01.packtpub 开始安装配置。

（1）安装前文描述的核心组件：

```
# yum install openstack-ceilometer-api openstack-ceilometer-
collector openstack-ceilometer-central python-ceilometerclient
```

（2）安装 MongoDB，Ceilometer 使用 MongoDB 作为后端存储：

```
# yum --enablerepo=epel -y install mongodb-server mongodb
```

（3）启动 MongoDB 服务，并设置为开机自启动：

```
# service mongod start
# chkonfig mongod on
```

（4）在控制节点配置文件 /etc/mongodb.conf 中设置 MongoDB 的绑定 IP 地址：

```
bind_ip = 172.47.0.10
```

（5）默认情况下，MongoDB 服务会在 /var/lib/mongodb/journal 目录创建 1GB 的日志文件。作为可选方案，可以自定义日志空间的大小，在配置文件 /etc/mongodb.conf 中的配置 file:smallfiles = true，为了配置即刻生效，重启 MongoDB 服务：

```
# service mongodb stop
# rm /var/lib/mongodb/journal/prealloc.*
# service mongodb start
```

（6）为 Ceilometer 创建数据库：

```
# mongo --host 172.47.0.10 --eval '
db = db.getSiblingDB("ceilometer");
db.createUser({user: "ceilometer",
pwd: "ceilometer_password",
roles: [ "readWrite", "dbAdmin" ]})'
```

（7）配置成功后，将会看到如下输出：

```
MongoDB shell version: 2.6.11
connecting to: 172.47.0.10:27017/test
Successfully added user: { "user" : "ceilometer", "roles" : [
"readWrite", "dbAdmin" ] }
```

简单起见，我们在一个控制节点中安装了 MongoDB，并运行了一个数据库实例。需要指出的是，我们刚刚创建的是一个存在单点故障的 Ceilometer 数据库，可以利用其他控制节点一起配置 MongoDB 集群，不过使用 MongoDB 集群来部署 Ceilometer 并非本章的讲解重点。Gnocchi 是 Ceilometer 存储后端的一种替代方案，而且使用 Gnocchi 可以直接消除单点故障。

（1）将 Ceilometer 服务指向 MongoDB 数据库：

```
# openstack-config --set /etc/ceilometer/ceilometer.conf
database connection mongodb://ceilometer: ceilometer_password
@cc01:27017/ceilometer
```

（2）为了确保安装在 OpenStack 集群中其他节点上的 Agent 与 Ceilometer 服务之间实现安全连接，我们这里利用 OpenSSL 生成一个密钥 Key，下面我们将在计算节点上安装各种 Agent：

```
# ADMIN_TOKEN=$(openssl rand -hex 10)
```

（3）将生成的 Key 存储在 Ceilometer 的配置文件中：

```
# openstack-config --set /etc/ceilometer/ceilometer.conf
publisher_rpc metering_secret $ADMIN_TOKEN
```

（4）同所有新添加的服务一样，我们需要告知 Keystone 对其进行授权认证，要实现 Keystone 的授权认证，我们首先创建 Ceilometer 用户，用户具有 Admin 角色：

```
# keystone user-create --name=ceilometer --pass=ceil_pass --
email=ceilometer@example.com
# keystone user-role-add --user=ceilometer --tenant=service --
role=admin
```

（5）将 Ceilometer 服务注册到 Keystone 认证服务中，并指定 Ceilometer 服务的访问入口地址：

```
# keystone service-create --name=ceilometer --type=metering
--description="Ceilometer Telemetry Service"
# keystone endpoint-create
--service-id $(keystone service-list | awk '/ metering /
{print$2}')
--publicurl http://cc01:8777
--internalurl http://cc01:8777
--adminurl http://cc01:8777
```

编辑 Ceilometer 配置文件 /etc/ceilometer/ceilometer.conf，按如下步骤修改配置文件中相应的配置选项。

（1）修改 MongoDB 数据连接信息：

```
connection= mongodb://ceilometer: ceilometer_password
@cc01:27017/ceilometer
```

（2）修改如下 RabbitMQ 配置信息：

```
...
rabbit_host=172.47.0.10
rabbit_port=5672
rabbit_password=RABBIT_PASS
rpc_backend=rabbit
```

（3）Ceilometer 授权信息如下：

```
[service_credentials]
os_username=ceilometer
os_password=service_password
os_tenant_name=service
os_auth_url=http:// 172.47.0.10:35357/v2.0
```

（4）Keystone 连接信息如下：

```
...
[keystone_authtoken]
auth_host=172.47.0.10
auth_port=35357
auth_protocol=http
auth_uri=http://172.47.0.10:5000/v2.0
admin_user=ceilometer
admin_password=service_password
admin_tenant_name=service
```

（5）修改全部部署了 Telemetry 服务节点的密钥 Key：

```
...
[publisher]
metering_secret=ceilo_secret
```

（6）最后，重启 Ceilometer 服务，如下：

```
# service ceilometer-agent-central ceilometer-agent-notification
ceilometer-api ceilometer-collector restart
```

下一阶段就是告知运行各类 Agent 的计算节点通过 API 服务进行通信，并收集集群各类资源计量数据，同时将数据存储至后端数据库中，数据将被存储在数据库中并被可视化。必须记住，在每个计算节点上都要安装 Agent，这是非常关键的步骤。

OpenStack-Ansible（OSA）项目提供了一个稳定的 Ceilometer 安装 playbook，这个 Ansible 脚本位于：https://github.com/openstack/openstack-ansible/blob/master/playbooks/os-ceilometer-install.yml。作为可选方案，可以在计算节点主机上自动安装 Ceilometer Agent，例如，可以创建一个 Role 以指定需要运行 Agent 的计算节点。在每个计算节点上安装 Ceilometer Agent，可以按如下步骤执行。

（1）在第一个计算节点 cn01.packtpub 上安装 Ceilometer Agent：

```
# yum install openstack-ceilometer-compute
```

（2）编辑 /etc/nova/nova.conf 配置文件，在默认配置段中启用 Ceilometer 通知驱动：

```
...
notification_driver = nova.openstack.common.notifier.rpc_notifier
notification_driver = ceilometer.compute.nova_notifier
instance_usage_audit = True
instance_usage_audit_period = hour
notify_on_state_change = vm_and_task_state
```

（3）在配置文件 /etc/ceilometer/ceilometer.conf 中更新如下的配置信息。添加在控制节点中生成的同一个共享密钥 $ADMIN_TOKEN：

```
...
[publisher_rpc]
metering_secret= 47583f5423df27685ced
Configure RabbitMQ access:
...
[DEFAULT]
rabbit_host = cc01
rabbit_password = $RABBIT_PASS
```

（4）添加认证服务密钥：

```
...
[keystone_authtoken]
auth_host = cc01
auth_port = 35357
auth_protocol = http
admin_tenant_name = service
admin_user = ceilometer
admin_password = service_password
```

（5）添加服务身份信息：

```
...
[service_credentials]
os_auth_url = http://cc01.packtpub:5000/v2.0
os_username = ceilometer
os_tenant_name = service
os_password = service_password
```

（6）为了便于故障排除，配置日志存储文件，将 log_dir 参数行的注释取消：

```
...
[DEFAULT]
log_dir = /var/log/ceilometer
```

（7）重启 ceilometer-agent 和 nova-compute 服务：

```
# service ceilometer-agent-compute nova-compute restart
```

用 Admin 账户登录 Horizon，在 System Info 部分可以检查验证我们已经安装的 Ceilometer 服务，如图 10-5 所示，可以看到 Ceilometer 服务已经运行在控制节点上。

Name	Service
nova	compute
neutron	network
cinderv2	volumev2
novav3	computev3
swift_s3	s3
glance	image
ceilometer	metering

图 10-5　Horizon 中显示的 Ceilometer 服务

10.2.2　Aodh 告警服务配置部署

下面的安装配置向导将通过几个基本步骤介绍在控制节点上安装 Telemetry 的报警服务，如下：

（1）访问控制节点，并在 OpenStack 集群中创建 aodh 用户：

```
# keystone user-create --name=aodh --pass=aodh_pass --
email=aodh@example.com
```

（2）授予 aodh 用户 OpenStack 集群的 admin 角色：

```
# keystone user-role-add --user=aodh -tenant=services --role=admin
```

（3）创建一个名为 aodh 的 OpenStack 服务，后续会将其与 OpenStack 服务列表中一个新的 Endpoint 关联起来：

```
# keystone service-create --name=aodh --type=alarming --
description="Telemetry"
```

（4）服务注册到 Keystone 后，在控制节点上为其创建一个对应的服务入口地址：

```
# keystone endpoint-create
--service-id $(keystone service-list | awk '/ alarming / {print
$2}')  --publicurl http://cc01:8042
--internalurl http://cc01:8042
--adminurl http://cc01:8042
```

（5）为 aodh 项目创建一个名为 aodh 的数据库：

```
MariaDB [(none)]> CREATE DATABASE aodh;
```

（6）在控制节点上授予 aodh 用户访问 aodh 数据库的权限：

```
MariaDB [(none)]> GRANT ALL PRIVILEGES ON aodh.* TO
'aodh'@'localhost' IDENTIFIED BY 'AODH_PASSWORD';
MariaDB [(none)]> GRANT ALL PRIVILEGES ON aodh.* TO  'aodh'@'%'
IDENTIFIED BY 'AODH_PASSWORD';
```

现在，我们已经准备好了 Aodh 所需的全部服务组件，下面在控制节点上继续安装 Aodh 软件包：

```
# yum install python-ceilometerclient openstack-aodh-api  openstack-aodh-
listener openstack-aodh-notifier
openstack-aodh-expirer openstack-aodh-evaluator
```

编辑 Aodh 的配置文件 /etc/aodh/aodh.conf，按照下列步骤修改配置文件中对应的配置参数选项。

（1）修改如下的数据库连接信息，使其连接到 aodh 数据库，如下：

```
...
[database]
connection=mysql+pymysql://aodh:AODH_PASSWORD@cc01/aodh
Change the following in the RabbitMQ section:
...
[oslo_messaging_rabbit]
rabbit_host=172.47.0.10
rabbit_port=5672
rabbit_password=RABBIT_PASS
rpc_backend=rabbit
```

（2）Aodh 服务的授权信息如下：

```
...
[service_credentials]
auth_type = password
auth_url = http://cc01:5000/v3
project_name = services
username = aodh
password = aodh_pass
interface = internalURL
```

（3）Keystone 连接信息如下：

```
...
[keystone_authtoken]
auth_strategy = keystone
auth_type=passowrd
project_name = services
username = aodh
password = aodh_pass
auth_uri=http://cc01:5000
auth_url=http://cc01:35357
memcached_servers = 172.47.0.10:11211
```

（4）启动 Aodh 服务之前，同步 aodh 数据库：

```
# /bin/sh -c "aodh-dbsync" aodh
```

（5）重启 Aodh 服务，包括 api、listener、evaluator 和 notifier 服务：

```
# service openstack-aodh-api.service openstack-aodh-
listener.service openstack-aodh-evaluator.service openstack-aodh-
notifier.service restart
```

使用 Admin 账户登录 Horizon 界面，进入 System Information 菜单，你将会看到 Aodh 服务已经启动并运行在控制节点上，如图 10-6 所示。

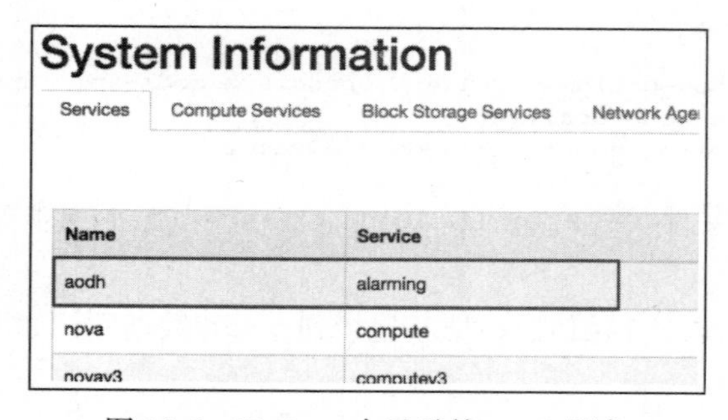

图 10-6　Horizon 中显示的 Aodh 服务

10.3　OpenStack 监控增强

业界有不同的方式来实现对 OpenStack 私有云的实时监控并观察集群可能出现的情况。我们之前介绍过，作为官方的监控服务，一些可扩展的 Telemetry 模块已经集成到了

OpenStack 中。对于需要计费的客户而言，监控是一个非常富有成效的解决方案。尽管之前的 Telemetry 模块正在扩展它的监控覆盖范围，包括镜像、计算、块和对象存储，以及网络服务，但是可能还需要相对成熟的基础架构监控工具来实现另外的告警功能。在较大规模的私有云集群中，有大量的物理和虚拟资源需要监控，而要保持对任何可能的异常服务行为进行实时监控并非易事。要应对此类挑战，OpenStack 管理员需要实现一个非常完善并能实现功能互补的监控解决方案，这个方案不仅能够覆盖到租户云生态系统，也要覆盖到硬件和 OpenStack 服务。下面的章节中，我们将介绍一种非常强大的外部监控工具 Nagios，用于扩展我们对 OpenStack 生态系统的监控范围。

10.3.1　运行 Nagios

在你自己的基础架构中，你很可能已经安装并使用了一种或多种监控工具。在我们的集群系统中，Zabbix、Cacti、Munin 和 StatsD 都是不错的候选监控工具。监控工具的选择，主要还是取决于你觉得哪种更适合自己的环境，或者你更熟悉哪种工具。本节中，我们使用的是 Nagios，接下来将介绍如何安装并使用 Nagios。

1. 规划 Nagios

我们将会把 Nagios 安装配置在一台可以访问全部 OpenStack 服务的独立节点上。另外，为了下载需要的软件包，部署 Nagios 的服务器需要访问互联网。我们新的监控服务器最终将会加入下面的网络中。

- 管理员网络。
- 外部网络。

2. 安装 Nagios 服务器

下面的安装步骤假设服务器上已经运行了 CentOS 系统，分配了足够的 CPU、RAM 和磁盘空间。

（1）安装必需的监控软件包：

```
# yum -y install nagios nagios-plugins-all nagios-plugins-nrpe nrpe
php httpd
```

（2）设置 Nagios 和 Web 服务开机自启动：

```
# chkconfig httpd on && chkconfig nagios on
```

（3）启动 Web 和 Nagios 进程：

```
# service httpd start && service nagios start
```

（4）设置密码保护 Nagios 管理员面板：

```
# htpasswd -c /etc/nagios/passwd nagiosadmin
```

（5）为用户 `nagiosadmin` 添加新密码

用户可以修改 Admin 用户名称，要修改用户名，编辑 `/etc/nagios/cgi.cfg` 配置文件并重新定义 admin 账户即可。

通过访问地址 `http://NAGIOS_SERVER_IP/nagios` 即可登录 Nagios 的 Web 接口界面。一旦成功登录，就可开始加入需要监控的 OpenStack 资源了。

10.3.2 Nagios 监控配置

Nagios 支持很多可在本地运行的插件，并在 OpenStack 目标节点上启用类似代理的检查。插件的安装很简单，并且可通过 NRPE(Nagios Remote Plugin Execution) 插件进行扩展：

（1）在每个 OpenStack 节点主机上安装 NRPE 和 Nagios 插件，如下：

```
# yum install -y nagios nrpe nagios-plugins-all
```

（2）安装的插件位于 `/usr/lib/nagios/plugins` 目录，设置 NRPE 服务开机自启动：

```
# chkconfig nrpe on
```

（3）编辑 `/etc/nagios/nrpe.cfg` 文件，确保 Nagios 服务器提供检查报告：

```
...
allowed_hosts = NAGIOS_SERVER_IP
...
```

修改同一个配置文件，设置运行服务检查的命令。

- 允许 Nagios 服务器到目标节点的端口访问：

```
# iptables -I INPUT -p tcp --dport 5666 -j ACCEPT
# iptables-save > /etc/sysconfig/iptables
```

- 启动 NRPE 服务：

```
# service nrpe start
```

考虑到 OpenStack 集群规模可能会比较大，建议通过自动化脚本实现上述步骤，在自动化脚本中可以包含通用服务设置，例如 Nagios 插件安装等。Chef cookbook、Ansible playbook 或者 Puppet manifest 都可以实现批量自动化的安装部署。

10.3.3 Nagios 监控 OpenStack

Nagios 最强大的功能，就是使用简单的配置文件实现检查的扩展性。另外，插件是非常有用的，并且可以被重复使用。Nagios 社区也实现了一些满足 OpenStack 管理员所需的插件。

集成 Nagios 插件对 OpenStack 监控的示例，可参考如下链接：`https://github.com/cirrax/openstack-nagios-plugins`。

在深入研究 Nagios 的检查配置前，我们先来了解一下如何定义检查，以便覆盖 OpenStack 生产环境中的大多数需要的监控。表 10-1 是针对 OpenStack 服务和组件的 Nagios 检查插件汇总。

表 10-1　OpenStack 服务组件中的 Nagios 检查插件

架构组件	OpenStack 服务	Nagios 检查
keystone-api	Keystone	check_http
nova-api	Nova	check_http
glance-api	Glance	check_http
Glance-registry	Glance	check_http
neutron-api	Neutron	check_http
cinder-api	Cinder	check_http
nova-compute	Nova	check_procs
nova-scheduler	Nova	check_procs
neutron-server	Neutron	check_procs
mysql	Database	check_mysql
dnsmasq	DNS/DHCP	check_dhcp
rabbitmq-server	Messaging Queue	check_rabbitmq_server

可以在 Nagios 服务器中安装各种可用的插件，以执行表 10-1 中详细说明的一些命令检查。监控插件可以在 https://www.monitoring-plugins.org/index.html 中找到。另外，Nagios 官方网站上还提供了大量按种类划分的插件（https://exchange.nagios.org/directory/Plugins）。针对消息队列的检查也有很多插件可用（https://github.com/nagios-plugins-rabbitmq/nagios-plugins-rabbitmq）。

接下来我们先往前迈出一小步，为第一个计算节点定义一个新的服务器对象。为了组织配置文件，我们先创建一个新的服务器目录，后续针对 OpenStack 目标节点的服务器配置文件将全部位于这个目录中：

```
# mkdir /etc/nagios/servers
```

加载主机列表时，将会更新 Nagios 的主配置文件，因此，我们需要注释掉配置文件 /etc/nagios/nagios.cfg 中的如下配置选项：

```
...
cfd_dir = /etc/nagios/servers
...
```

现在，可以在我们刚创建的服务器配置目录下创建第一个主机配置文件了，如下的示例文件通过两个配置段定义了一个计算节点，两个配置段中分别定义了主机描述和服务检查部分：

```
define host{
 use            linux-server
 host_name     cn01
 alias          compute01
 address        172.28.128.18
}

define service {
 use               generic-service
 host_name           cn01
 check_command       check_nrpe!check_nova_compute
 notification_period       24x7
 service_description     Compute Service
}
```

我们可以使用一个独立文件，定义针对所有命令的命令检查，这包括针对远程主机的 check_nrpe 的检查。在 /etc/nagios/ 目录下，新创建一个名为 nagios_commands_checks.cfg 的文件，同时在 Nagios 主配置文件中添加如下配置选项：

```
...
cfg_file=/etc/nagios/nagios_command_checks.cfg
```

新文件中包含以下内容，这些内容定义了通用 NRPE 检查命令行，命令行包括在远程主机中运行检查的用户和 IP 地址等变量：

```
define command{
  command_line     $USER1$/check_nrpe -H $HOSTADDRESS$ -c $ARG1$
  command_name     check_nrpe
 }
```

重启 Nagios 服务，如下：

```
# service nagios restart
```

在重启服务之前，可以使用如下命令检查 Nagios 配置文件的准确性：

```
# nagios -v /etc/nagios/nagios.cfg
```

配置文件的服务部分对运行在计算节点上的 Nova Compute 进程执行简单检查，目前为止，检查命令还未定义，我们需要在计算节点上调整 NRPE 配置文件，如下：

```
...
command[compute]=/usr/lib64/nagios/plugins/check_procs -C nova-compute -u
nova -c 1:4
```

同样，在 Nagios 配置文件里面，为 allowed_hosts 配置参数添加 IP 地址：

```
...
allowed_hosts=127.0.0.1,172.28.128.47
```

在每个 OpenStack 监控主机上启动 NRPE 服务之前，通过如下的 IP 规则确保 NRPE 端口被正常开放：

```
# iptables -I INPUT -p tcp --dport 5666 -j ACCEPT
# iptables-save > /etc/sysconfig/iptables
```

重启 NRPE 服务，将计算节点添加到 Nagios 主机列表中：

```
# service nrpe start
```

在 Nagios 的控制面板里面，可以看到计算节点已经被自动添加到 Nagios 主机列表中，它在 Nagios 中的监控服务名称是 `Compute Service`，如下：

Host	Service	Status	Last Check	Duration	Attempt	Status Information
172.28.128.18	Compute Service	OK	12-18-2016 20:34:43	0d 0h 1m 48s	1/3	PROCS OK: 1 process with command name 'nova-compute', UID = 162 (nova)

现在，我们在计算节点上停止 OpenStack 中的 Nova compute 服务，以运行一个简单的触发器检查来触发一个 `CRITAL` 级别的告警：

```
# service nova-compute stop
```

随后，基于我们在 NRPE 命令行中的设置，告警将会显示出来。在我们的示例中，`-c 1:4` 表示如果 Nova Compute 进程实例数目为 0 或者大于 4，则 Nagios 将发出 `CRITAL` 级别警告。

Host	Service	Status	Last Check	Duration	Attempt	Status Information
172.28.128.18	Compute Service	CRITICAL	12-18-2016 22:04:43	0d 0h 0m 28s	1/3	PROCS CRITICAL: 0 processes with command name 'nova-compute', UID = 162 (nova)

10.4 基于监控的 OpenStack 故障排除

要想在解决 OpenStack 集群问题时充满信心，首先就应该在基于大规模基础架构设施的 OpenStack 集群上实现高效的监控及警报系统，随后才能通过监控警报系统中的日志文件分析和故障调试信息来进行故障排除。我们已经配置了一个监控系统作为 OpenStack 安装全程的第一个监视器，由监控系统生成的升级警报首先影响到的就是 OpenStack 特定的服务组件，升级后的监控系统警报有助于收集有价值的信息以便后续进行进一步分析。最重要的是，在操作管理员配置了诸多高度自定义的监控事件后，监控工具必须能够触发极具可读性的通知消息，这不仅有助于快速发现受影响的系统部件，而且有助于准确定位问题原因。例如，与队列中消息数目相关的告警触发就是一个高级别告警事件。仅有一个好的通知触发器是不够的，固定的告警阈值并不能反映实时变化的系统。要得到一个合理的预警值，最佳方式就是了解基础架构的各种行为及其各种限制。

10.4.1 服务的启动与运行

借用强大的 Linux 和 OpenStack 命令行工具后，OpenStack 管理员可以跟踪告警代理发出的警告事件或问题。在常规场景中，OpenStack 服务诊断检查最基本的一个步骤，就是先去检查服务是否还在运行。另外，一些 Linux 命令，如 ps 和 pgrep，在解决服务故障问题方面非常有用，同样，我们还可以使用大量 OpenStack 命令实现更为有效的进程检查。例如，

Nova 计算服务可能是故障排除时最为头疼的项目，因为其内部包含大量的子项目及其进程，并且彼此之间存在各种复杂依赖，要查看所有计算服务进程，可通过如下命令实现：

```
# nova-manage service list
```

```
Binary           Host        Zone      Status    State Updated_At
nova-consoleauth cloud       internal  enabled   :-)   2016-12-18 02:39:24
nova-scheduler   cloud       internal  enabled   :-)   2016-12-18 02:39:24
nova-conductor   cloud       internal  enabled   :-)   2016-12-18 02:39:23
nova-compute     cloud       AZ-1      enabled   :-)   2016-12-18 02:39:20
nova-cert        cloud       internal  enabled   :-)   2016-12-18 02:39:22
nova-cells       cloud       internal  enabled   XXX   2016-09-27 00:44:46
nova-console     cloud       internal  enabled   XXX   None
nova-compute     compute01   nova      enabled   :-)   2016-12-18 02:39:20
```

上述 OpenStack 命令行的输出中，给出了 Nova 服务在 OpenStack 集群中的全部服务状态，输出命令中列标志解释如下。

- ❑ `Binary`：Nova 服务名称。
- ❑ `Host`：运行 Nova 服务的主机。
- ❑ `Zone`：运行 Nova 服务的 OpenStack zone 名称。
- ❑ `Status`：Nova 服务的管理状态。
- ❑ `State`：Nova 服务当前状态，笑脸符号指的是正在运行的服务，XXX 指的是已停止的服务。
- ❑ `Updated_At`：时间信息列，表明对 Nova 服务的最后更改时间。
- ❑ 另外，Nova 的其他服务，如 `nova-scheduler` 和 `nova-api`，在 `nova-manage` 命令行中不能被显示。此时可使用 Linux 的 `ps` 命令来检查，如下：

```
# ps -aux | grep nova-api
```

故障服务可以从 Nova 的日志文件 `/var/log/nova*.log` 中定位到。

第 11 章对于如何解释 OpenStack 不同服务中的日志条目，提供了更为详细的描述。

同样，Cinder 项目也提供了命令行工具来查看全部服务进程的健康状态，如下：

```
# cinder service-list
```

```
[root@cloud ~(keystone_admin)]# cinder service-list
+------------------+------------+------+---------+-------+----------------------------+-----------------+
|      Binary      |    Host    | Zone |  Status | State |         Updated_at         | Disabled Reason |
+------------------+------------+------+---------+-------+----------------------------+-----------------+
|  cinder-backup   |   cloud    | nova | enabled |   up  | 2016-12-17T21:08:59.000000 |        -        |
| cinder-scheduler |   cloud    | nova | enabled |   up  | 2016-12-17T21:09:00.000000 |        -        |
|  cinder-volume   | cloud@lvm  | nova | enabled |   up  | 2016-12-17T21:09:02.000000 |        -        |
+------------------+------------+------+---------+-------+----------------------------+-----------------+
```

此处：

- ❑ `Binary`：Cinder 服务名称。
- ❑ `Host`：运行 Cinder 服务的主机。

- `Zone`：运行 Cinder 服务的 OpenStack zone 名称。
- `Status`：Cinder 服务的管理状态。
- `State`：Cinder 服务当前状态，up 是正在运行的服务，donw 是已停止的服务。
- `Updated_At`：时间信息列，表明对 Cinder 服务的最后更改时间。
- `Disabled Reason`：额外的列，用于显示管理员关闭 Cinder 服务进程的原因。

OpenStack 集群中全部运行的 Neutron 服务和 Agent 进程都可以通过 `pgrep` 命令行工具查看到，如下：

```
# pgrep -l neutron
```

```
11303 neutron-dhcp-ag
20638 neutron-keepali
11274 neutron-l3-agen
11335 neutron-metadat
6348 neutron-ns-meta
4868 neutron-openvsw
5485 neutron-rootwra
11496 neutron-server
```

类似地，Ceilometer 和 Aodh 服务进程都可以通过 `ps` 或 `pgrep` 命令看到。不过，在每个主机节点上检查 Ceilometer 的 Agent 是否正常运行，才是更为重要的诊断步骤。否则，Horizon 服务中对应的 Tab 菜单下将不会显示已经丢失的主机。由于 Glance 在进程数量方面不是很复杂，通过如下命令，可以实现对 Glance 进程的快速检查：

```
# glance-control all status
```

```
glance-api (pid 19854) is running...
glance-registry (pid 19855) is running...
glance-scrubber (pid 19856) is running...
```

同样，Heat 编排服务也可以查看服务进程，包括处理 stack 的 `heat-engine` 进程。Heat 命令行类似于 Cinder 和 Nova 命令行，它提供了一个 `service-list` 命令，该命令返回由 Engine ID 标识的 Engine 进程实例列表，以及哪些主机已启动并正在运行：

```
# heat service-list
```

hostname	binary	engine_id	host	topic	updated_at	status
cloud	heat-engine	1da90ffc-9b0f-4c95-a2ed-5e3e8c68cd99	cloud	engine	2016-12-18T03:04:00.000000	up
cloud	heat-engine	37525c03-e113-4637-8769-1940b166e9fa	cloud	engine	2016-12-18T03:04:06.000000	up
cloud	heat-engine	43ff4ebc-c2d4-4a9a-82fe-c29495c2a8da	cloud	engine	2016-12-18T03:03:58.000000	up
cloud	heat-engine	6ef20f78-e7aa-4cce-9369-6915219f2bd8	cloud	engine	2016-12-18T03:04:05.000000	up

10.4.2 服务监听

OpenStack 服务的正常运行取决于具体端口的正确配置。在启动认证服务时，有可能包含如下错误信息：

```
keystone error: [Error 98] Address already in use
```

上述错误信息主要是 Keystone 配置文件中存在错误配置，并且需要修正。事实上，认证服务默认监听 5000 端口，而这个端口可能被其他服务或进程占用，这类典型问题可以通过检查 OpenStack 服务配置文件来确认，并且使用 lsof 或者 netstat 命令行工具来复查相关端口占用情况：

```
# lsof -i :5000
```

或者

```
# netstat -ant | grep 5000
tcp6 0 0 :::5000 :::* LISTEN
```

另外一个用于本地测试的网络根据是 telnet，例如，检查 Horizon Web 服务是否正在监听 80 端口，可以使用如下命令实现：

```
# telnet localhost 80
Trying 127.0.0.1 ...
Connected to localhost.
Escape character is '^]'
```

在使用 IPtables 或者内部 firewall 管理端口时，要非常小心。考虑到 OpenStack 集群中较大规模的服务，位于不同主机上的各个服务彼此之间要相互访问，如果 IPtables 规则配置错误，将无法访问端口，对应的连接也会丢失。

理想情况下，事先为每个 OpenStack 主机节点准备好 IPtables 规则，将会极大减少故障排除所需的时间。

OpenStack 全部服务默认监听端口的参考，可在如下网址中找到：http://docs.openstack.org/mitaka/config-reference/firewalls-default-ports.html。

10.4.3 拯救故障实例

如果不能很好地处理与计算节点相关的故障或重启事故，则很可能导致 MTTR SLA 的增加。Hypervisor 崩溃或重启后，如果所有 OpenStack 服务都按照预期状态正常运行，则必须第一时间使用 nova list 命令检查实例状态：

```
# nova list
+--------------------------------------+---------+--------+------------+-------------+---------------------------
| ID                                   | Name    | Status | Task State | Power State | Networks
+--------------------------------------+---------+--------+------------+-------------+---------------------------
| b51498ca-0a59-42bd-945a-18246668186d | TEST_PP | ACTIVE | -          | Running     | public_network=10.0.2.97
```

此处：

❑ ID：运行在计算节点上的实例 ID。

- Name：实例名称。
- Status：实例当前状态。

> OpenStack 实例完整的过渡状态列表，可在如下网址中找到：http://docs.openstack.org/developer/nova/vmstates.html。

- Task State：基于 API 调用的实例过渡状态。
- Power State：Hypervisor 当前状态。
- Networks：与实例关联的网络。

另一个非常有用的 OpenStack Nova 命令行工具是 nova hypervisor-list，从这个命令行输出结果中，可以看到与实例故障相关的主机 Hypervisor 运行情况。如下 Nova 检查命令将根据 Hypervisor 支持情况和 Nova 设置来查看主机配置和设置：

```
# nova hypervisor-list
```

ID	Hypervisor hostname	State	Status
1	cloud	up	enabled
2	compute01	up	enabled

使用 live-migration 命令行，可以将实例由一台主机迁移至另一台主机，这个功能需要实例磁盘使用共享存储：

```
# nova live-migration --block-migrate b51498ca-
0a59-42bd-945a-18246668186d cc02.pp
```

最糟糕的情况下，当一个计算节点再也不可用的时候，live migration 其实也派不上用场了，此时我们需要在其他计算节点上手工重新启动实例，在重启实例之前，需要修改 nova 数据库，具体操作就是更新故障实例的主机，使其重新指向目标主机：

```
MariaDB> use nova;
MariaDB [nova]> update instances set host='cc02.pp'
where host='cc01.pp';
```

上述操作中，将故障实例的宿主机由 cc01.pp 更新至 cc02.pp。数据库表中的记录被更新后，要正常启动实例，需要一个 libvirt XML 文件，这个文件通常的位于实例所在计算节点上：/etc/libvirt/qemu/instance-*.xml。要重启故障实例同时创建 XML 文件，可以使用 --hard 启动选项：

```
# nova reboot --hard b51498ca-0a59-42bd-945a-18246668186d
```

如果受影响的实例上关联有卷，一旦实例更新后，你需要将实例的每个卷 UUID 分离并附加到 Nova 和 Cinder 数据库的数据库记录集中，以指向新的健康计算节点。

实例启动的过程可以通过 Horizon 的 Log Tab 菜单或者 Nova 命令行工具的控制台输出进行跟踪查看：

```
# nova console-log b51498ca-0a59-42bd-945a-18246668186d
```

完整的控制台日志默认保存在 /var/lib/nova/instances/INSTANCE_UIID/console.log 中，这里的 INSTANCE_UIID 就是故障实例的 UUID。

10.4.4 网络故障排除

在 OpenStack 中，由于网络服务的复杂性，几乎所有与网络相关的问题都是头疼的问题，处理起来都要花费一定的时间。正如前文所描述的，当网络服务故障或停止后，监控系统就会被触发并发出告警通知。不过，在有些情况下，要定位网络问题，比如不能访问实例，或者实例不能访问外网，却是非常困难的。很多时候，网络问题的出现，主要是由于 Neutron 在安装时候错误地配置了网络插件和驱动。另外，在创建网络和路由时出现错误，很可能导致租户虚拟网络创建失败。目前，Neutron 已经比较成熟，提供了丰富的命令行工具来跟踪排查网络连通性问题。

理解基本的网络命名空间概念对于查看控制数据流的端口设备是非常重要的。在网络节点上创建 L3 和 DHCP Agent 的时候，对应的网络命名空间将会被自动创建以分别运行 L3 和 DHCP 服务，通过网络工具命令行可以查看这些命名空间：

```
# ip netns
```

```
qrouter-2782ff83-15b0-4e92-83de-3b569d20cd09
qrouter-7151c4ca-336f-43ef-99bc-396a3329ac2f
qrouter-a029775e-204b-45b6-ad86-0ed2e507d5bf
qdhcp-26adf398-409d-4f6e-9c44-918779d8f57f
```

在上述输出中可以看到两种类型的命名空间。

- qrouter-UUID：它代表 L3 代理命名空间，实例会连接到网络节点上创建的特定 UUID 路由器上。
- qdhcp-UUID：它代表网络节点上创建的私有网络 DHCP 代理命名空间。

深入研究上述输出结果将会得到关于每个命名空间的更多细节信息，而且可以看到关联在活动接口上的不同 IP 地址：

```
# ip netns exec qrouter-a029775e-204b-45b6-ad86-
0ed2507d5bf ip a
```

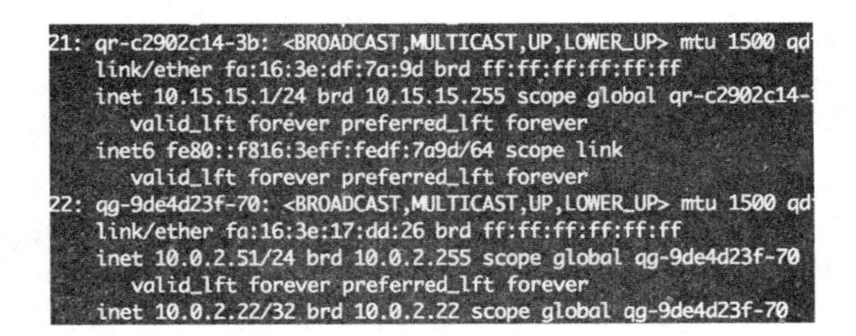

如果在网络节点上创建了多个路由器，则可以通过 `neutron router-list` 命令检查每个 router 的 UUID。

在同样的路由器命名空间中，使用如下命令可以查看命名空间中的路由规则：

```
# ip netns exec qrouter-a029775e-204b-45b6-ad86-0ed2507d5bf ip r
```

```
default via 10.0.2.2 dev qg-9de4d23f-70
10.0.2.0/24 dev qg-9de4d23f-70  proto kernel  scope link  src 10.0.2.51
10.15.15.0/24 dev qr-c2902c14-3b  proto kernel  scope link  src 10.15.15.1
```

通过如下命令，可以获取各个命名空间中的 IPtables 信息：

```
# ip netns exec qrouter-a029775e-204b-45b6-ad86-0ed2507d5bf iptables -n
```

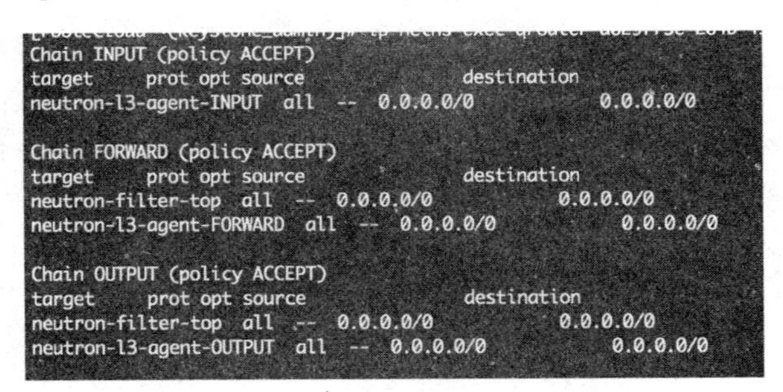

在 OpenStack 集群中创建路由器的时候，所有需要的接口必须是 Active 状态，并且关联到定义的子网上。如果一切基本的必备条件都已经满足，我们就可以通过下述步骤来进行网络调式：

- 验证计算节点正在从外部接口转发数据包到桥接接口。

使用如下命令行检测内核使用启用端口转发功能：

```
# sysctl -A | grep ip_forward
net.ipv4.ip_forward = 1
```

- 验证分配给每个实例的安全组。
- 验证入口和出口数据流。

使用如下命令行检测安全组细节：

```
# neutron security-group-list
```

- ❑ 验证用于连接外部网络的浮动 IP 与实例的关联性。
- ❑ 验证在同一个 DHCP 和路由命名空间内部的网络可以互通。
- ❑ 使用 `tcpdump` 工具对虚拟网络接口进行网络调式，例如 `br-int` 和 `br-ex` 桥接端口。

如果计算节点已经启用端口转发功能，我们可以添加安全规则到分配给实例的默认（default）规则中去：

```
# nova secgroup-add-rule default icmp -1 -1 0.0.0.0/0
```

在同一个命名空间中，我们可以使用 `ip netns` 网络工具尝试 ping 实例，如下：

```
# ip netns exec qrouter-a029775e-204b-45b6-ad86-
0ed2507d5bf  ping 10.15.15.5
```

这里，`10.15.15.5` 是分配给实例的浮动 IP。如果仍然不能 ping 通命名空间之外的实例，这就告诉我们应该检查桥接和 OpenvSwitch 建立的端口了：

```
# ovs-vsctl show
```

上述命令的输出主要有三种类型的桥接和虚拟交换机，分别是：`br-int`、`br-tun` 和 `br-ex`。因为我们需要从外部网络访问实例，因此 `br-ex` 应该与网络节点的物理端口绑定在一起，这使得数据流可以到达 OpenvSwitch，如果 `br-ex` 与物理接口还未关联到一起，则通过如下命令实现：

```
# ovs-vsctl add-port br-ex enp0s3
```

这里的 `enp0s3` 是网络节点的外网物理接口，在你自己的环境中，请使用自己的接口名称将其替换掉。

验证 `/etc/neutron/l3_agent.ini` 文件已正确配置，修改如下配置之后，重启 L3 agent：

```
# external_network_bridge = br-ex
```

在每个桥接接口上使用 `tcpdump` 工具，对于深入挖掘流量如何从 / 向主机流动并最终到达实例是非常有用的。例如，在路由命名空间中，我们可以看到实例浮动 IP 接口：

```
# ip netns exec qrouter-a029775e-204b-45b6-ad86-0ed2507d5bf ip a
```

```
    valid_lft forever preferred_lft forever
inet 10.0.2.65/32 brd 10.0.2.65 scope global qg-9de4d23f-70
```

然后在 qg-9de4d23f-70 就上使用 tcpdump 工具，将看到如下输出：

```
# ip netns exec qrouter-a029775e-204b-45b6-ad86-
0ed2507d5bf  tcpdump -i  qg9de4d23f-70
```

```
tcpdump: verbose output suppressed, use -v or -vv for full protocol decode
listening on qg-9de4d23f-70, link-type EN10MB (Ethernet), capture size 65535 bytes
02:44:48.047321 IP 10.0.2.15 > cloud: ICMP echo request, id 24032, seq 1, length 64
02:44:48.048022 IP cloud.52770 > gateway.domain: 31916+ PTR? 22.2.0.10.in-addr.arpa. (40)
02:44:48.048822 IP gateway.domain > cloud.52770: 31916 NXDomain* 0/1/0 (99)
02:44:48.049688 IP cloud > 10.0.2.15: ICMP echo reply, id 24032, seq 1, length 64
02:44:48.050056 IP cloud.59070 > gateway.domain: 35800+ PTR? 15.2.0.10.in-addr.arpa. (40)
```

10.5　总结

在本章中，我们通过初步研究包括 Ceilometer、Aodh 和 Gnocchi 在内的每个子项目，重新回顾了 OpenStack 中的 Telemetry 服务。虽然我们没有涵盖 OpenStack 最新版本中的所有可用计量指标，但是你应该重视对 Telemetry 中服务模块的扩展性和运行机制的理解。之后，我们使用更为复杂的外部监控解决方案 Nagios 来扩展实现第 1 章中所设计的监控架构，你应该能够发现 Nagios 在插件和配置灵活性方面具有极佳的优势，这使得云操作管理员能够利用丰富的监控数据，对部署的 OpenStack 基础架构进行更深层次的理解。本章的最后，我们介绍了一些通用方法，以便在监控系统发出告警通知时立即采取措施。在排除故障时，不要局限于仅使用某种工具，可以结合使用 OpenStack 命令行和 Linux 实用程序来进行故障排除。

但是，正如前面章节所提到的，监控仅是一种必要手段，在问题发生时，监控并不能深入分析问题的原因。我们可以通过重启 OpenStack 服务来快速解决突发的服务故障，例如在 Nagios 报告服务为 down 状态的时候，但是忽视问题的根本原因，对于集群将来的稳定性是存在潜在风险的。此外，可能会出现更为复杂的错误信息，而仅仅依靠监控告警消息显然是不足的。因此，我们需要充分开发和有效利用监控系统提供的历史信息，以便进一步分析故障的深层次原因，这部分与日志文件紧密相关，我们将在下一章中重点介绍日志文件。

Chapter 11 第 11 章

OpenStack ELK 日志处理系统

在某些地方，令人难以置信的东西正等着被人类知晓。

——卡尔·萨根（*Carl Sagan*）

你可能已经意识到为 OpenStack 私有云提供一整套完善监控体系解决方案的重要性，第 10 章讲解了 OpenStack 中混合监控解决方案的实现，即内部 Telemetry 监控方案和更为高级的外部监控方案，例如 Nagios。一方面，我们首先关注的，是如何实现集群警告和报警，然后就是如何对告警事件做出响应。如果没有正确配置调节监控系统，也没能详细设计监控警报，则监控系统也不会给你提供强有力的建议。对系统和云平台管理员来说，要对像 OpenStack 这类复杂的集群软件进行故障排查，是一件很困难的事情。在进行故障排查时候，系统及软件日志通常是更为有用的，因为具备可追溯性的日志系统更有助于发现问题的根本原因。另外，如果你打算升级你的 OpenStack 集群，则很可能会碰到还未解决的 Bug，深入分析日志是解决这些问题最主要和高效的方式。虽然日志系统为系统管理员提供了系统错误信息的跟踪机制，也是系统管理员的救命稻草，不过快速且有效的正确识别问题，以最大限度降低宕机时间，仍然是必需的。另外，由于生成的日志数量巨大、格式和版本不尽相同，在极短时间内获取需要的准确数据一直是管理员的痛点，虽然行业中存在很多开源和商业的日志分析工具，但是学会如何处理 OpenStack 中的日志信息，并将其应用到高度自定义的日志系统中，对云管理员来说，是非常重要的。

本章主要讲解 OpenStack 中的日志系统，同时实现第 10 章中介绍的监控任务和故障排查任务。本章中，你将学到以下几方面的内容：

- OpenStack 日志存储在哪里。

- 如何在 OpenStack 服务中调整你的日志配置选项。
- 探索 OpenStack 中用于日志分析和故障排查的 ELK 平台。
- 将 OpenStack 日志文件中心化到单一日志系统中。
- 使用 ELK 平台来提供 OpenStack 日志服务。
- 构建可视化图表以掌控你的 OpenStack 云平台运行状态。
- 了解如何在 ELK 中快速搜索和查询以获得最快的故障排除体验。

11.1　OpenStack 日志处理

痛苦但又不得不去做，这是许多系统管理员和开发人员在庞大日志文件中查询并调试错误时候的抱怨。依赖系统复杂性，如果不能深刻理解或搞懂日志系统的组织方式和存放位置，那么要想减少故障排查的时间和难度几乎是不可能的。

11.1.1　OpenStack 日志解密

在 OpenStack 的 Mitaka 版本发行之前，你很可能已经部署了之前的版本，然后你可能想要在 Linux 系统的日志文件位置 `/var/log` 中寻找 OpenStack 日志。事实上，日志文件的位置取决于你的 OpenStack 是如何部署的。因为我在第 1 章中使用 Ansible 部署了 OpenStack，所以你可以在 OpenStack 服务对应的各个 playbook 文件中找到定义日志文件的地方，然后修改对应的日志存放位置。作为一个讲解示例，我们可以看一下第 2 章中使用的 playbook 文件 `os-nova-install`，在这个 `YAML` 文件的 `vars` 属性配置段，配置参数 `log_dirs` 代表的是 Nova 日志的默认设置，后面的代码段表示 Nova 各个服务的日志将创建在 `/var/log/nova` 这个目录中：

```
...
  vars
    log_dirs:
        - src: "/openstack/log/{{ inventory_hostname }}--nova"
          dest: "/var/log/nova"
```

使用 Ansible playbook 来安装部署 OpenStack 时，也可以设置日志默认的严重性等级，输入的日志可以是不同的形式，主要取决于日志严重性等级的递增情况：DEBUG、INFO、AUDIT、WARNING、ERROR、CRITICAL 和 TRACE。默认情况下，设置的是 INFO 级别而非 Debug 级别。

1. 日志存储位置

在 Linux/Unix 系统中，大部分标准服务都将日志记录在 `/var/log` 文件系统的子目录下，运行 OpenStack 各种服务的节点都将日志存储在本地节点的 `/var/log` 目录下。表 11-1 给出了 OpenStack 主要服务默认的日志文件存储位置。

表 11-1　OpenStack 服务项目日志文件位置

服务名称	日志文件存储位置
Compute	/var/log/nova/
Image	/var/log/glance/
Identity	/var/log/keystone/
Dashboard	/var/log/horizon/
Block storage	/var/log/cinder/
Object storage	/var/log/swift/ /var/log/syslog/
Shared File System	/var/log/manila/
Console	/var/lib/nova/instances/instance-ID/
Network	/var/log/neutron/
Monitoring	/var/log/ceilometer/
Alarming	/var/log/aodh/
Metering	/var/log/gnocchi/
Orchestration	/var/log/heat/

Horizon 的日志文件根据 Apache 的命名情况进行了合并，在 Fedora 发行版本系统中，日志文件位于 /var/log/httpd 下，在 Ubuntu 或 Debian 系统中，日志文件位于 /var/log/apache2 下。

另外，非 OpenStack 原生服务的日志文件存储位置如表 11-2 所示：

表 11-2　非 OpenStack 原生服务日志文件存储位置

服务名称	日志文件存储位置
HTTP server	/var/log/apache2/ /var/log/httpd/
Database	/var/log/mariadb/
Messaging queue	/var/log/rabbitmq/
LibVirt	/var/log/libvirt/

计算节点通常将每个虚拟机的启动日志并入 Console.log 文件中，每个实例都有对应到自己实例 ID 的文件系统 /var/lib/nova/instances/instance-ID，每个实例的 console.log 文件就位于该目录下。

Ceph 并不是 OpenStack 的原生服务，尽管 Ceph 与 OpenStack 实现了完美的集成并作为一个集群来运行。无论 Ceph 的 OSD 和 Monitor 是如何分布的，你都可以在 /var/log/ceph 中找到 Ceph 的日志。

2. OpenStack 中的日志调整

在 OpenStack 中，可以为每个运行的服务调整日志级别，如果从你的监控系统接收到的告警或信息表明某个服务出现了故障，你总是可以通过不同的日志记录方法来参考日志。例如，如果你需要对 Nova 的 computer 服务进行故障排查，那么推荐做法是，修改 /etc/nova/nova.conf 配置文件，将配置文件中 debug 参数的默认值由 False 修改为 True，从而增加 Debug Level：

```
debug=True
```

一旦调试完成，问题修复后，你需将 debug 参数由 True 修改为 False。因为，这样可以避免你的系统在正常运行时候，因产生大量不必要的日志而额外增加节点负载。

要自定义日志文件输出，可以采用一种更为高级的方式，那就是为每个 OpenStack 服务设置一个独立的日志配置文件，这种方式使得用户在分析问题时，对日志文件有更多的控制。例如，要利用 OpenStack 中 Nova 的日志信息，可以在 /etc/nova/nova.conf 中添加如下配置：

```
log_config_append = /etc/nova/logging.conf
```

然后，在 /etc/nova 目录下创建一个名为 logging.conf 的配置文件，内容如下：

```
[loggers]
keys=nova

[handlers]
keys=consoleHandler

[formatters]
keys=simpleFormatter

[logger_nova]
level=DEBUG
handlers=consoleHandler
qualname=nova
propagate=0

[handler_consoleHandler]
class=StreamHandler
level=DEBUG
formatter=simpleFormatter
args=(sys.stdout,)

[formatter_simpleFormatter]
format=%(asctime)s - %(name)s - %(levelname)s - %(message)s
```

重启 Nova 服务之后，将根据 [logger_nova] 部分中设置的格式和日志级别构造控制台中的日志输出：

```
<DATE>     <TIME>  <LINE-ID> -  INFO - <DEBUG MESSAGE>
```

输出样例如下：

```
2016-12-28 02:22:11,382 - nova.compute.resource_tarcker - INFO -
Compute_service record updated for cloud:cloud
```

要了解有关支持的日志记录模块工具的更多信息和配置语法，可参考官方的 Python 模块的网站：https://docs.python.org/release/2.7/library/logging.html#configuration-file-format。

11.1.2 OpenStack 外部监控系统

生产环境中，OpenStack 每天都在产生大量的日志文件，对于云管理团队来说，要利用 grep、tail 和 perl 等工具从海量日志中提取并分析日志数据，可以说是一项非常艰巨的任务。主机节点越多，需要管理的日志也就越多。随着集群规模的增长，就应该使用更为专业的日志工具系统来护航。要克服分布式集群环境中海量日志的问题，日志系统应该实现中心化。一个不错的方案，就是将日志流汇入 rsyslog 服务器中，当然，你可能会导出大量日志，因此你需要为日志服务器准备大容量存储空间，不过，当你需要提取上下文数据时，要归档以前的历史数据还是比较困难的。另外，将不同格式（考虑到 RabbitMQ 和 MySQL 日志）的日志数据与生成的事件相关联起来，有时候是不可能的。因此，针对上述各种情况，我们需要的 OpenStack 日志系统应该是以下功能点的集合：

- 高效的日志解析方式。
- 更有实际意义的日志搜索。
- 日志数据中的索引机制。
- 优雅的日志展示系统。

作为开源日志系统的代表，ELK 就是一套完整的日志分析解决方案，这套方案包括不同的组件：ElasticSearch、LogStash 和 Kibana。

接下来，我们花点时间来介绍一下，在 OpenStack 生产环境中，ELK 解决方案是如何成为极具可用性的日志记录分析系统的。

11.1.3 ELK 核心概念与组件

为了应对上一节中描述的日志挑战，ELK 技术栈采用了不同的组件来协同工作，其核心组件的描述如下。

- ElasticSearch：ElasticSearch 是一种分布式可扩展的文档存储。通过快速搜索请求响应，ElasticSearch 实现了实时数据索引功能。另外，ElasticSearch 被设计为可水平扩展并具备高可用性。
- LogStash：LogStash 定义了日志数据收集和处理的管道，LogStash 可以解析结构化和非结构化的不同数据集。其主要功能就是将不同类型的数据源中心化并转化为标准格式。

Logstash 支持多种输入输出插件。也可以自定义开发针对特定数据格式的插件，已有输入插件示例可在如下网站上找到：https://www.elastic.co/guide/en/logstash/current/input-plugins.html。

- Kibana：Kibana 将 ElasticSearch 索引中存储的数据实现了可视化，为客户提供了极佳的使用体验。Kibana 通过图、表以及各种复杂的图形化布局来呈现各种数据源类型数据。Kibana 的强大之处，就在于其基于 ElasticSearch 实时查询功能，将日志数据以可读和易理解的方式进行实时展现。

图 11-1 描述了通过不同 ELK 平台组件实现的日志数据管道架构图。

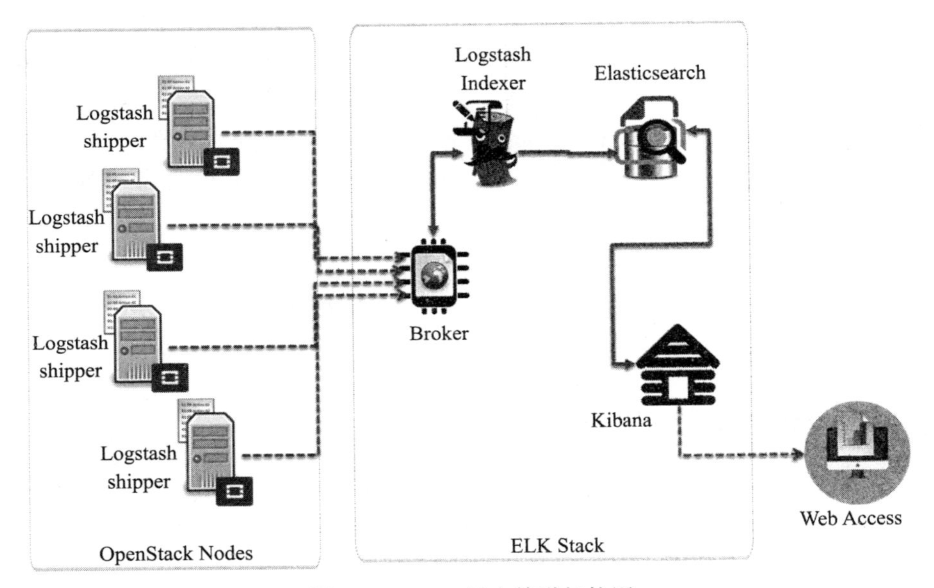

图 11-1　ELK 日志管道架构图

此外，对于构成 ELK 堆栈的核心功能模块，其他的一些组件可以丰富如图 11-1 所示的日志管道架构，这些额外的组件包括：

- Filebeat：Filebeat 的功能就是作为 Logstash 的代理搬运工（shipper），将收集到的日志传输到 Logstash 中。

LogStash shipper 可以是任何运行 Logstash 代理的主机，或者运行有将日志文件转发到 Logstash 服务器转发功能的主机。由于 Filebeat 轻量级的“*Lumberjack*”网络协议，与其他的 Logstash 转发代理相比，Filebeat 在性能上更具优势。

- Broker：Broker 的功能就是持续接收来自 Logstash shipper 的日志数据。

为了性能起见，LogStash 通常使用 Redis 缓存作为 broker 来接收 Logstash shipper 代理转发来的日志数据。

- ❑ LogStash indexer：对 LogStash 服务器中的日志数据库进行索引。

在我们的架构设计中，所有 OpenStack 功能服务组件产生的日志都会转发到 LogStash 服务器上。接收到的数据将会根据预定义的过滤规则进行过滤。输入可以是任何 LogStash 支持的数据源，如 TCP、UDP、files、Syslog 等，你要做的只是将日志推送到你的 LogStash 服务器，这个过程也称为搬运。

数据收集后，LogStash 会帮助你查询任何已存储的事件并按照你希望的方式对其进行排序。将 LogStash 代理收集到的日志发送到中心化日志服务器后，接着就会启动日志事件。这个阶段，在运行 LogStash 服务的主机上，Broker 将会缓存之前收集到的日志数据，这些数据随后将由 LogStash 索引器进行索引。现在，要提供可搜索的全文本索引并存储之前的日志数据，就该 ElasticSearch 引擎上场了。ELK 日志处理的最后阶段，就是由 LogStash 仪表板展示，或者在 Kibana 上执行日志查询并构建直观且可高度自定义的图形化展示图表。

基于扩展性考虑，可以将 ELK 不同的组件分开部署运行。

11.2 ELK 安装部署

本章中，我们将在独立服务器节点上部署我们的第一个 ELK 服务，部署 ELK 的服务器可以访问全部 OpenStack 集群节点。

我们新的监控服务器将会接入如下两个网络：

- ❑ 管理网络。
- ❑ 外部网络。

在我们的监控服务器上，需要安装部署以下组件：

- ❑ Java：ElasticSearch 和 LogStash 都需要 Java，推荐安装最新版本的 Java，作为替代方案，安装 OpenJDK 也是可行的。
- ❑ ElasticsSarch：对 LogStash 转发日志进行索引和搜索的强大引擎。
- ❑ LogStash：定义了处理分布式日志输入的中心化日志处理服务器。
- ❑ Kibana：日志事件查询的强大 web 接口，通过自主配置的可视化图表，Kibana 具有强大的自定义功能。
- ❑ Nginx：为了可以从外部访问 Kibana 的 web 接口，在 Kibana 中需要实现方向代理，因此我们需要用到 Nginx。

11.2.1 ELK 服务器准备

下面将指导你在 CentOS 操作系统上，完成基于软件包的 LogStash 以下组件的安装：

- LogStash 5.1.1。
- Elasticsearch 5.1.1。
- Kibana 5.1.1。
- Java 8。
- Nginx。

我们的目标是从 OpenStack 环境中收集大量的日志文件，而随着你的私有云规模逐渐增长，必须规划日志服务未来的资源消耗，为此，ELK 服务器至少需要满足以下的资源配置：

- Processor：64-bit x86。
- Memory：8GB RAM。
- Disk space：500GB。
- Network：两个 1 Gbps NIC。

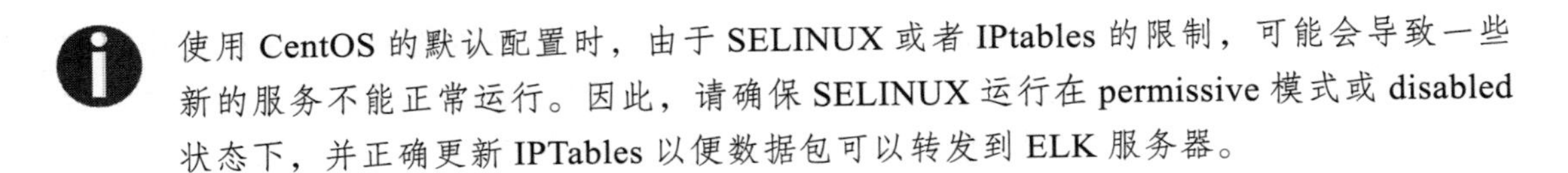

使用 CentOS 的默认配置时，由于 SELINUX 或者 IPtables 的限制，可能会导致一些新的服务不能正常运行。因此，请确保 SELINUX 运行在 permissive 模式或 disabled 状态下，并正确更新 IPTables 以便数据包可以转发到 ELK 服务器。

接下来，我们将在新的 ELK 服务器上安装 ElasticSearch 组件。

11.2.2 ElasticSearch 安装

ElasticSearch 和 LogStash 都需要安装 Java，在这里我们将安装最新版本的 Java，步骤如下。

（1）下载并安装 Java8：

```
# wget http://download.oracle.com/otn-pub/java/jdk/8u111-b14/jdk-
 8u111-linux-x64.rpm
# yum -y localinstall jdk-8u111-linux-x64.rpm
```

（2）将 `/usr/bin/java` 链接至 Java 命令，如下：

```
# alternatives --install /usr/bin/java java/usr/java
/jre1.8.0_111/bin/
```

（3）检查 Java 安装是否正确：

```
# java -version
java version "1.8.0_111"
Java(TM) SE Runtime Environment (build 1.8.0_111-b14)
Java HotSpot(TM) 64-Bit Server VM (build 25.111-b14, mixed mode)
```

（4）确认 Java 成功安装后，将 ElasticSearch 的公有 GPG Key 导入 YUM 中，如下：

```
# rpm --import https://artifacts.elastic.co/GPG-KEY-elasticsearch
```

（5）创建 ElasticSearch 安装源，如下：

```
# vim /etc/yum.repos.d/elasticsearch.repo
[elasticsearch-5.x]
name=Elasticsearch repository for 5.x packages
baseurl=https://artifacts.elastic.co/packages/5.x/yum
gpgcheck=1
gpgkey=https://artifacts.elastic.co/GPG-KEY-elasticsearch
enabled=1
autorefresh=1
type=rpm-md
```

（6）更新 yum 软件包数据库：

```
# yum update -y
```

（7）安装 ElasticSearch：

```
# yum install elasticsearch -y
```

（8）安装完成后，配置 ElasticSearch 主配置文件，允许外部 OpenStack 服务访问 ElasticSearch 服务器。简单起见，下述配置运行所有外部主机通过 HTTP API 访问读取数据。取决于你的网络设置，确保 OpenStack 外部网段中的特定 IP 地址访问被限制：

```
# vim /etc/elasticsearch/elasticsearch.yml
...
network.host: 0.0.0.0
...
```

（9）启动 ElasticSearch 服务：

```
# systemctl start elasticsearch
```

（10）验证 ElasticSearch 服务是否正在监听 9200 端口：

```
# netstat -ntpl | grep 9200
tcp6        0       0 :::9200      :::*      LISTEN    27956/java
```

11.2.3 ElasticSearch 配置

在上一节中，我们已经启动并运行了一个 ElasticSearch 服务。本节中，我们将重点强调在处理大规模集群模索引时，几个与 ElasticSearch 配置相关的重要方面。我们曾提到过，ElasticSearch 一个最大的优势，就是扩展性。OpenStack 日志数量每天可能超过几十 GB，在这种情况下，我们将会面临索引性能问题。调节 ElasticSearch 性能涉及其他一些方面，这超出了本章的范围。另一方面，我们会简单介绍几个有趣的配置指令，指导我们构建一个能够水平扩展的 ElasticSearch 集群。

定义 ElasticSearch 角色

可以为 ElasticSearch 节点分配以下几种角色。

- ❑ **Master Node**：主节点。这是控制集群状态的管理节点。
- ❑ **Data Node**：数据节点。这是保存数据的核心节点。
- ❑ **Query Aggregator Node**：查询聚合器节点。这是负载均衡器节点，它从数据节点上获取查询结果，并响应客户端请求。

在大规模和高负载的 ElasticSearch 集群中，推荐部署三个 Master 节点，以便实现集群状态的快速处理。

默认情况下，每个 ElasticSearch 服务器都可以同时作为 Master 节点、数据节点和查询汇聚节点。但是在应对大规模集群环境时，推荐部署多个 ElasticSearch 服务器节点，不同节点承担不同的角色。

要了解更多关于 ElasticSearch 扩展性的最佳实践，ElasticSearch 的官方网站提供了大规模环境下的配置参考，网址为：`https://www.elastic.co/guide/en/elasticsearch/guide/current/scale.html`。

要对 ElasticSearch 集群中的节点进行角色定义，可以使用 `elasticsearch.yml` 文件来指定特定的节点角色：

- ❑ 集群名称

```
cluster:
...
name:   elk_pp_cluster
```

- ❑ Master 节点

```
...
node.master: true
node.data: false
```

- ❑ 数据节点

```
...
node.master: false
node.data: true
```

- ❑ 汇聚查询节点

```
...
node.master: false
node.data: false
```

11.2.4　ElasticSearch 功能扩展

ElasticSearch 模块以插件方式提供了很多的高级功能，这些功能有助于实现包括索引、数据分片和集群管理等功能。默认情况下，ElasticSearch 提供了很多极为复杂的 API 接口，大多数开发的插件都提供了一个 REST 客户端，可以更容易地与 ElasticSearch API 进行通信。举个例子，常用的插件就有 Kopf、Marvel 和 Shield 等。ElasticSearch 支持的全部最新版本的插件可以从如下链接找到：`https://www.elastic.co/guide/en/elasticsearch/plugins/master/index.html`。

由于在编写本书时安装了最新的稳定版 ElasticSearch，因此我们将介绍并安装一个包含不同扩展插件、令人惊叹的 all-in-one 插件，它的功能包括：安全、监控、内部告警和使用情况报告。名为 x-pack 的 ElasticSearch 新组件扩展可在 Kibana 下启用图表，而无须指定额外特定的 dashboard 入口。

x-pack 在一个包含 shield、watcher 和 marvel 的扩展中统一了 5.0 之前版本中最常用的 ElasticSearch 插件。

下面的安装向导将通过几个步骤指引你使用 ElasticSearch 插件命令行工具安装 x-pack。

（1）将 `x-pack zip` 文件下载到临时目录中，例如 `/tmp` 目录下：

```
[root@els001 tmp]# wget https://artifacts.elastic.co/
downloads/packs/x-pack/x-pack-5.1.1.zip
```

（2）确认 ElasticSearch 服务处于停止状态：

```
# systemctl stop elasticsearch
```

（3）指定 `x-pack zip` 文件的绝对路径，从 ElasticSearch 安装目录中运行 `elasticsearch-plugin` 命令行工具：

```
# cd /usr/share/elasticsearch
# bin/elasticsearch-plugin install file:///tmp/x-pack-5.1.1.zip
```

（4）授予 x-pack 相应权限，允许 Watcher 插件发送 e-mail 通知：

```
...
* javax.net.ssl.SSLPermission setHostnameVerifier
```

http://docs.oracle.com/javase/8/docs/technotes/guides/security/permissions.html 上面有关于各种权限和对应风险的描述。

（5）启动 ElasticSearch 服务：

```
# systemctl start elasticsearch
```

（6）检查插件列表，确认已正确安装新插件：

```
# bin/elasticsearch-plugin list
x-pack
```

11.2.5 Kibana 安装

接下来，安装最新版本的 Kibana，如下：

（1）创建 Kibana 安装 yum 源，内容如下：

```
# vim /etc/yum.repos.d/kibana.repo
[kibana-5.x]
name=Kibana repository for 5.x packages
baseurl=https://artifacts.elastic.co/packages/5.x/yum
gpgcheck=1
gpgkey=https://artifacts.elastic.co/GPG-KEY-elasticsearch
enabled=1
autorefresh=1
type=rpm-md
```

（2）更新 yum 软件包数据库并安装 Kibana：

```
# yum update -y && yum install kibana -y
```

（3）设置 Kibana 开机自启动：

```
# chkconfig kibana on
```

11.2.6 Kibana 配置

Kibana 已经安装完成，在使用 Kibana 之前，我们需要对其配置文件进行设置，具体步骤如下：

（1）配置 /etc/kibana/kibana.yml 文件中的 servers.host 参数，允许外部连接访问 Kibana，如下：

```
# vim /etc/kibana/kibana.yml
server.host: 0.0.0.0
```

（2）将 Kibana 指向 ElasticSearch 集群实例。简单起见，我们这里将 ElasticSearch 和 Kibana 运行在同一个节点上，因此 ElasticSearch 就是本机，如下：

```
elasticsearch_url: http//localhost:9200
```

（3）启动 Kibana，并检查 5601 端口以确保 Kibana 正常运行：

```
# service kibana start
# netstat -ntpl | grep kibana
tcp        0       0.0.0.0:5601     0.0.0.0:*     LISTEN    5111/node
```

（4）接下来设置反向代理，以便外部用户可以访问 Kibana。这可以通过安装 Nginx 和 httpd-tools 来实现：

```
# yum install nginx httpd-tools -y
```

（5）安装完成后，重定向 HTTP 数据流至监听本地 5601 端口的 Kibana 应用，在 Nginx 的 /etc/nginx/conf.d/ 目录下创建 Kibana 的配置文件，如下：

```
# vim /etc/nginx/conf.d/kibana.conf
server {
listen 80;
server_name els001.pp;
auth_basic "Restricted Access";
auth_basic_user_file /etc/nginx/htpasswd.users;
location / {
    proxy_pass http://localhost:5601;
    proxy_http_version 1.1;

    proxy_set_header Upgrade $http_upgrade;
    proxy_set_header Connection 'upgrade';
    proxy_set_header Host $host;
    proxy_cache_bypass $http_upgrade;
  }
}
```

此处，`server_name` 就是我们运行 Kibana 的 ELK 主机名称。

如果使用的是 CentOS 系统，并且 SELinux 正在运行，要确保在 SELinux 策略中设置 `httpd_can_network_connect` 为 1，以允许 HTTP 进程：

```
# setsebool -P httpd_can_network_connect 1
```

（6）启动 Nginx 之前，在 Kibana 中安装 `x-pack`。该插件允许 Kibana 对 Login 和 Dashboards 进行安全设置：

```
# cd /usr/share/kibana
# bin/kibana-plugin install file:///tmp/x-pack-5.1.1.zip
```

（7）查看已经安装的 Kibana 插件列表，如下：

```
# bin/kibana-plugin list
x-pack@5.1.1
```

（8）启动 Nginx 服务：

```
# service nginx start
```

（9）通过 FQDN 或者 ELK 服务器的 IP 地址，利用浏览器即可访问 Kibana。进入登录页面后，使用用户名 `elastic` 和密码 `chageme` 来进行登录，这是一个由 `x-pack` 提供的超级用户。由于密码需要更改，可以通过 ELK 服务器的命令行执行：

```
# curl -XPUT -u elastic 'localhost:9200/_xpack/security/user/
elastic/_password' -d {"password" : "AmazingPassword"}'
```

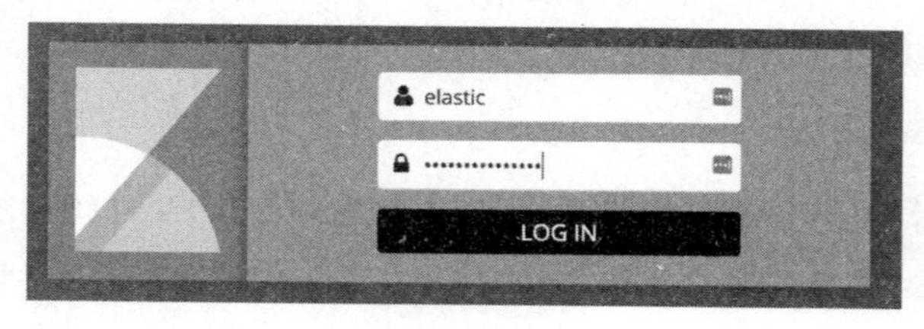

（10）登录进去后，看到的第一个页面是空的，这是因为我们还没有对 Kibana 配置任何索引模式：

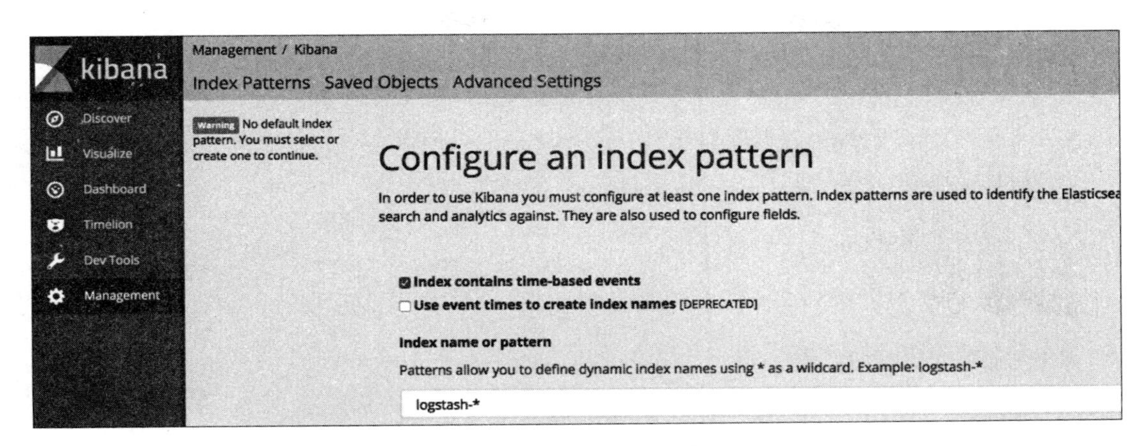

（11）为了加速我们的 Kibana 设置，Elastic 提供了 Kibana 的样本 Dashboard，包括 Beats 索引模式（因为我们打算使用 FileBeat 来发送日志和索引数据）。要下载它们，请运行以下命令行：

```
# curl -L -O https://download.elastic.co/beats/dashboards/
beats-dashboards-1.1.0.zip
# unzip beats-dashboards-*.zip
```

（12）将已下载的 Dashboard 和 Beat 索引模式插件加载到 ElasticSearch 中：

```
# cd beats-dashboards-*
# ./load.sh
```

（13）访问 Kibana 的时候，将会看到如下可用的索引模式：

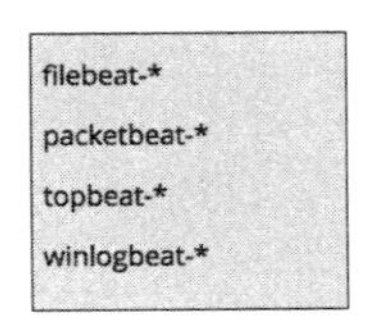

接下来，我们将继续安装 LogStash 并配置第一个索引模式，以便 ElasticSearch 可以发送和索引 OpenStack 的日志文件。

11.2.7　LogStash 安装

在编写本书时候，我们安装的是最新版本的 LogStash，具体步骤如下。

（1）创建 LogStash 安装 yum 源，内容如下：

```
# vim /etc/yum.repos.d/logstash.repo
[logstash-5.x]
```

```
name=Elastic repository for 5.x packages
baseurl=https://artifacts.elastic.co/packages/5.x/yum
gpgcheck=1
gpgkey=https://artifacts.elastic.co/GPG-KEY-elasticsearch
enabled=1
autorefresh=1
type=rpm-md
```

（2）更新 yum 软件包数据库并安装 LogStash：

```
# yum update -y && yum install logstash -y
```

（3）配置 LogStash 为开机自启动：

```
# chkconfig logstash on
```

11.2.8 LogStash 配置

正如之前所描述的，我们将使用 FileBeat 以安全的方式发送 OpenStack 日志条目。要验证 LogStash 服务器的身份，需要按以下步骤操作。

（1）编辑 /etc/pki/tls/openssl.cnf file 文件中 [v3_ca] 配置段的 subjectAltName 配置参数，如下：

```
...[v3_ca]
subjectAltName=IP: 172.28.128.19
```

这一配置将解析 ELK 服务器的特定 IP，并允许我们从 OpenStack 服务器收集日志。

（2）下一步需要在 /etc/pki/tls 目录下生成 SSL 证书和私钥：

```
# cd /etc/pki/tls
# openssl req -config /etc/pki/tls/openssl.cnf -x509 -days 3650
-batch -nodes -newkey rsa:2048 -keyout private/logstash-
forwarder.key -out certs/logstash-forwarder.crt
```

注意这个命令的输出结果是 logstash-forwarder.crt，我们需要将这个证书文件拷贝至所有 OpenStack 节点上。

11.2.9 LogStash 操作

要快速掌握 LogStash，需要掌握其基本配置。通常而言，在 LogStash 配置中，主要包括以下三个部分。

- Input：定义如何生成事件并输入至 LogStash。
- Filter：定义操作和自定义事件的方式。
- Output：定义如何将事件从 LogStash 发送至外部。

一个 LogStash 的配置文件示例如下：

```
input {
    stdin { }
```

```
    ...
  }
filter {
    ...
}
output {
    stdout {
    .....
}
```

配置文件中的 input 和 output 配置段分别定义了终端 I/O 数据流中的源（STDIN）和目的（STDOUT）。在 LogStash 中，事件由 Input 进入，在 Filter 中修改，然后由 Output 出去，这就是 LogStash 的管道机制。

与 ElasticSearch 类似，LogStash 管道机制中的各个环节也可以通过插件机制得到增强。

> LogStash 的 input 环节用得最多的插件就是 file、beats、stdin、lumberjack 和 elasticsearch。Filter 环节也支持很多强大的插件，如 grok、mutate、dns 和 multiline。最近，Output 环节介绍了用于将事件写入 Kafka 以及其他插件（如 file、stdout、elasticsearch 和 redis）的 Kafka 插件。要理解更多与 LogStash 相关的创建，可以参考如下网站：www.elastic.co/support/matrix#show_logstash_plugins。

由于社区开发了很好的插件来解决处理复杂条目的一些挑战，因此 LogStash 在最新版本中变得非常强大。利用这些插件会产生一个很长的配置文件，在某些时候，我们需要通过模块化 LogStash 配置来简化事件处理管道。一个简单的方法，就是为每个 Topic 使用三个不同的文件：inputs、filters 和 outputs。

（1）使用 beats 插件创建一个输入文件，如下：

```
# vim /etc/logstash/conf.d/02.beats-inputs.conf
  input {
  beats {
    port => 5044
    ssl => true
    ssl_certificate => "/etc/pki/tls/certs/logstash-
forwarder.crt"
      ssl_key => "/etc/pki/tls/private/logstash-forwarder.key"
    }
  }
```

通过这种方式，LogStash 将使用 SSL 证书并生成私钥，以使用侦听 5044 端口的 Beats input 来发送日志。

（2）第二部分（Filters）可以在同一个目录下（/etc/logstash/conf.d/）的单独文件中描述。我们将在下一节中实现第一个针对 OpenStack 消息的过滤器：

```
# touch /etc/logstash/conf.d/15-openstack-filter.conf
```

（3）最后一个输出部分使用 elasticsearch 插件在新文件中描述：

```
output {
  elasticsearch {
     hosts => ["localhost:9200"]
     sniffing => true
     manage_template => false
     index => "%{[@metadata][beat]}-%{+YYYY.MM.dd}"
     document_type => "%{[@metadata][type]}"
  }
}
```

这将告知 LogStash 将数据存储到运行在本地、监听 9200 端口的 ElasticSearch 服务器中。我们期望的新索引格式为：filebeat-YYYY.MM.dd。

（4）现在，我们第一个基本的 LogStash 配置已准备好进行测试了。LogStash 附带了一个很不错的测试命令行工具，用于测试 LogStash 配置文件的正确性。我们只需要指定配置目录的路径即可，如下所示：

```
# /usr/share/logstash/bin/logstash -t -f /etc/logstash/conf.d/
Configuration OK
```

如果上述命令出现语法错误，则 LogStash 的测试命令行工具将会直接指出配置行出现问题的地方。

（5）为了正确使用 FileBeat，我们需要准备一个 FileBeat 索引，以便 ElasticSearch 能够分析 LogStash 提供的 beats 字段。我们已经配置了 LogStash 来将 ElasticSearch 实例的所有输入进行输出。可以按如下方式下载非常简单的 FileBeat 索引模板：

```
# curl -O https://gist.githubusercontent.com/thisismitch/
3429023e8438cc25b86c/raw/d8c479e2a1adcea8b1fe86570
e42abab0f10f364/filebeat-index-template.json
```

（6）使用 ElasticSerach REST API 来加载模板：

```
# curl -XPUT 'http://localhost:9200/_template/filebeat?pretty'
-d@filebeat-index-template.json
Output:
  {
    "acknowledged" : true
  }
```

上述输出意味着我们的模板已经被成功加载了。

默认情况下，logstash-* 是 Kibana 中的默认索引。使用 FileBeat 需要事先设置 FileBeat 索引，以便通过 FileBeat 将数据提供给 ElasticSearch。请记住，更改 LogStash 的 Output 配置段中提到的索引名称，则在 Kibana 索引配置中也应该使用相同的索引名称。

要通过 LogStash 开始发送日志，我们还需要对 OpenStack 服务器节点进行设置。

11.2.10　LogStash 客户端准备

上一节中，我们已生成对 LogStash 服务器进行身份验证的 SSL 证书，并将其复制到其余的 LogStash 客户端，在我们的示例中，客户端就是各个 OpenStack 集群节点。下面我们从 OpenStack 集群第一个控制节点开始准备。

（1）在控制节点上，创建一个新的 cert 目录，并确保所有的服务器都创建相同目录路径，将证书文件复制到该目录，如下所示：

```
@cc01 ~]# mkdir  /etc/pki/tls/certs
@cc01 ~]# scp packtpub@172.28.128.19:/etc/pki/tls/certs/
logstash-forwarder.crt   /etc/pki/tls/certs/
```

（2）在控制节点上安装 FileBeat 客户端软件包，创建 FileBeat 软件包 yum 源，如下：

```
@cc01 ~]# vim /etc/yum.repos.d/elastic-beats.repo
[beats]
name=Elastic Beats Repository
baseurl=https://packages.elastic.co/beats/yum/el/$basearch
enabled=1
gpgkey=https://packages.elastic.co/GPG-KEY-elasticsearch
gpgcheck=1
```

（3）更新 yum 源数据库并安装 FileBeat：

```
# yum update -y && yum install filebeat -y
```

（4）编辑客户端的 FileBeat 配置文件 /etc/filebeat/filebeat.yml，以控制 FileBeat 客户端服务器。我们从调整前面步骤收集的结果和参数开始。第一个摘录段指向的是运行 LogStash 的 ELK 主机 IP 地址。检查 LogStash 作为输出的部分，并将默认 IP 地址更改为你配置的 IP 地址：

```
...
### Logstash as output
logstash
    # The Logstash hosts
    hosts: ["172.47.0.10:5044"]
```

（5）在同一个配置段中，定义 LogStash 一次可以处理的最大事件数目：

```
...
bulk_max_size: 2048
```

（6）在 LogStash 客户端的 FileBeat 配置文件中设置之前拷贝过来的认证文件，如下：

```
...
    tls:
        certificate_authorities: ["/etc/pki/tls/certs/logstash-
forwarder.crt"]
```

（7）现在我们已经设置了基本配置参数并准备好检查打算发送的日志文件。首先，在配置文件的 prospectors 配置段定义日志源文件路径，如下配置将告诉系统发送的是 Keystone 日志文件：

```
...
    prospectors:
          paths:
      - /var/log/keystone/keystone.log
```

（8）同样，在 prospectors 配置段中，可以指定每个日志文件的类型，并可选择性地添加特定的标记（Tag）字段。这样，在通过 Kibana 搜索各种类型的 OpenStack 日志文件条目时，将会变得更加容易。下面的配置摘录段对 Keystone 日志进行了分类，`Control Plane` 文档被标记为 `keystone`：

```
...
    prospectors:
          paths:
      - /var/log/keystone/keystone.log
          document_type: Control Plane
          fields:
             tags: ["keystone"]
```

（9）启动 `filebeat` 服务：

```
# servicectl start filebeat
```

目前为止，我们的日志过滤器还没有完成。接下来，我们将介绍 OpenStack 中由 LogStash 的 FileBeat 发送过来的日志是如何被加载到 ElasticSearch 中的。

11.2.11 OpenStack 日志过滤

通常来说，我们不可能在图形用户界面中解析或者浏览全部的输入日志文件。我们只是准备并建立客户端与服务器之间的连接，我们要做的，就是配置 LogStash 以定义处理操作日志的方式。日志文件的格式通常不是标准的，以数据块的方式发送日志文件没有用。因此，我们需要寻求一种识别其类型并深入查看事件以提取其值的方法。这其实也是 LogStash 在日志文件管理和过滤中最主要的核心功能。

在我们的例子中，会有不同的日志文件产生，或者由 Linux 系统生成，或者由其他服务生成，但是最重要的还是由 OpenStack 产生的那部分日志。

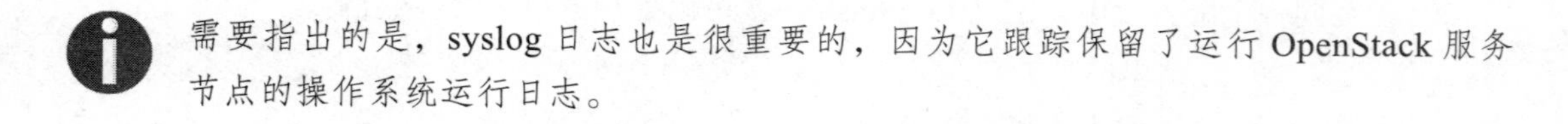

需要指出的是，syslog 日志也是很重要的，因为它跟踪保留了运行 OpenStack 服务节点的操作系统运行日志。

不过，最重要的还是我们如何按类型对日志文件进行分类。通过基于所选字段和特定字段的过滤条件，过滤器插件可以实现我们的需求。

下面的代码段描述了我们的 LogStash 配置文件中一个新的 `filter` 配置段：

```
filter{
if [type] == "openstack" {
grok {
patterns_dir =>
```

```
  "/usr/share/logstash/vendor/bundle/jruby/1.9/gems/logstash-
  patterns-core-4.0.2/patterns/"
  match=>[ "message","%{TIMESTAMP_ISO8601:timestamp} %
 {NUMBER:response} %{AUDITLOGLEVEL:level} %{NOTSPACE:module} [%
 {GREEDYDATA:program}] %{GREEDYDATA:content}"]
    add_field => ["openstask"]
    add_tag => ["openstackmetrics"]
  }
  multiline {
    negate => false
    pattern => "^%{TIMESTAMP_ISO8601}%{SPACE}%{NUMBER}?%
    {SPACE}?    TRACE"
    what => "previous"
    stream_identity => "%{host}.%{filename}"
  }
mutate {
    gsub => ['logmessage', "" ," " ]
        }
date {
    type    =>   "openstack"
    match => [ "timestamp", "yyyy-MM-dd HH:mm:ss.SSS" ]
      }
    }
  }
```

我们可以来仔细看一下定义的过滤器中的插件部分：grok。grok 过滤器通过其模式来解析文本，并以一种很优雅的方式来处理和构造它的模式。

默认情况下，LogStash 包含多个 grok 模式，并可用于标记特定字段，同时支持自定义正则表达式。要发现更多可用的 grok 模式，请查看 GitHub 中的 logstash-patterns-core 项目，该项目的网站为：https://github.com/logstash-plugins/logstash-patterns-core/tree/master/patterns。

Grok 配置段定义了以下配置参数。

- patterns_dir：LogStash 自带有部分模式，这些模式位于：/usr/share/logstash/vendor/bundle/jruby/1.9/gems/logstashpatterns-core-X.X.X/patterns/，这里的 X.X.X 代表的是 LogStash 版本。请记住，模式是过滤器所需的正则表达式，用于解析文本并转发正则表达式中的任何匹配项。
- match：匹配选项是过滤事件的关键部分，它定义了日志文件格式中 grok 表达式的全部匹配。
- add_field：如果过滤器与设置条件匹配，则会向已处理事件添加额外字段。这对于优化索引事件的查询是非常有用的。
- add_tag：如果过滤器与设置条件匹配，则会向已处理事件添加额外标记。值类型是每次为一个事件设置多个标记的数组。

grok 全部可用的 Filter 插件可在如下网站找到：https://www.elastic.co/guide/en/logstash/current/plugins-filters-grok.html。

当然，如果你打算使用新的过滤器插件运行 LogStash 服务，此时可能会抛出一个错误，这说明新的匹配模式不被支持。更确切地说，是因为标签 AUDITLOGLEVEL 还未定义，而 LogStash 需要知道如何操作其模式。为此，我们需要在模式目录下创建一个新的 AUDITLOGLEVEL 文件，并添加如下正则表达式内容：

```
AUDITLOGLEVEL([C|c]ritical|CRITICAL[A|a]udit|AUDIT|[D|d]ebug|DEBUG|[N|n]oti
ce|NOTICE|[I|i]nfo|INFO|[W|w]arn?(?:ing)?|WARN?(?:ING)?|[E|e]rr?(?:or)?|ERR
?(?:OR)?|[C|c]rit?(?:ical)?|CRIT?(?:ICAL)?|[F|f]atal|FATAL|[S|s]evere|SEVERE)
```

此外，如果你打算创建更多模式并对其进行测试，则参考如下链接：http://grokdebug.herokuapp.com/。

grok 在线语法检查器对于验证自定义模式的正确性非常有用。你可以在自定义模式的同时验证默认模式，然后将日志文件中的事件行粘贴过来对模式进行测试。首先，我们通过 gork 调试应用程序测试自定义的 OpenStack grok 过滤器模式，然后再将其添加到 LogStash 的配置文件中。

当我们需要将不同的多个事件组合到单一事件中时，下面的集体是非常有用。这里我们从 ceilometer api 日志文件中获取以下几个事件：

```
2015-04-07 20:51:42.833 2691 CRITICAL ceilometer [-] ConnectionFailure:
could not connect to 47.147.50.1:27017: [Errno 101] ENETUNREACH
2015-04-07 20:51:42.833 2691 TRACE ceilometer Traceback (most recent call
last):
2015-04-07 20:51:42.833 2691 TRACE ceilometer   File "/usr/bin/ceilometer-
api", line 10, in <module>
2015-04-07 20:51:42.833 2691 TRACE ceilometer     sys.exit(api())
2015-04-07 20:51:42.833 2691 TRACE ceilometer   File
"/usr/lib/python2.6/site-packages/ceilometer/cli.py", line 96, in api
```

上述的日志输出显示了多个 Python 异常堆栈跟踪。Ceilometer 无法找到要连接的 OpenStack 控制节点 IP 地址，因而从其原生 Python 代码中抛出了此类异常。设想一下，我们保留默认的 grok 过滤器，其中 LogStash 将每行解析为一个单独的事件，那么，我们将无法识别哪一行属于哪个异常。此外，独立处理每一行异常信息，可能会隐藏导致异常的根本原因。例如，我们将第一行放到首位：

```
CRITICAL ceilometer [-] ConnectionFailure: could not connect.
```

然后它将会出现在我们的 Dashboard 中：匹配同一日期的异常将合并到一行。这样，你就可以独立跟踪事件和异常了。

我们可以来回顾一下多行选项，如下所示。

- negate：默认为 False。与模式匹配的任何消息，都不会被视为多行过滤器的匹配项。当其值设为 True 时，则结果相反。
- pattern：指定多行日志中特定字段的正则表达式。
- what：如果该行与模式中定义的正则表达式匹配，则 LogStash 将当前事件与前一行或下一行事件合并。在我们的 Python 堆栈跟踪示例中，我们希望将当前匹配事件与前一事件合并。
- stream_identity：想象一下，假设你的 LogStash 转发器已重启并需要重新建立连接。在这种情况下，LogStash 将为相同的日志流创建新的 TCP 连接。此时，我们需要通过主机 '%{host}' 来识别哪个流属于哪个事件。另外，我们告诉 LogStash 区分来自同一输入文件 %{filename} 中的多个事件。

所有可用的 multiline 过滤器插件，都可以在如下链接中找到：`https://www.elastic.co/guide/en/logstash/current/plugins-codecs-multiline.html`。

下一个示例与 `mutate` 部分有关，`mutate` 允许操作和修改已处理事件中的特定字段，包括重命名、删除、替换、合并和转换文本、数据类型等 Mutate 支持的各种配置选项。其中最常用的是 `gusb`，它采用三元素数组，并通过替换操作执行字符串字段的转换。在我们的过滤器示例中，我们将 LogStash 过滤器配置为用空格替换 logmessage 日志中的所有反斜杠。

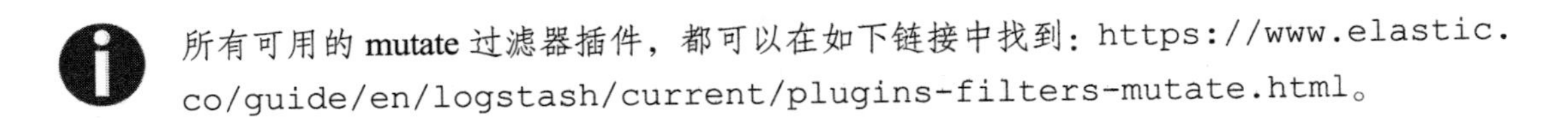

所有可用的 mutate 过滤器插件，都可以在如下链接中找到：`https://www.elastic.co/guide/en/logstash/current/plugins-filters-mutate.html`。

最后一个过滤器 `date` 是最简单的插件，其主要任务是解析日期并将其用作 LogStash 的时间戳。我们希望使用类似 `yyyy-MM-dd HH:mm:ss.SSS` 的日期格式来解析 OpenStack 日志文件的时间戳，例如，`2015-04-07 20:51:42.833`。在实际应用中，我们会使用指定为 OpenStack 特定类型的 `date` 过滤器，以确保仅匹配我们的 OpenStack 事件。

所有可用的 date 过滤器插件，都可以在如下链接中找到：`https://www.elastic.co/guide/en/logstash/current/plugins-filters-date.html`。

我们的 LogStash 配置文件可以在下一个图表中恢复。你可能会注意到过滤器是独立的，并且正在按顺序操作日志文件，当过滤器与类型 `openstack` 匹配时，从第一个 `grok` 过滤器开始，因此由多行过滤器操纵，然后由 `mutate` 过滤器处理，最后得到最终通过使用日期过滤器标记 LogStash 的日期来过滤过程。

LogStash 配置文件可在图 11-2 中直观体现。你可能已注意到过滤器是彼此独立的，并且过滤器按顺序操作日志文件，当过滤器与类型 `openstack` 匹配时，从第一个过滤器 `grok` 开始处理，因此日志由 `multiline` 过滤器处理，然后再由 `mutate` 过滤器处理，最终由 `date` 过滤器标记 LogStash 的日期，并且这是最终的过滤处理过程。

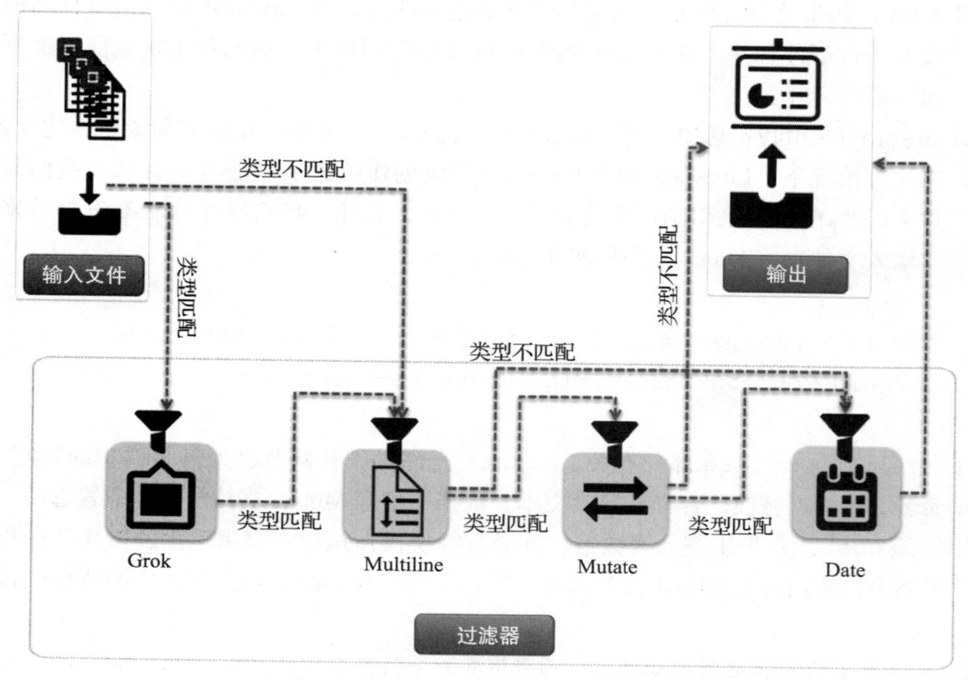

图 11-2 LogStash 配置文件组成概览

11.3 OpenStack ELK 功能扩展

上一节中，LogStash 的主配置文件框架已准备就绪，最后一步，就是告知我们 OpenStack 环境中的每个节点，将它们的日志发送到已准备就绪的 LogStash 服务器中。接下来，我们将展示一个简单的示例，从控制节点发送日志文件，这是关于计算、身份、仪表板和网络服务的日志文件。

下面，我们首先来扩展控制节点 FileBeat 的配置文件，正如在 LogStach 客户端准备部分中执行的一样。

(1) 在 `prospectors` 配置部分，为每种类型的 OpenStack 服务指定多个路径和自定义字段以配置多个 prospector：

```
...
    paths:
      - /var/log/horizon/*
```

```
    fields:
      tags: ["horizon", "dashboard", "openstack"]
  -
    paths:
      - /var/log/nova/*
    fields:
      tags: ["nova", "compute", "openstack"]
  -
    paths:
      - /var/log/neutron/*
     fields:
       tags: ["neutron", "network", "openstack"]
```

（2）此外，通过编辑如下配置选项，可以为控制节点指定输入日志的通用类型：

```
document_type: Control Plane
```

这个设置有助于了解由 ElasticSearch 索引的哪种类型文档在 Kibana 中是可见的。

（3）在 ELK 服务器中，使用 `file` 输入插件，通过添加每个 OpenStack 服务日志文件的路径来修改 beats 输入配置文件：

```
  ...
file {
  path => ['/var/log/keystone/*.log']
  tags => ['keystone', 'oslofmt']
  type => "openstack, identity"
}
file {
   path => ['/var/log/nova/*.log']
   tags => ['nova', 'oslofmt']
   type => "openstack, compute"
}
file {
   path => ['/var/log/horizon/*.log']
   tags => ['horizon', 'oslofmt']
   type => "openstack, dashboard"
}
file {
   path => ['/var/log/neutron/*.log']
   tags => ['neutron', 'oslofmt']
   type => "openstack, network"
}
```

（4）可以使用针对每个 OpenStack 服务日志类型的条件集来扩展过滤器配置文件。每个日志服务都被标记并与两种可能的类型关联，这两种类型是 `openstack` 和另外的 OpenStack 服务名称：身份、计算、仪表板或网络。此时，可以使用条件集和标记按每种服务类型执行更细粒度的过滤，如下所示：

```
...
if "nova" in [tags] {
     grok {
        match => { "logmessage" => "[-] %{NOTSPACE:requesterip}
   [%{NOTSPACE:req_date} %{NOTSPACE:req_time}] %
   {NOTSPACE:method}          %{NOTSPACE:url_path} %
   {NOTSPACE:http_ver} %{NUMBER:response} % {NUMBER:bytes}
   %{NUMBER:seconds}" } add_field => ["nova", "compute"]
```

```
        add_tag => ["novametrics"]
      }
        mutate {
        gsub => ['logmessage',"""",""]
      }
  }
```

请注意，对于每个条件子句，可以包含一组过滤器。前面的摘录段是一个过滤器示例，用于检查传入日志是否有 nova 标记，如果有，则日志事件将由 grok 解析，并添加其他字段：nova 和 compute。在搜索过程中，将使用名为 novametrics 的额外标记显示事件。mutate 选项将使用空格替换事件日志中的任何反斜杠条目：

（1）OpenStack 日志过滤器还可以包含一种复杂的方法，用于检测 grok 对其标记仍无法处理的失败事件，例如 grok_error。可通过添加如下代码段来实现：

```
...
if !("_grokparsefailure" in [tags]) {
    grok {
        add_tag => "grok_error"
      }
  }
...
```

（2）在 OpenStack 控制节点重启 FileBeat 进程，以将新的日志文件集传输到 ELK 服务器：

```
# systcemctl restart filebeat
```

LogStash 可以自动检测任何新的配置更改，并且不需要重新启动服务。如果未启用自动配置重新加载功能，可执行以下命令行开启：

```
# bin/logastash -f /etc/logstash/conf.d/ --
config.reload.automatic
```

11.3.1 OpenStack 日志可视化

一旦我们确认导入的日志已被成功索引，就可以进入 Kibana 的 web 接口界面获取我们感兴趣的结果，同时对运行中的 OpenStack 服务进行有用的日志分析了。由于我们已经定义了 FileBeat 索引，因此可以跳转到 Kibana 界面左上角工具栏中的第一个选项卡（Discover），如图 11-3 所示。

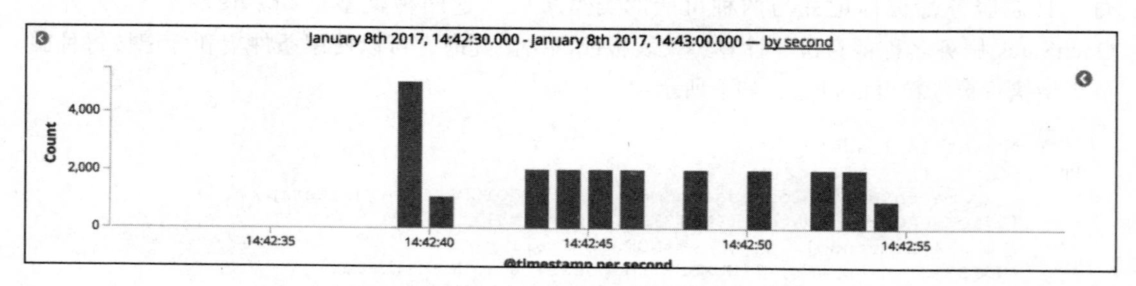

图 11-3 Kibana 界面

从 Kibana 截图 11-4 中可以看到，为了得到更好的可视化和用户体验，每个日志文件行都被非常好地根据不同字段进行索引和解析了：

▾ January 8th 2017, 14:45:25.465　Control Plane　cloud　nova, compute　cloud

Table　JSON　　Link to /filebeat-2017.01.08/log/AVl-U6mtFP_Z5a6OSOdL

	Field	Value
⊙	@timestamp	January 8th 2017, 14:45:25.465
t	@version	1
t	_id	AVl-U6mtFP_Z5a6OSOdL
t	_index	filebeat-2017.01.08
#	_score	-
t	_type	log
t	beat.hostname	cloud
t	beat.name	cloud
#	count	1
?	fields.tags	⚠ nova, compute
t	host	cloud
t	input_type	log
t	message	2017-01-08 14:45:17.818 29275 INFO nova.scheduler.host_manager [req-9fe448f8-ff46-4cc2-81aa-906fc47962ca - - - - -] Successfully synced instances from host 'compute01'.
#	offset	5,807,235
t	source	/var/log/nova/nova-scheduler.log
t	tags	Control Plane
t	type	log

图 11-4　Kibana 日志索引字段

此外，可以从左上方的 filebeat- * 列中选择字段进行自定义，例如，我们感兴趣的可能是如图 11-5 所示具有数据时间戳、标记的日志类型、日志的源主机名以及 OpenStack 服务类型的日志。

Time	tags	fields.tags	host
▸ January 8th 2017, 15:00:30.515	Control Plane	nova, compute, openstack	cloud
▸ January 8th 2017, 15:00:30.515	Control Plane	nova, compute, openstack	cloud
▸ January 8th 2017, 15:00:30.515	Control Plane	nova, compute, openstack	cloud
▸ January 8th 2017, 15:00:29.507	Control Plane	nova, compute, openstack	cloud
▸ January 8th 2017, 15:00:29.305	Control Plane	keystone, identity, openstack	cloud
▸ January 8th 2017, 15:00:27.645	Control Plane	neutron, network, openstack	cloud

图 11-5　Kibana 自定义字段日志显示

现在我们已经正确索引到了数据，接下来，可以继续执行一些搜索，以分析我们的日志数据，并最终发现在没有进行日志中心化和高效日志解决方案的情况下，OpenStack 云管理员难以发现的事件。

案例 1：安全分析

一个练习使用 Kibana 的好方式，就是突出显示登录 Horizon 仪表板的失败和未授权尝试的次数。在 Kibana 搜索栏中，我们可以从最后一天的历史日志中运行搜索查询，例如：

```
fields.tags: identity AND failed
```

```
t message    2017-01-08 15:04:37.347 26823 WARNING keystone.common.wsgi [req-9c9f313a-3969-4524-9657-f3ca5
             10d1de1 - - - - -] Authorization failed. The request you have made requires authentication. f
             rom 10.0.2.15
```

为了使上次的搜索结果可重复用于进一步分析和监视，可以方便地将搜索结果保存在简单且可重复呈现的仪表板中。单击 Kibana 界面左上角工具栏中的第二个按钮（Visualize 标签），然后选择 Line Chart 以显示随时间推移记录的失败次数。通过指定已使用的索引 filebeat- * 选择 From a new search。现在我们可以为 X 轴和 Y 轴定义数据可视化的度量了，如下所示。

- ❑ Y-Axis：默认的计数单位。
- ❑ X-Axis：来自 Kibana 下拉列表中的日期直方图。

确保在新的可视化 Dashboard 中输入上一个搜索查询结果，然后按 play 按钮，即可得到如图 11-6 所显示的折线图。

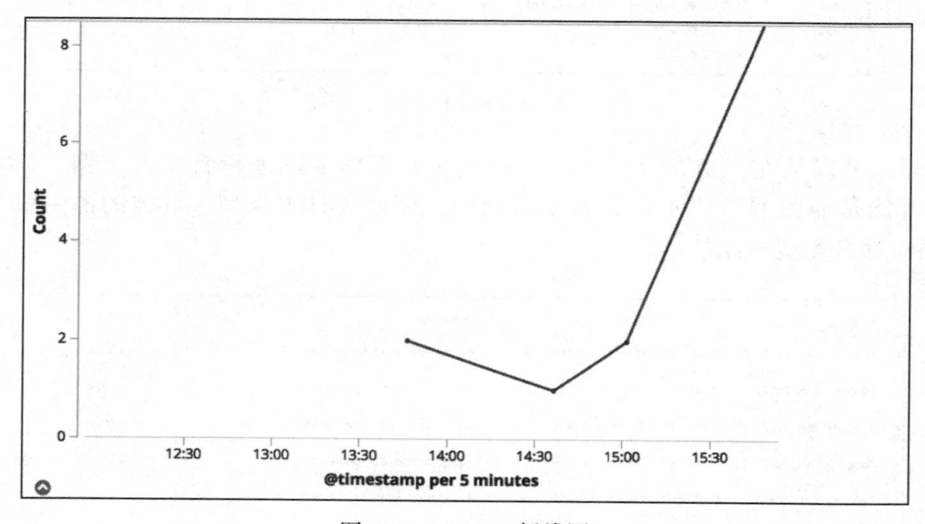

图 11-6　Kibana 折线图

在上方的工具栏菜单中，选择 save 并为新的可视化 Dashboard 设置一个有意义的名称，例如可以命名为 Failed Authentication。随后，可以在 Kibana 的 Visualize 标签中通过查询自定义的名称来重新访问所有已保存的可视化 Dashboard。从 Keystone 日志文件中收集有关授权认证的数据是一项很好的实践，可以提高 OpenStack 环境的安全性。随着各种日志数据类型的不断索引和正确解析，云管理员在监控 OpenStack 私有云时，将具备更深的洞察力和更为简单的方法，以应对任何潜在的安全威胁。基于 ELK 提供的信息，云管理员可以检查每个向 Keystone 发出请求的 IP 地址的有效性来以便采取进一步的行动，将符合条件但密码输入错误的 IP 和可疑 IP 地址分开，并阻止可疑 IP 地址的访问。

案例 2：响应代码分析

第二个示例是以图形方式来显示 Horizon 生成的日志中 50x 和 40x 响应代码的分布情况。单击 Kibana 界面左上角工具栏中第二个名为 Visualize 的按钮，然后选择 Pie Chart。

在我们使用的索引 filebeat-*. 中选择 From a new search。现在，我们来定义要在图形中显示的可视化度量数据，如下所示。

- Split Slice：从 Aggregation 下拉列表中选择 Count。
- Bucket：从下拉列表中选择 Filter，然后新增两个 Filter。
- Filter 1：输入搜索查询：`fields.tags: dashboard and 50?`，将标签名称改为 5xx。
- Filter 2：输入搜索查询：`fields.tags: dashboard and 40?`，将标签名称改为 4xx。

确保在新的可视化 Dashboard 中输入上一个搜索查询，然后按 Play 按钮，结果如图 11-7 所示。

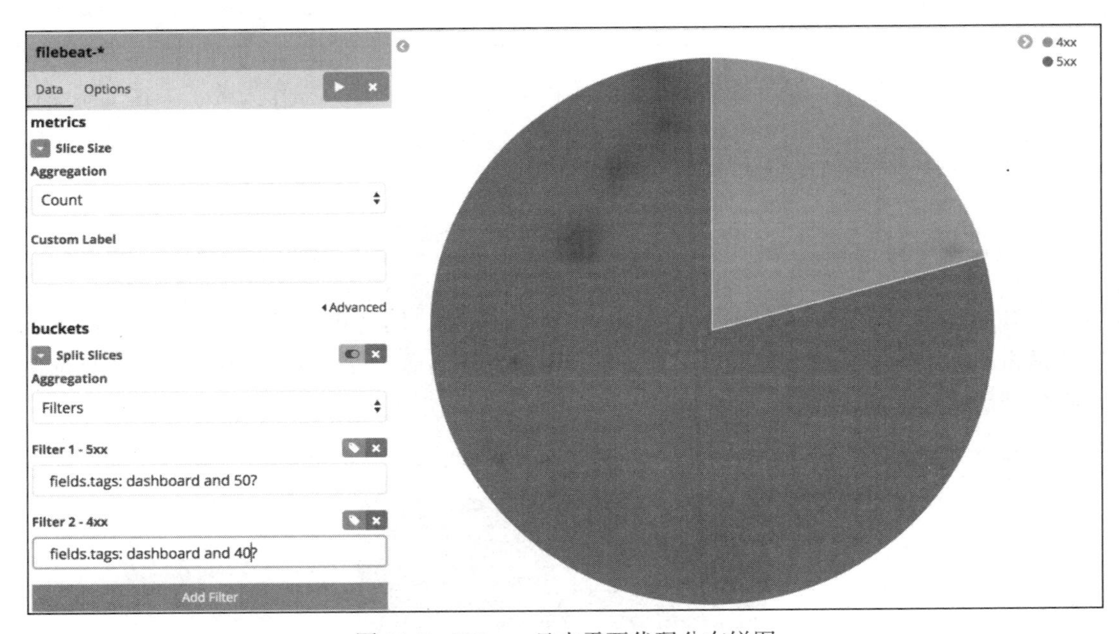

图 11-7　Kibana 日志需要代码分布饼图

在上方的工具栏菜单中，选择 Save 并为新的可视化 Dashboard 提供一个有意义的名称，例如 Error Response Codes。从图 11-7 中，根据错误状态码分布情况，管理员可以更深入地了解运行 OpenStack Dashboard 的 web 服务器运行状况。

11.3.2　基于 Kibana 的故障分析

正如在第 10 章中所描述的，日志文件提供了查询一切问题根本原因的最佳线索。现在，我们已有更好的方法来收集和解析 OpenStack 日志文件，如果监视服务器针对特定的 OpenStack 服务主机节点发出警报，则管理员可以在 Kibana 中快速启动自定义查询并在给定时间内检查相应的事件。如果相同警报反复发出，则可以保存搜索查询结果，基于问题出现的频率，操作员可以决定是否对特定 OpenStack 组件进行优化设计或是更改配置。

在实时发送和索引 OpenStack 日志数据时，管理员可以根据需要运行尽可能多的查询来检测特定的、丰富的关键字。Kibana 使用按处理事件时间戳排序的最新数据，不断刷新仪表板。

在以下简单示例中，我们以过滤 OpenStack 计算服务生成的日志事件的方式来查询 Kibana 中的日志数据，这些过滤事件中包含 `failed` 字符串：

```
fields.tags: compute and failed
```

```
t  message      2016-12-18 04:44:46.098 29502 WARNING nova.scheduler.utils [req-9e632bd4-2abc-4750-aee2-a1fe3
                760d7cb 375ae5b3359a4a1ba835825fcc3fc8c3 6fa47a2b492e48548c2c9596d1c2a5a2 - - -] Failed to co
                mpute_task_migrate_server: Unable to migrate instance (b51498ca-0a59-42bd-945a-18246668186d)
                 to current host (cloud).
```

上述错误事件表明，从一个名为 cloud 主机上发起的实例迁移操作失败了，这个需要迁移实例的 ID 为：`b51498ca-0a59-42bd-945a-18246668186d`。下面这行错误消息将有助于进一步定位问题的根本原因：

```
6c7afbe 375ae5b3359a4a1ba835825fcc3fc8c3 6fa47a2b492e48548c2c9596d1c2a5a2 - - -] Failed to co
mpute_task_migrate_server: No valid host was found. There are not enough hosts available.
```

上述错误信息表明，由于迁移目标主机资源不可用，因此实例迁移失败。资源缺乏也可能是指目标主机不可用，这有可能是主机宕机或网络不通。可以在云主机中运行以下命令行来检查确认这个问题：

```
# nova hypervisor-list
```

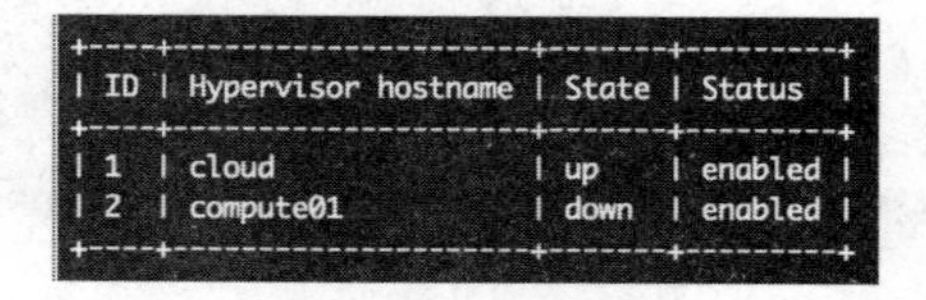

ID	Hypervisor hostname	State	Status
1	cloud	up	enabled
2	compute01	down	enabled

通过核实主机 compute01 是物理上故障宕机还是因为主机上的 Nova 计算服务未正常运行，我们可以对失败原因做出进一步的调查。快速日志查询有助于对潜在问题做出及时反应，不过这也取决于监控系统是如何配置来触发 OpenStack 服务告警的。要解决本例中的问题，首先我们需要启动 compute01 主机上的 Nova 计算服务，然后检查分配给请求迁移虚拟机的资源可用性。

另一个用于检查计算服务和消息队列系统错误状态的有用日志查询，可以通过扩展搜索字符串来实现，如下所示：

```
fields.tags: (compute OR nova) AND AMQP AND error
```

这个搜索查询将显示在 Kibana 中可以搜索到的全部与 Nova 组件相关的错误信息。如下消息列出了需要连接到 RabbitMQ 服务的 nova-conductor 服务的实时错误信息：

```
9-a087-267cb450796c - - - - -] AMQP server on 10.0.2.15:5672 is unreachable: [Errno 111] ECON
NREFUSED. Trying again in 2 seconds.
```

上述示例中，nova-conductor 服务不能连接到 RabbitMQ 队列，一个快速的解决方法，就是查看 RabbitMQ 队列服务是否正常运行（在命令行中运行 #rabbitmqctl status 即可查看）。然后，确保特定的计算节点可以正常连接到 RabbitMQ 服务器，在 RabbitMQ 服务器上使用 lsof 命令即可测试连接是否正常：

```
# lsof -i :5672 | grep Compute_IP_ADDR
```

网络配置是 OpenStack 集群添加新计算节点时很常见的问题，运行 L3 Agent 服务的新加计算节点，需要连接到运行 Neutron-server 服务的控制节点上。你可能已正确配置了新增节点，但是如果你的自动化配置过程并不完全正确的话，OpenStack 集群中新增节点的网络配置就很容易出错。

例如，管理员新添加了三个运行 L3 代理的 OpenStack 计算节点。但是，创建的虚拟机网络连接出现了问题，因此也无法实现对虚拟机的路由访问。此时，可在 Kibana 中仅对新加计算节点运行以下查询来查看：

```
fields.tags: (neutron OR network) AND host: (compute02 OR compute03 OR
compute04) AND l3_agent AND ERROR
ERROR neutron.agent.l3_agent [-] The external network bridge 'br-ex' does
not exist
```

我们的过滤结果表明，compute02 上运行的一个 L3 代理出现了问题。很显然，该错误指出计算节点 compute02 内缺少了桥接映射配置。这种类型的网络设置允许主机内的网络流量通过内部路由到达物理网络，最终通过外部网桥传输到物理网卡。上述错误信息指出，br-ex 应该是我们在 l3-agent 配置文件中设置的外部桥接接口，该配置将连接由 OpenvSwitch 管理的虚拟网络和外部网络。代理将检查 OpenvSwitch 中是否存在已配置的网桥。要解决这个问题，你需要在每个 OpenStack 计算节点上创建 br-ex 接口。如果使用的是 OVS，那么添加网桥是很简单的：

```
[root@compute02 ~]# ovs-vsctl  --may-exist add-br br-ex
```

检查外部网桥是否添加成功：

```
[root@compute02 ~]# ovs-vsctl show
8a7cc14f-5d97-43b9-9cc9-63db87e57ca0
...
    Bridge br-ex
        Port br-ex
```

```
        Interface br-ex
            type: internal
...
```

11.4 总结

本章中，我们介绍了一种将 OpenStack 集群中不同服务组件日志进行中心化处理的有效方式。私有云集群规模通常会持续增长，负载也会随之增加，因此我们需要更多监控工作来将分布式日志进行集中化处理。本章演示了如何设置 ELK 堆栈并将其集成到现有的 OpenStack 集群中。日志提供了非常有价值的信息，这些信息反映了与 OpenStack 设置相关的运行情况，对调式的故障问题提供了深刻见解，并可用于分析每个 OpenStack 服务性能下降的原因，同时有助于在出现安全威胁时提供排查入口。ELK 平台提供了一个完整的日志分析解决方案，通过处理并解决大量日志条目和事件，为我们的 OpenStack 之旅提供了支持和保障。本章中，我们已学会如何构建标准的 ELK 管道，并最终构建了一个复杂的日志分析解决方案，使得用户可以检测到 OpenStack 集群中的任何服务事件。ELK 堆栈变得越来越成熟，使用新的功能和插件，ELK 也越来越强大，用户从日志分析实践中可以得到很多好处。在本章后面的部分中，我们将与安全和 HTTP 响应代码相关的特定主题进行可视化，进而探索利用 OpenStack 中 ELK 解决方案的强大功能。最终，我们学会了如何从简单的搜索和数据查询中进行故障排除，从而检查并发现 OpenStack 安装过程中在集群内部可能出现的一些问题。

根据日志和监控结果，你可能会发现，OpenStack 集群正面临着性能下降的问题，并且需要尽快进行性能调节。因此，在下一章中，我们将介绍一些高级调节设置，以使你的私有云能够应对繁重的工作负载。

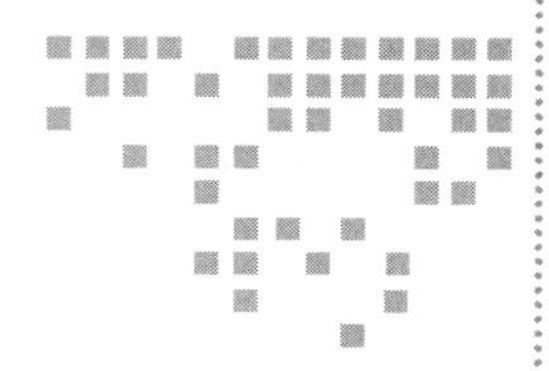

第 12 章 Chapter 12

OpenStack 基准测试与性能调优

几何学启蒙了人类智力，矫正了思维方式。

——伊本·卡尔敦（Ibn Khaldun）

在部署和管理 OpenStack 基础架构方面，前面的章节已经帮助我们完成了几个主题。现在，你可能打算公开上线你的私有云环境，并让用户开始在 OpenStack 私有云中创建和管理虚拟资源。

在解决与系统性能相关的问题时，你很可能会问你的团队：为什么我们没有提前想到？服务器突然过载通常是突发的，会导致系统无法处理与启动虚拟机相关的各种新发起的请求。在用户可能碰到这些问题之前，我们应该提前解决这些问题。

如果未对云计算基础架构的响应能力、互操作性和可扩展性等进行持续测试，就无法满足用户预期的云计算环境。通常而言，在终端用户数量持续增长时，如果需要让云环境效率也保持持续提升，那么提前了解自己云环境的限制至关重要，知道自己的不足，就可以改进并超越自身的不足之处。一种实用的方法，就是通过简单的工作负载生成方式，然后观察接下来 OpenStack 私有云发生的情况，从而度量 OpenStack 云平台的负载承受能力。另一方面，你迟早也要公开你的服务水平协议（SLA）。当然，这可以通过不同的方式来完成。我们这里使用最简单的方法，即对我们的 OpenStack 云计算环境进行基准测试！ OpenStack 私有云是一个庞大的生态系统，如果不仔细选择，OpenStack 系统中的每个组件都有可能成为性能瓶颈。要识别和调整可能造成性能瓶颈和存在失败风险的组件，可以有多种选择。其中最关键的就是数据库。在本章，也是本书的最后部分，你将了解以下内容：

- 改进 OpenStack 集群数据库性能。

- ❑ 在 OpenStack 中使用缓存数据库。
- ❑ 规划并定义基准测试的验收标准。
- ❑ 对 OpenStack 进行基准测试并找到可能的性能瓶颈。
- ❑ 使用高效的测试工具来评估我们的云控制器和数据平面。
- ❑ 分析基准测试的结果和报告并解决发现的性能问题。

12.1 OpenStack 数据库瓶颈调优

数据库是 OpenStack 中最关键的部件之一。通常，在 OpenStack 服务没有特别的配置需求时，都会使用 MySQL 作为 OpenStack 数据库。另一方面，当云环境不断增长时，MySQL 数据库的维护也是一项困难的任务。一般来说，数据库不一致是 OpenStack 生产环境中遇到的最大挑战之一。例如，你可能已将实例与对应的网络关联取消了，但是数据库中的状态却仍然没有更新。此时，Nova 认为实例与网络已分离，但是 Neutron 却认为实例与网络仍然关联在一起，要解决这个问题，你不得不手动编辑数据库并修改相应的状态。在某些情况下，手动干预数据库可能会出错。通常，当数据库表正在执行某些更改时，要保持数据的一致性是很困难的。所有这些都带来了数据库方面的另一个挑战：数据库并发。例如，Nova 始终保持着已终止实例的错误状态，这个实例与浮动 IP 已解除关联。与此同时，正在创建的新实例却无法关联浮动 IP（在有些极端情况下，可能只剩下一个浮动 IP）。同样，需要人工干预来解决这个问题。但是，你需要进行很多 MySQL 查询，这可能又会导致另一个不一致的状态，例如，你使用错误的实例 ID 意外删除了表中某项记录。所以，通常我们将手动更正 OpenStack 数据库的解决方案看成是最后的手段。

另一方面，我们首先要记住如何避免这种情况，但是也要关注我们的 OpenStack 数据库。当然，随着基础架构的增长，数据不一致的风险也可能会增加。由于每个 OpenStack 服务都有大量的表，因此建议用户提前规划好可以保证业务连续性的预防措施。最后，应该保证数据查询在数据库级别的较短时间内完成。换句话说，尽量减少给定工作负载的数据库执行语句响应时间。如果我们的目标是提高 OpenStack 数据库的性能，通常来说，有以下两个方法：

- ❑ 了解 OpenStack 核心软件，在研究内部系统调用和数据库查询相关的专业知识时，也要对数据库性能进行测量。
- ❑ 持续改进硬件功能和运行数据库的配置。

在我们的例子中，上述第二种方法对于 OpenStack 生产环境的生命周期管理是更为方便的。例如，数据库管理员可以决定如何配置硬件以避免环境中出现各种可能的意外瓶颈。我们在第 9 章中描述了 HA 和 Failover，其中的一些示例侧重于数据库架构设计，以便实现数据库的高可用性和可伸缩性。这些概念是非常广泛的，因而需要更深入的专业知识来满足你的需求。最后，根据监控系统发送的警报，你可以决定在硬件级别进行什么样的改进。例如，当看到主数据库的 CPU 在 2 周内每天都有略微增加，而这可能会在较长时间后被评为一个严重问题。当短时间内大量 MySQL 数据进入内存并需要处理时，CPU 很可能会处于饱和状态。另外，I/O 负载也被认为是影响 MySQL 数据库性能瓶颈的主要原因，当 OpenStack 环境生成的磁盘中数据远多于内存能存储的数据时，就会发生这种情况。

12.1.1　数据库瓶颈根因

当你考虑添加更多内存资源以满足数据缓存需求时，提升输入 / 输出（I/O）子系统的性能是最佳选择。物理磁盘的特性对其 I/O 操作能力有很大影响。例如，将固态硬盘（SSD）应用在数据库存储上就是一个不错的选择。根据数据库查询的类型，通过改善访问时间和数据传输速度，在 I/O 等待因素上的更改可能是非常有益的。正如我们之前所说的，SSD 在存储设计上已做出了许多改进。它们通常被称为闪存设备，具有以下两方面的良好性能：

- 改善了读写操作。
- 处理海量并发操作。

一旦数据存入内存之后，你就得保证内存与磁盘之间的数据交换在合适范围内。另一方面，如果不考这样一个挑战，即尽量避免磁盘 I/O，这个目标是很难实现的。为每个 MySQL 节点增加内存，并不意味着 OpenStack 数据库性能就得到了提升，找到内存与磁盘参数（如大小和速度）之间的平衡是非常必要的。

12.1.2　OpenStack 中的缓存系统

规划最佳的硬件配置以提高 OpenStack 数据库的性能，是我们极力推荐的。即使你无法负担对于工作负载来说比较合适的硬件配置，你仍然有其他的更多选择。通过缓存技术，（这是一个备选的解决方案）即可使廉价解决方案在数据库性能提升方面大放异彩。通常，在处理高负载应用程序时，数据库缓存技术被认为是一种非常强大的机制。

从服务器到终端用户的浏览器，每一步都会有缓存的参与。在我们的案例中，作为终端用户应用程序，通过在将查询传递到数据库时最小化无响应状态，Horizon 可以从缓存技术中受益。此外，缓存技术也非常适合将完整的数据库查询队列与数据库服务器分开，如果想要实现这种方案，你可以了解一下一些外部缓存解决方案，例如 Memcached，OpenStack 组件可以使用它来缓存数据，然后你会发现数据库性能有极大提升！

本质上，Memcached 是一种分布式、高性能的内存对象缓存系统。通过内存服务器，OpenStack 数据库服务器可以从存储 OpenStack 服务数据的 Horizon 缓存层中受益。需要指出的是，Memcached 不进行数据持久存储，Memcached 实例重新启动后，内存数据将丢失。

Memcached 使用的是最近最少使用算法，如果出现内存空间不足的情况，则以前的数据库将会被最新的数据替换掉。

Memcached 可以运行在各种配置类型的服务器上，除非你打算使用专用服务器来运行缓存。另外，Memcached 可以在群集架构下运行，甚至可以在有多个进程实例的同一服务器中运行。与数据库的各种需求相比，Memcached 的典型设置仅需要较少的 CPU 和硬件配置，你所需要的就是服务器内存。图 12-1 描述了 OpenStack 中是如何使用 Memcached 缓存的。

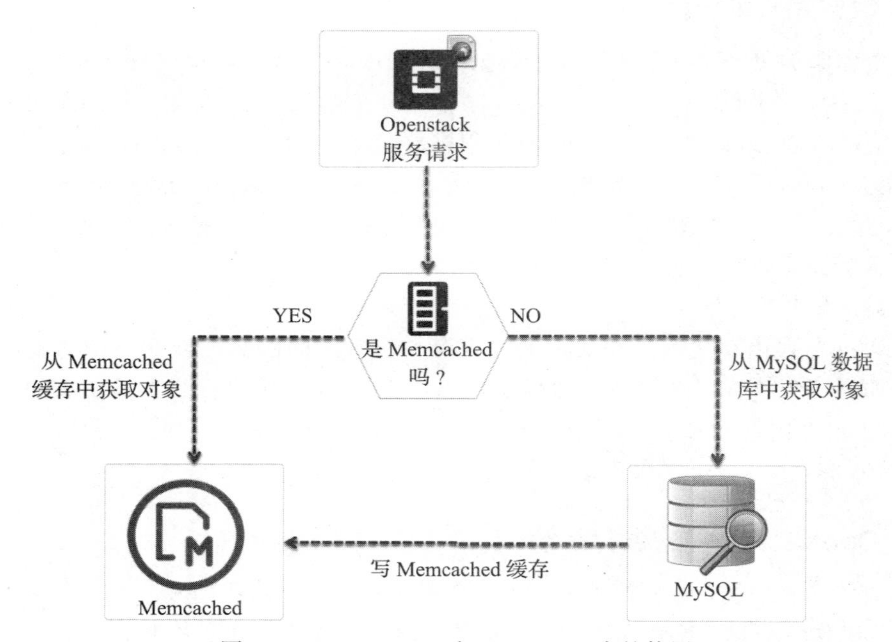

图 12-1　Memcached 在 OpenStack 中的使用

图 12-1 描述的是一个写直通（write-through）缓存机制，即从 MySQL 数据库中读取数据，然后写入 Memcached 缓存中。

12.1.3　Memcached 在 OpenStack 中的应用

本节中，我们将讨论可能经常出现的一个性能问题示例，尤其是在扩容后的 OpenStack 生产环境中。通常而言，在尝试执行命令或执行特定任务时，OpenStack 中的每个服务都会请求令牌。比如说，在实例创建场景中，不同的服务将生成以下几个 API 请求：

- Horizon 到 Nova API 请求。
- Nova 到 Glance 提取镜像 API 请求。
- Nova 到 Cinder 关联卷 API 请求。
- Nova 到 Neutron 分配网络端口、使用防火墙等的 API 请求。

这些请求过程在内部都包含 Keystone 对令牌有效性的检查。以前，Keystone 在每次请求时都要检查其位于数据库中的记录。可以想象一下，每次调用都会因为令牌有效性检查而产生数千个 API 请求。这必然会影响 OpenStack 的性能，因为 Keystone 在从大型数据库表中获取令牌时，花费了大量 CPU 周期。此外，性能问题很可能导致 Keystone 挂起，进而无法处理新的授权请求。最终结果就是，过期令牌的存在导致数据库表的查找延迟很长。从这样一个场景中，我们可以得出以下结论：

- Keystone 持续消耗 CPU。
- Keystone 数据层可能不一致。

乍一看，你可能会考虑通过 CPU 升级来解决问题，如果你打算花更多时间和预算的话，升级方案应该还是很有用的。但是，静下来想一想，你觉得过期的令牌还有用吗？在某些工作负载下，连续的表扩展可能会导致不必要的数据库行为，这样会导致持续出现低效查询。下面，我们来看看 Mmemcached 是如何来解决这个问题的。我们可以让问题变得简单一点：告诉 Keystone 不要在数据库中保存我们的令牌，而是访问 Memcached 缓存层。这样，Keystone 将所有令牌记录保存在 Memcached 服务器中。这对于加速身份验证是非常有用的。接下来，我们将介绍如何安装 Memcached 实例并将其与 OpenStack 环境集成。

12.1.4 Memcached 安装与部署

如前所述，你可以决定是否为 Memcached 实例提供专用服务器。在下面示例中，我们假设在运行 Keystone 服务控制节点上安装 Memcached。因此，在安装 Memcached 时，不要忘记调整设置，包括控制节点的 IP 地址。

（1）在控制节点上安装 Memcached，如下：

```
# yum install -y memcached python-memcache
```

下面的步骤请在 OpenStack Juno 及更高版本上执行。如果任何模块或指令被弃用或重命名，请务必查看官方 OpenStack 文档附录：http://docs.openstack.org/developer/keystone/configuration.html。

（2）设置 Memcached 开机自启动。

```
# chkconfig memcached on
```

如果你打算设置一个新的 Memcached 节点，请注意修改系统时区，可以在 /etc/sysconfig/clock 文件中修改 ZONE 参数，这是非常重要的，因为 Keystone 默认通过 UTC 时区来确定 Tokens 的到期时间。

（3）检查 Memcached 当前统计信息。

```
# memcached-tool 127.0.0.1:11211 stats
```

（4）作为可选操作，你可以调整缓存空间为 4GB，按照如下方式修改 /etc/sysconfig/memcached 配置文件：

```
# vim /etc/sysconfig/memcached
CACHESIZE=4096
```

（5）重启 Memcached 服务。

```
# service memcached restart
```

（6）修改 Keystone 配置文件 [token] 配置段，以使用 Memcached 驱动作为持久后端来存储 Tokens：

```
# vim /etc/keystone/keystone.conf
[token]
driver = keystone.token.persistence.backends.memcache.Token
caching = True
...
```

（7）在 Keystone 配置文件 [cache] 配置段启用 cache 功能，并指定 Memcached 作为后端插件，如下：

```
[cache]
enabled = True
config_prefix = cache.keystone
backend = dogpile.cache.memcached
```

（8）同样，在 [cache] 配置段，设置后端插件使用本地安装的 Memcached，如下：

```
backend_argument = url:localhost:11211
```

（9）重启 Keystone 服务

```
# service keystone restart
```

（10）Keystone 应该已连接到本机上的 Memcached 实例，通过检查 Memcached 默认使用的 11211 端口，可以确认连接是否正常，如下：

```
# lsof -i :11211
```

如果正常连接，则上述命令将得到如下结果：

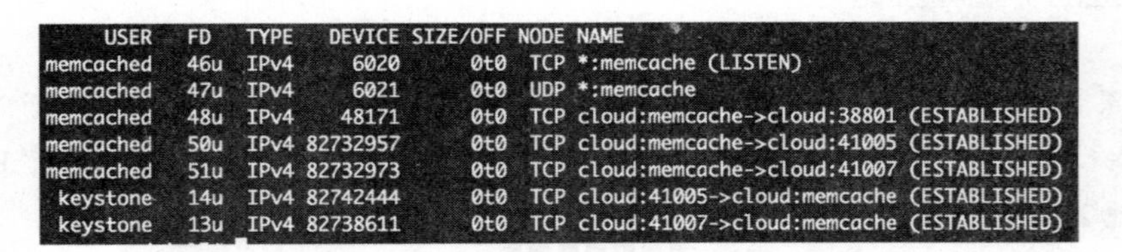

```
     USER   FD   TYPE   DEVICE SIZE/OFF NODE NAME
memcached  46u  IPv4     6020      0t0  TCP *:memcache (LISTEN)
memcached  47u  IPv4     6021      0t0  UDP *:memcache
memcached  48u  IPv4    48171      0t0  TCP cloud:memcache->cloud:38801 (ESTABLISHED)
memcached  50u  IPv4 82732957      0t0  TCP cloud:memcache->cloud:41005 (ESTABLISHED)
memcached  51u  IPv4 82732973      0t0  TCP cloud:memcache->cloud:41007 (ESTABLISHED)
 keystone  14u  IPv4 82742444      0t0  TCP cloud:41005->cloud:memcache (ESTABLISHED)
 keystone  13u  IPv4 82738611      0t0  TCP cloud:41007->cloud:memcache (ESTABLISHED)
```

（11）使用 watch 命令行，可以动态查看 get_hits 值每一秒的变化情况，如下所示。

```
# watch -d -n 1 'memcached-tool 127.0.0.1:11211 stats'
```

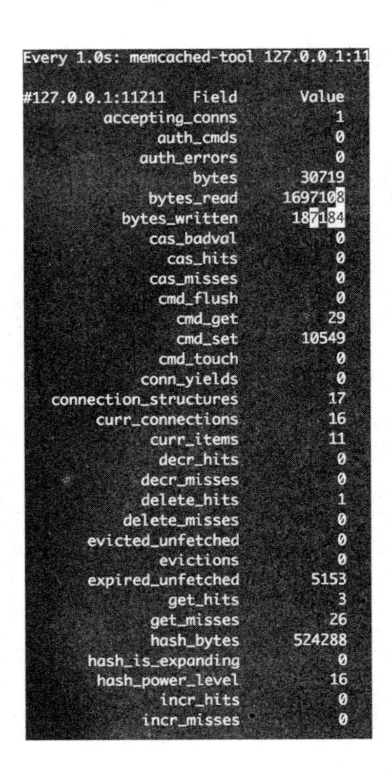

Every 1.0s: memcached-tool 127.0.0.1:11
#127.0.0.1:11211 Field Value
accepting_conns 1
auth_cmds 0
auth_errors 0
bytes 30719
bytes_read 1697108
bytes_written 187184
cas_badval 0
cas_hits 0
cas_misses 0
cmd_flush 0
cmd_get 29
cmd_set 10549
cmd_touch 0
conn_yields 0
connection_structures 17
curr_connections 16
curr_items 11
decr_hits 0
decr_misses 0
delete_hits 1
delete_misses 0
evicted_unfetched 0
evictions 0
expired_unfetched 5153
get_hits 3
get_misses 26
hash_bytes 524288
hash_is_expanding 0
hash_power_level 16
incr_hits 0
incr_misses 0

要实时验证并查看 Keystone 的缓存机制，有几个使用统计值是比较有用的，如下所示。

- `accepting_conns`：已配置的 Memcached 实例连接数。如果再新增一个使用 Memcached 作为缓存的服务，则该值将会递增 1。
- `bytes`：用于实时缓存项目的字节数。
- `bytes_read`：写入 Memcached 服务器的字节数。
- `bytes_written`：从 Memcached 服务器输出的字节数。
- `cmd_get`：Memcached 服务器接收到的 get 命令数目。
- `cmd_set`：Memcached 服务器接收到的 set 命令数目。
- `get_hits`：缓存成功命中数目（get 请求），命中率可以通过将 `get_hits` 除以 cmd_get 值百分比的形式来获得。
- `get_misses`：缓存命中失败数目。

实际上，Nova 服务也能从 Memcached 缓存中获益。要在 Nova 中使用 Memcache 缓存，在每个计算节点和控制节点上，编辑 Nova 配置文件 `/etc/nova/nova.conf`，设置 Memcached 服务器地址即可。重要的是，如何将 Memcached 轻松扩展成为缓存集群。通常，如果单个 Memcached 实例无法处理当前工作负载，则在部署大规模 OpenStack 环境时，需要对 Memcached 进行集群扩展。要实现 Memcached 集群，可以结合负载均衡器 HAProxy 的 TCP 工作模式来实现。下述代码段描述了如何为 Memcached 进行正确的 HAProxy 配置。

这里假设第 9 章中已正确配置了 HAProxy 节点，现在只需在 /etc/haproxy/haproxy.cfg 中添加以下配置段：

```
...
listen memcached-cluster 192.168.47.47:11211
balance roundrobin
maxconn 10000
mode tcp
server cc01 192.168.47.100:11211 check inter 5s rise 2 fall 3
server cc02 192.168.47.101:11211 check inter 5s rise 2 fall 3
server cc03 192.168.47.102:11211 check inter 5s rise 2 fall 3
```

重新加载 HAProxy 配置文件：

```
haproxy01# service haproxy reloadhaproxy02
# service haproxy reload
```

现在，需要告知 Nova 服务我们已配置了多个 Memcached 实例运行在三个控制节点上，当 cc01 故障时，使用 cc02，cc02 也故障时，使用 cc03，以此类推。在每个计算节点和控制节点的 /etc/nova/nova.conf 文件中，设置如下命令：

```
...
memcached_servers = cc01:11211,cc02:11211,cc03:11211
...
```

此外，Dashboard 也可以使用 Memcached 并从中获益。我们可以设置 Horizon 使用 Memcached 进行 Django web 缓存。考虑控制节点的扩展性，只需要指向虚拟 IP 即可。Dashboard 包含有 CACHES 设置段，我们只需对其进行编辑或添加即可。在控制节点上，编辑 /etc/openstack-dashboard/local_settings.py 文件，如下：

```
...
CACHES = {
'default': {
    'BACKEND' : 'django.core.cache.backends.memcached.
MemcachedCache',
          'LOCATION' : '192.168.47.47:11211',
    }
}
...
```

在每个 HAProxy 实例的配置中添加如下配置段，以便可扩展的 Django dashboard 可以使用可扩展的 Memcached 集群：

```
...
listen horizon 192.168.47.47:80
balance roundrobin
maxconn 10000
mode tcp
server cc01 192.168.47.100:80 cookie cc01 check inter 5s rise
2 fall 3
server cc02 192.168.47.101:80 cookie cc02 check inter 5s rise
2 fall 3
server cc03 192.168.47.102:80 cookie cc03 check inter 5s rise
2 fall 3
```

在每个 HAProxy 节点上重新加载配置文件，即可完成 Memcached 扩展性设置，如下：

```
haproxy01# service haproxy reload
haproxy02# service haproxy reload
```

12.2　OpenStack 基准测试

人无远虑，必有近忧！作为一个云平台管理员，在初期验证 OpenStack 私有云异常功能时，必须记住这一点。在分布式计算系统中，每一个反复循环的请求，都有可能导致性能问题，这显然为系统性衡量 OpenStack 集群性能带来了一些挑战。这些挑战归结起来，就是我们无法以简单、自动化的方式执行复杂测试来获得真实、准确的测量结果。此外，尽管最初的设置和验证过程确保了你的云环境可以应对饱和工作负载，但是随着 OpenStack 生态系统的不断发展，以及更多孵化项目的集成，你很难保持初始设置不变，而集群性能不会下降。

由于缺乏合适的工具，性能测试在传统基础设施部署中一直是一项复杂的工作。随着网络、硬件功能及其复杂性的不断演进，从初始环节就进行性能测试也成为必然步骤。尤其是，对于 OpenStack 私有云，我们必须发现可能存在的性能限制，以便清楚了解我们的 OpenStack 集群配置可以处理多少负载，以及可以满足用户哪一级别的期望。

实际上，影响私有云的性能和测试结果的主要是私有云底层基础架构核心网络组件。在 OpenStack 中，我们将按如下方式定义这些网络架构组件。

- Control plane：控制平面，其主要定义了数据交换传输的路由组件。在 OpenStack 中，控制平面代表的是基础结构的编排层。API 操作即是此组件的一个子集。
- Data plane：数据平面，其代表的是网络层，主要通过网络协议进行数据传输，并进行远程对端之间的网络管理。传输数据的网络组件隶属于控制平面，并且控制平面向数据平面提供服务。

数据平面通常也称为转发平面（Forwarding Plane）。

- Management plane：管理平面，其定义了负责管理和监控流量的组件。在 OpenStack 中，管理平面可被认为是控制平面的子集。

随着 SDN 技术的发展，控制平面、数据平面和管理平面正在由软件实现和定义。在 OpenStack 中，SDN 可以帮助运营商和管理员以更灵活的方式来使用网络，同时以更细粒度的方式来控制数据流。

对于性能测试这个难题，一个主要的解决方式，就是针对私有云的每个架构平面进行独立的负载基准测试。值得高兴的是，随着 OpenStack 的巨大成功，围绕其生态系统，越来越多的基准测试工具被开发出来，这些测试工具已基本上覆盖上述各个架构层面。下面，我们将介绍如何使用 Rally 工具对数据平面和控制平面进行基准测试，我们还会用到一称为 Shaker 的测试工具，虽然这个工具出现的时间还很短，但却非常有前景！

12.2.1 基于 Rally 的 OpenStack API 测试

Rally 是一个简单的基准测试工具，其主要作用在于告诉你 OpenStack 基础架构设施在大规模工作负载下的更多信息。最初，OpenStack 的官方测试套件是 Tempest，这是一种基于多种 Python 测试框架构建的测试工具。Tempest 基本上是通过执行 API 调用来实现针对 OpenStack 服务端点的多个测试场景，并最终通过端点的响应来验证测试情况的。

你可以查看更多关于 Tempest 的信息，并在 Github 中找到单个用例测试：https://github.com/openstack/tempest。

OpenStack 社区使用 Tempest 实现第 2 章中介绍的 DevOps 与持续集成。另外，基于 Tempest 测试的执行报告和发布结果是非常有用的，这些结果有助于确定 OpenStack 中需要修改或改进的代码。如果你算采用一些系统配置工具，如 Chef、Puppet 或 Ansible，来部署和管理你的 OpenStack 基础架构，则 Tempest 测试也是至关重要的，这将有助于你将第一阶段中 OpenStack 进行过修复的代码归零，并告诉你第二阶段中需要做出哪些更高级别的更改。

利用 Tempest 的强大功能，可以对 OpenStack 集群环境进行非常有效的测试。但是，如果深入到关联的 Python 代码来进行测试，则可能会相当复杂和耗时。此外，测试结果应该可以轻松获取并收集起来。为了克服 Tempest 存在的这些挑战，Rally 应运而生，可以说 Rally 是一个非常完美的解决方案。需要指出的是，Rally 并不是 Tempest 的替代品，而是在基准测试过程中，安装、配置和使用 Tempest 测试过程的一个性能和基准测试框架。

Rally 扩展了 Tempest 的以下功能：

- ❑ 确认并验证 OpenStack 大规模集群配置部署的有效性。
- ❑ 在多个 OpenStack 云环境中运行灵活的测试。
- ❑ 通过 Rally 数据库中的历史数据来对比基准测试结果。
- ❑ 在多个模拟租户和活动用户中执行真实的工作负载测试。
- ❑ 通过创建扩展测试功能。

12.2.2 实现 OpenStack SLA

在云平台正常运行期间，云用户所关注的就是 SLA。云平台中的 SLA 在某些方面保持长期稳定是非常重要的，这意味着在一段特定的时间内，云平台性能没有太大变化。考虑到这一点，我们应该尽早考虑与性能相关的问题，以便 SLA 在 OpenStack 云服务运行过程中可能发生变化时，对供给双方（云供应商和最终用户）都能发挥作用。在生产环境中运行 OpenStack 后，并不意味着万事大吉，相反，我们的 OpenStack 运行维护过程才刚刚开始。

OpenStack 正式运行后，作为云供应商，你的下一个目标，就是与云终端用户达成服务级别协议，并进行切合实际的服务级别度量。必须记住，SLA 是绝对不可忽视的。从某种意义上说，终端用户更宁愿被告知你对云平台资源的限制和预期。换句话说，就是你云平台的工作负载性能指标。诸如故障频率、平均故障间隔时间和平均恢复时间等指标都可以在 OpenStack 云基础架构的 SLA 中说明。向用户提供可靠的性能基准测试结果，可能有助于你在用户心目中成为一个值得信赖的供应商，同时也为消费者对云服务的使用提供更多的信心。不断发展的云基础架构，必然会伴随着 SLA 的不断改进。为了始终如一地以 OpenStack SLA 为核心，我们将使用 Rally 来进行性能测试。

12.2.3　Rally 安装与部署

本节中，我们将 Rally 安装到一台独立的服务器上，该服务器可以访问全部 OpenStack 服务。Rally 服务器将加入 OpenStack 集群中的以下两个网络：

- 管理网络。
- 外部网络。

下面的安装指南将引导你在 CentOS 系统上采用基于软件包的形式来安装 Rally。服务器配置的最小的硬件和软件需求如下。

- Processor：64-bit x86。
- Memory：2GB RAM。
- Disk space：100GB。
- Network：两张 1 Gbps 网卡（NIC）。
- Python 2.6 或更高版本。

下面讲解 Rally 的手工安装步骤。

（1）从 Github 仓库中下载 Rally 安装源代码，执行 `install_rally.sh` 脚本进行安装：

```
# wget -q -O-https://raw.githubusercontent.com/openstack/
rally/master/install_rally.sh | bash
# cd rally &&  ./install_rally.sh
```

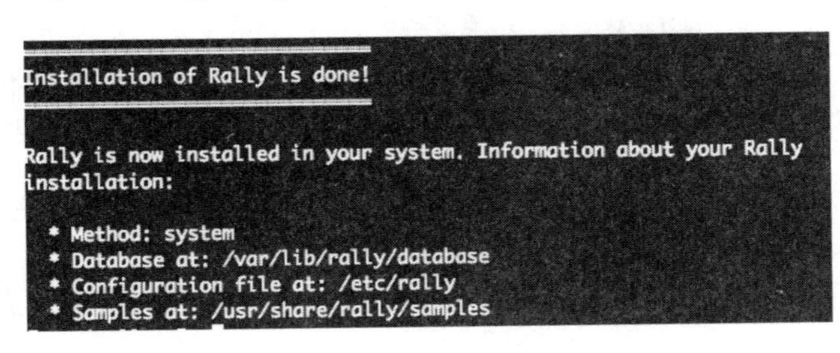

（2）在 OpenStack 环境中注册 Rally。通过本地环境变量 keystone_admin 即可完成注册。可以从控制节点将环境变量拷贝到 Rally 服务器，然后 source 环境变量即可：

```
# scp packtpub@cc01:/keystone_admin .
# source openrc admin admin
```

（3）下一步将使用 Rally 注册你的 OpenStack 环境变量：

```
# rally deployment create  --name existing --perf_cloud
```

（4）deployment create 命令的输出解结果如下：

```
2017-01-14 14:50:25.849 12103 INFO rally.deployment.engine [-] Deployment 41b840ce-b00b-49dd-8ea0-169c13cacc5e |
2017-01-14 14:50:25.872 12103 INFO rally.deployment.engine [-] Deployment 41b840ce-b00b-49dd-8ea0-169c13cacc5e |
+--------------------------------------+----------------------------+------------+------------------+--------+
| uuid                                 | created_at                 | name       | status           | active |
+--------------------------------------+----------------------------+------------+------------------+--------+
| 41b840ce-b00b-49dd-8ea0-169c13cacc5e | 2017-01-14 13:50:25.837243 | perf_cloud | deploy->finished |        |
+--------------------------------------+----------------------------+------------+------------------+--------+
```

（5）使用 Rally 的 deployment check 命令验证你的 OpenStack 部署结果已具备可用性：

```
# rally deployment check
```

```
keystone endpoints are valid and following services are available:
+-------------+-----------------+-----------+
| services    | type            | status    |
+-------------+-----------------+-----------+
| __unknown__ | alarming        | Available |
| __unknown__ | computev3       | Available |
| __unknown__ | volumev2        | Available |
| ceilometer  | metering        | Available |
| cinder      | volume          | Available |
| ec2         | ec2             | Available |
| glance      | image           | Available |
| heat        | orchestration   | Available |
| keystone    | identity        | Available |
| neutron     | network         | Available |
| nova        | compute         | Available |
| s3          | s3              | Available |
| sahara      | data-processing | Available |
| swift       | object-store    | Available |
+-------------+-----------------+-----------+
```

deployment check 命令会列出 OpenStack 集群中运行的服务。上面的输出表明，OpenStack 集群服务处于正常可用状态。

如果 deployment check 命令抛出如下错误信息：*Authentication Issue*：*wrong keystone credentials specified in your endpoint properties.*（*HTTP 401*），你必须使用正确的身份信息更新位于 keystone_admin 文件中的注册身份。

12.2.4 Rally 配置应用

上一节中，我们已经安装配置好了一台 Rally 服务器，并且可以正常访问 OpenStack

API。接下来，我们将进行 OpenStack 基准测试。默认情况下，你可以在 /rally/sample/tasks/scenarios 目录下找到很多针对 OpenStack 各个服务的基准测试脚本，也包括一些其他孵化项目，例如 Murano、Sahara 等。这里，我们重点关注的是已经运行在 OpenStack 环境中的服务项目。在开始进场 Rally 基准测试前，我们或许很想知道 Rally 的工作方式，Rally 的测试脚本是以任务方式来执行的，一个任务包含一组针对 OpenStack 服务的可运行基准测试，基准测试脚本是 JSON 或 YAML 格式。基准测试脚本的格式如下：

```
 ScenarioClass.scenario_method:
-
        args:
            ...
        runner:
            ...
        context
            ...
        sla:
            ...
```

- scenarioClass.scenario_method：定义基准测试脚本的名称。
- args：每一个 scenario_method 都对应一个特定的类型脚本，在启动基准测试之前，可以通过传递参数的方式自定义脚本。
- runners：定义了负载频率类型和基准测试脚本的顺序，runners 段支持不同的类型，如下：
    - constant：将脚本执行固定次数，例如，一个脚本在整个测试周期内可以执行 10 次。
    - constant_for_duration：在一个特定时间段内，将脚本执行特定次数。
    - periodic：定义一个特定的时间段 [interval]，以运行 2 个连续的基准测试脚本。
    - serial：在单个基准线程中运行指定次数的脚本。
- context：定义运行基准测试脚本的环境类型。通常，context 的概念定义了有多少个租户和活动用户与给定的 OpenStack 项目相关。它还可以指定特定的授权角色中，每个租户 / 用户所拥有的资源配额。
- sla：sla 对于确定全部基准测试的平均成功率是非常有用的。

为了找到一个可以真实反映你的 OpenStack 部署环境，并且方便易用的基准测试方案，你可能一直在寻找真实的用户使用案例。例如，Rally 可以帮助开发人员轻松地运行合成工作负载，如给定时间内的 VM 配置和销毁。然而，云运营商的情况似乎更复杂。合成工作负载生成的测试结果级别很高，但是允许你从中识别你的 OpenStack 云环境的瓶颈。我们来看一个真实世界的例子，多个公司有几个应用程序需要以不同的使用模式来部署。假设我们有多个应用于 QA/dev 的并发实例应用程序，这些实例每天都会部署几次不同版本的应用程序。以一个大规模部署为例，在这种情形下，多个团队各自运行着批量应用程序，每个应用都需要使用多个虚拟机，并且这些虚拟机一天内要部署多次。这类负载需求在 OpenStack 环境中，可以如下理解：在一个特定时间段内，M 个用户需要并发使用 N 个基于特定资源模板的虚拟机。

我们都知道，OpenStack 不是一种单体架构，而是一种不同进程和服务之间可以彼此通信的分布式架构。如果我们对实例供给的过程进行分解，那么，对于我们理解虚拟机供给阶段大量时间的消耗将非常有帮助。只要得到了基准，那我们的主要目标就是提供一些历史数据。例如，我们可以多次运行相同的基准测试，在每次运行过程中，固定全部参数，修改每次的运行时间，或者启用 Glance 缓存机制来执行多次基准测试。

12.2.5 测试示例——Keystone 性能调优

我们这里的应用场景，是一个基于 Rally 的基准测试，Rally 的测试方法名称为 `KeystoneBasic.authenticate_user_and_validate_token`。这个测试场景的目的，在于度量 Keystone 在特定负载下，对用户进行身份验证时获取和验证令牌的时间。首先，我们创建一个名为 `perf_keystone_pp.yaml` 的文件。

该文件任务的内容大致如下：

```
KeystoneBasic.authenticate_user_and_validate_token:

      args: {}
      runner:
        type: "constant"
        times: 50
        concurrency: 50
      context:
          users:
              tenants: 5
              users_per_tenant: 10
      sla:
     failure_rate:
         max: 1
```

示例场景将为 Keystone 创建恒定的工作负载，创建 5 个不同的租户，每个租户包含 10 个用户，并要求 Keystone 持续对创建的用户进行 50 次授权和令牌验证。记住，在每个单次迭代中，50 个场景测试要求并发执行，以便模拟多个用户同时访问的场景。sla 配置段部分定义了测试条件，即如果出现一次身份验证失败，则结束当前基准测试。

运行这种并发访问 Keystone，要求同时进行多个用户身份验证的基准测试是非常有用的，因为这类测试可以模拟 Keystone 遭受 DDoS 攻击的情况。

现在，我们使用 `rally` 命令行来执行这个基准测试：

```
# rally task start --abort-on-sla-failure  perf_keystone_pp.yaml
```

你会发现，我们在 `rally` 命令行中增加了 `abort-on-sla-failure` 选项，如果你在 OpenStack 生产环境中执行上述测试，这将是非常有用的参数。Rally 会在当前云环境中产生大量工作负载，这些负载可能会导致性能问题，因此，我需要告知 Rally，如果出现了 sla 定义的条件，则立即停止测试。上述测试命令的输出大致如下：

```
+-----------------------------------------------------------------------------------------------------------------------------------+
|                                                    Response Times (sec)                                                          |
+-------------------------------+-----------+--------------+---------------+---------------+-----------+-----------+---------+-------+
| Action                        | Min (sec) | Median (sec) | 90%ile (sec)  | 95%ile (sec)  | Max (sec) | Avg (sec) | Success | Count |
+-------------------------------+-----------+--------------+---------------+---------------+-----------+-----------+---------+-------+
| keystone_v2.fetch_token       | 5.379     | 25.036       | 41.745        | 48.185        | 57.831    | 24.286    | 100.0%  | 50    |
| keystone_v2.validate_token    | 11.575    | 34.219       | 53.503        | 55.351        | 56.679    | 37.924    | 100.0%  | 50    |
| total                         | 35.014    | 57.384       | 88.948        | 92.12         | 100.932   | 62.211    | 100.0%  | 50    |
+-------------------------------+-----------+--------------+---------------+---------------+-----------+-----------+---------+-------+
Load duration: 195.66706
Full duration: 405.882441
```

Rally 基准测试结果表明，测试场景运行了 50 次，并且完成率是 100%。要深挖其中的细节，我们可以执行下述命令，使用 Rally 任务 ID 来生成可视化 HTML 报告：

```
# rally task report  c5493ee7-fba2-4290-b98c-36e47ed0fdb2 --out
/var/www/html/bench/keystone_report01.html
```

我们的第一次基准测试迭代碰到了 SLA 定义的条件，如下：

Service-level agreement

Criterion	Detail	Success
failure_rate	Failure rate criteria 0.00% <= 0.00% <= 1.00% - Passed	True

在 Rally 生成的 HTML 报告界面中，点击 Overview 按钮，第二个图表 Load Profile 告诉我们，在 Rally 任务执行期间并行执行了多少次迭代：

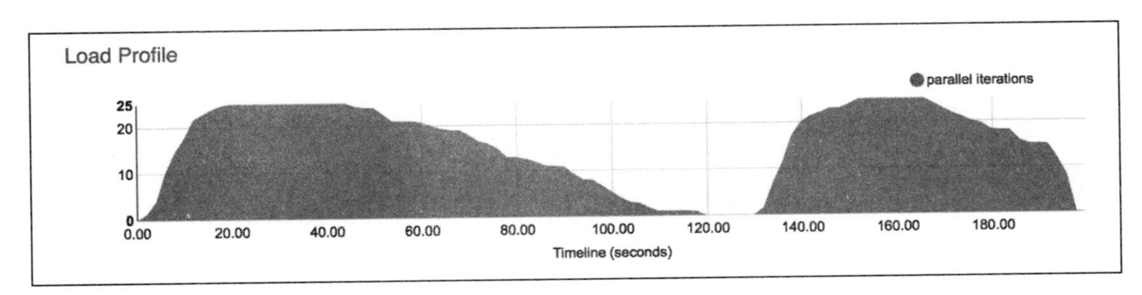

Load Profile 图可用于说明在工作负载时间段内，并发运行迭代的变化。此信息有助于了解在某些峰值处的系统行为，同时有助于规划在给定时间内，系统可以支持多大的负载。在第二个标签 Details 中，我们将会看到更多的细节，在 Details 中我们将看到 Atomic Action Durations 图，在我们的示例中，显示了两个行为，即 `keystone_v2.fetch_token` 和 `keystone_v2.validate_token`：

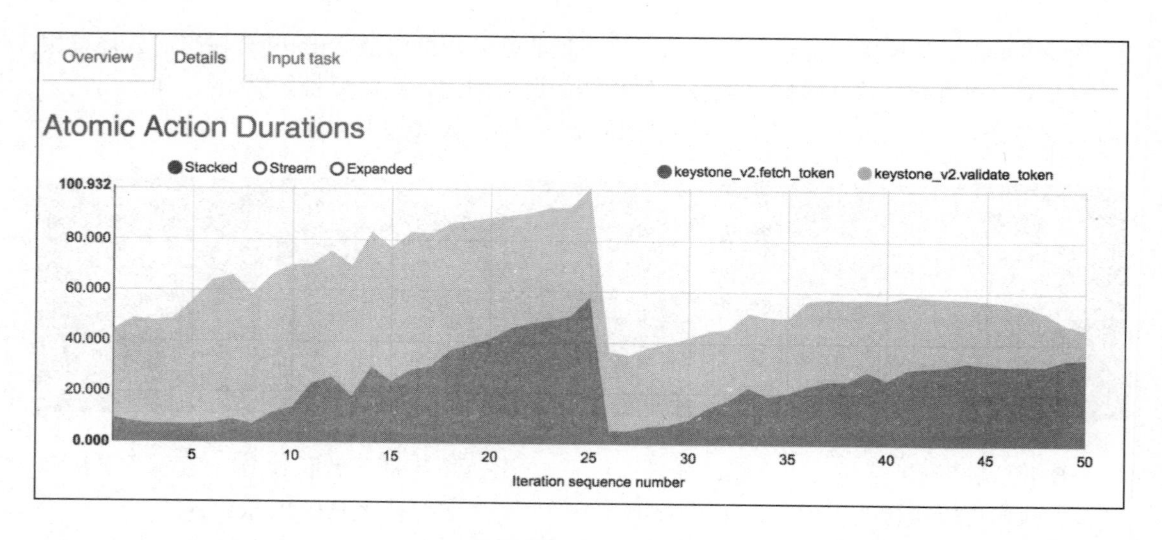

Atomic Action Durations 图表有助于查看测试场景中不同操作行为的变化，同时可以看到在整个迭代执行期间，响应持续时间是如何受到影响和变化的。我们可以看到两个操作的持续时间是不同的，因为获取和验证令牌是两个不同的操作。如果我们的测试用例满足 SLA 定义的条件并且失败了，例如在基准测试中执行特定操作时持续响应时间太长，我们就可以使用此图表来详细分析出现瓶颈的操作。

我们可以在第二次基准测试中调整测试成功的标准参数，以便使用更严格的 SLA 来执行更真实的场景。例如，我们将 sla 的定义部分修改如下：

```
...
sla:
      max_avg_duration: 5
      max_seconds_per_iteration: 5
      failure_rate:
         max: 0
      performance_degradation:
          max_degradation: 50
      outliers:
          max: 1
```

新的 sla 定义了 5 个条件。

- max_avg_duration：如果授权认证最大平均时间超过 5 秒，则测试任务结束。
- max_seconds_per_iteration：如果认证请求最大响应时间超过 5 秒，则测试任务结束。
- failure_rate：
  - max：如果出现一次以上的授权认证失败，则测试任务结束。
- performance_degradation：
  - max_degradation：如果完成测试迭代的最小时间和最大时间之差超过 50%，测试任务结束。

- outlier：outlier 限制了长时间迭代运行的次数为 1。

使用如下命令，重新执行 Rally 测试任务：

```
# rally task start --abort-on-sla-failure keystone_pp.yaml
```

使用不同的名字生成一个新的测试报告，以便将新图表报告与之前的进行对比，如下：

```
    # rally task report  980957ef-4c4c-4e9b-a9c1-573839dcad80 --out
/var/www/html/bench/keystone_report02.html
```

Service-level agreement

Criterion	Detail	Success
performance_degradation	Current degradation: 4937.442268% - Passed	True
max_seconds_per_iteration	Maximum seconds per iteration 11.27s <= 5.00s - Failed	False
failure_rate	Failure rate criteria 0.00% <= 0.00% <= 1.00% - Passed	True
outliers	Maximum number of outliers 0 <= 1 - Passed	True
aborted_on_sla	Task was aborted due to SLA failure(s).	False

可以看到，测试期间 Rally 检测到有一次迭代花费了 11.27s，这已经超出了 SLA 的设定值，因此对应到 success 的值是 False：

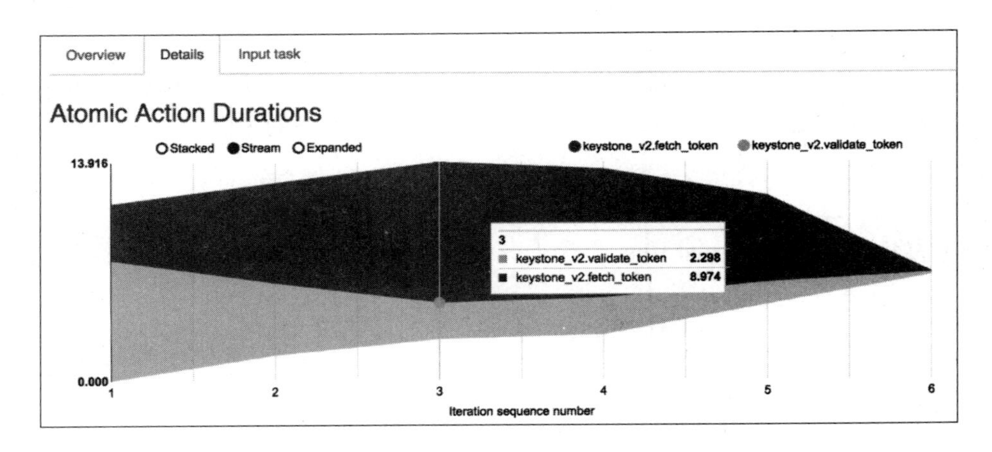

使用新的 SLA 条件，Rally 执行到第六次迭代时候就停止了。用户授权和 Token 认证的时间不符合我们的预设值，势必影响到全局测试响应时间。因此，我们的下一个目标就是针对这个值进行调优，力争将其降低到 5s 内。

我们上述基准测试表明，在负载峰值期间，Keystone 的用户授权和 Token 验证时间不符合我们的 SLA 要求。因此，用户验证时间的增加，很可能在并发用户数达到一定阈值时出现 timeout 情况。通常，在修复 Keystone 配置后，这类性能问题可以得到优化。我们可以参考 Keystone 的高级设计模式，这种设计模式可以提升 OpenStack 环境中身份认证服务的性能。在 OpenStack 中，很多服务组件都支持 eventlet-based 进程，Keystone 组件支持低功耗的 multi-threading 进程，并可以通过不同方式来运行。通常的建议，就是在启用了 mod_wsgi 模块的 Apache HTTPD 服务器或者 WSGI 下的 Ngnix 服务器中部署 Keystone。

Eventlet 是一个用于并行网络编程的 Python 库。由于其非阻塞 I / O 并在单个线程中操作 Handers，因此 Eventlet 被设计用于提供高性能的网络环境。要理解更多关于 Eventlet 的知识，可以参考如下链接：http://eventlet.net/。

通过 Web 服务器将 Keystone 实例前置，有助于处理并发 HTTP 连接，并可使用基于多线程的处理模式来代理授权认证请求这种高级功能。

下面的向导将指引我们调整 Keystone 的配置，以便在已有的 OpenStack 环境中使用 HTTPD 服务器。

（1）在控制节点上，安装 Apache Web 服务器用到的 WSGI 模块：

```
# yum install mod_wsgi
```

在安装 Apache Web 服务器之前，请先确认当前的 Linux 操作系统发行版本，不同的 Web 服务器安装包和版本，在操作系统中的配置文件名称和路径可能是不同的。

（2）为 Keystone 创建 Virtual Host 文件 /etc/httpd/conf.d/keystone_wsgi_main.conf，使其监听 5000 端口，并指向运行 Keystone 服务的主机。

```
<VirtualHost *:5000>
ServerName cc01
```

（3）为 Keystone 的 Virtual Host 配置 document root，Directory 选项如下：

```
DocumentRoot "/var/www/cgi-bin/keystone"
  <Directory "/var/www/cgi-bin/keystone">
    Options Indexes FollowSymLinks MultiViews
    AllowOverride None
    Require all granted
  </Directory>
```

（4）作为可选配置，为 Keystone 的 Virtual Host 配置日志存储目录，将日志存储在 /var/log/httpd 目录：

```
ErrorLog "/var/log/httpd/keystone_wsgi_main_error.log"
CustomLog "/var/log/httpd/keystone_wsgi_main_access.log" combined
```

（5）设置 WSGI 进程组名称、每个实例的进程数以及 Keystone 用户可运行的线程数。记住，如果打算增加处理请求数目，可以调节 WSGIDaemonProcessdirective 配置中的进程和线程数目：

```
      WSGIApplicationGroup %{GLOBAL}
      WSGIDaemonProcess keystone_main display-name=keystone-main
group=keystone processes=4 threads=32 user=keystone
      WSGIProcessGroup keystone_main
```

（6）将 WSGI 脚本别名指向真实文件路径：

```
WSGIScriptAlias / "/var/www/cgi-bin/keystone/main"
```

取决于 OpenStack 版本，默认的 Keystone 和 Web server 安装中，有可能包含了针对 main 和 admin 虚拟主机的 WSGI keystone 脚本。只需验证脚本文件路径即可。记住，在最新的 Mitaka 版本中，已经默认启用 `mod_wsgi` 模块，而传统使用 Eventlet 的方式已被移除。

（7）基本的 WSGI 脚本文件内容大致如下：

```
import os
from keystone.server import wsgi as wsgi_server
name = os.path.basename(__file__)
application = wsgi_server.initialize_application(name)
```

（8）关闭 Keystone 的 main 虚拟主机：

```
</VirtualHost>
```

（9）重复上述步骤，创建第二个 Keystone 虚拟主机文件 `/etc/httpd/conf.d/keystone_wsgi_admin.conf`，使其监听 `35357` 端口，并指向运行 Keystone 服务的主机：

```
<VirtualHost *:35357>
  ServerName cc01
```

（10）为刚添加的虚拟主机配置 document root，Directory 选项如下

```
DocumentRoot "/var/www/cgi-bin/keystone"
<Directory "/var/www/cgi-bin/keystone">
  Options Indexes FollowSymLinks MultiViews
  AllowOverride None
  Require all granted
</Directory>
```

（11）作为可选配置，可以为虚拟主机配置日志存放目录，例如 `/var/log/httpd`：

```
ErrorLog "/var/log/httpd/keystone_wsgi_admin_error.log"
CustomLog "/var/log/httpd/keystone_wsgi_admin_access.log" combined
```

（12）设置 WSGI 进程组名称、每个实例的进程数以及 Keystone 用户可运行的线程数。记住，我们打算增加处理请求数目的话，可以调节 `WSGIDaemonProcessdirective` 配置中的进程和线程数目：

```
      WSGIApplicationGroup %{GLOBAL}
      WSGIDaemonProcess keystone_main display-name=keystone-admin
group=keystone processes=8 threads=32 user=keystone
      WSGIProcessGroup keystone_admin
```

（13）将 WSGI 脚本别名指向真实文件路径：

```
WSGIScriptAlias / "/var/www/cgi-bin/keystone/admin"
```

（14）基本的 WSGI 脚本文件内容大致如下：

```
import os
from keystone.server import wsgi as wsgi_server
name = os.path.basename(__file__)
application = wsgi_server.initialize_application(name)
```

（15）关闭 Keystone 的 main 虚拟主机：

```
</VirtualHost>
```

（16）重启 Web 服务：

```
# systemctl restart httpd.service
```

现在，我们通过 WSGI 模块，已经配置了一个 Web Server 作为 Keystone 的后端，并通过多线程处理模式增强了 Keystone。为了进行对比，我们在相同的环境下再次执行 Rally 基准测试，这里已经定义了协助我们跟踪硬件或 Keystone 性能限制的处理进程和线程：

```
# rally task start --abort-on-sla-failure keystone_pp.yaml
```

在最新的 Keystone 配置中，我们将会看到，控制节点上将会运行更多的 `httpd` 进程，因此控制节点也会有更多的 CPU 消耗：

```
23552 keystone  20   0  986764  75248   6664 S 161.8  0.3   1:17.48 httpd
23554 keystone  20   0  986764  74456   6660 S 158.6  0.3   1:20.22 httpd
23553 keystone  20   0  986764  74800   6664 S  95.9  0.3   1:21.01 httpd
23551 keystone  20   0  986764  75236   6660 S  95.5  0.3   1:08.53 httpd
```

新生成的 Rally 测试报告也应该反映 Keystone 在用户授权和验证上响应时间的变化：

```
  # rally task report  b36e4b72-0e86-4769-965d-cbe3662d647e --out
/var/www/html/bench/keystone_report03.html
```

Service-level agreement

Criterion	Detail	Success
performance_degradation	Current degradation: 806.294481% - Passed	True
max_seconds_per_iteration	Maximum seconds per iteration 4.19s <= 5.00s - Passed	True
failure_rate	Failure rate criteria 0.00% <= 0.00% <= 1.00% - Passed	True
outliers	Maximum number of outliers 1 <= 1 - Passed	True

可以看到，我们完成了一个伟大目标！我们终于将每次测试迭代的最大时间降低到了 5s 内（4.19s）。到此，我们已实现了最初的 SLA 要求，在反映最新 Keystone 配置的 Load Profile 图表中也可以看到这种变化：

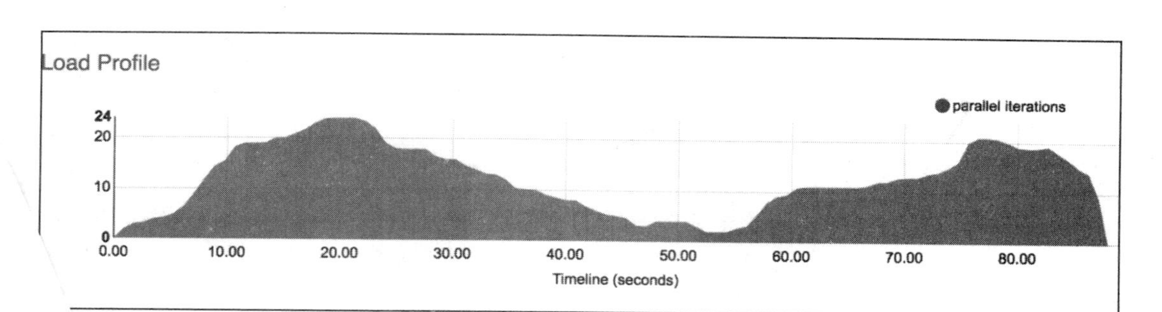

与之前的配置相比，优化后的 Keystone 配置使用线程池来处理模拟并发请求，因此在
间段内，Keystone 可以很好地应对并发测试迭代任务。虽然允许的请求数目设置得
旦是我们可以注意到，在测试期间真正执行的并发只有 24 个。这证实了我们基于
程和进程的设置是正确的，并且留下了更多的空闲进程以便实现更高的并发性和更
代时间。

Shaker 的 OpenStack 网络测试

k 云计算控制层面的 API 性能测试而言，Rally 是一个非常伟大的测试工具。
面外，我们还需要收集很多关于 OpenStack 基础架构设施如何处理数据负
门已经配置并运行了一个 OpenStack 云平台，用户准备部署他们的私有环
层上部署应用。这意味着会产生一定的网络负载，我们的网络架构层需
理这些网络负载。

清楚特定网络负载下 OpenStack 数据层面产生的行为是非常必要的。
例之间的事件请求，无论是在 OpenStack 内部网络之间，还是互联
操作，而且都必须保证零错误。

为 Shaker 的基准测试工具被孵化出来，并已加入 OpenStack 大
管理员测试 OpenStack 数据层面的性能。

侧重于从应用角度来验证 OpenStack 的设置。从本质上来讲，
Stack 的数据平面，向终端用户提供最满意的用户使用体验。
络验证和测试负载，其主要的特性总结如下：

ck 部署。
异常。
如 iperf、flent 和 netperf。
（如 Heat）自动化测试场景。
络拓扑。
地进行性能分析。

要想了解关于 OpenStack 中 Shaker 测试工具的更多信息，可以检查最新的文档网站：http://pyshaker.readthedocs.io/en/latest/index.html。

12.3.1 Shaker 架构

在 OpenStack 集群中，Shaker 工具采用了一种不同的方式来运行测试和部署拓扑。对其架构进行简洁的概述将有助于我们了解 Shaker 的工作原理和启动有效的基准测试场景，Shaker 的原理架构如图 12-2 所示。

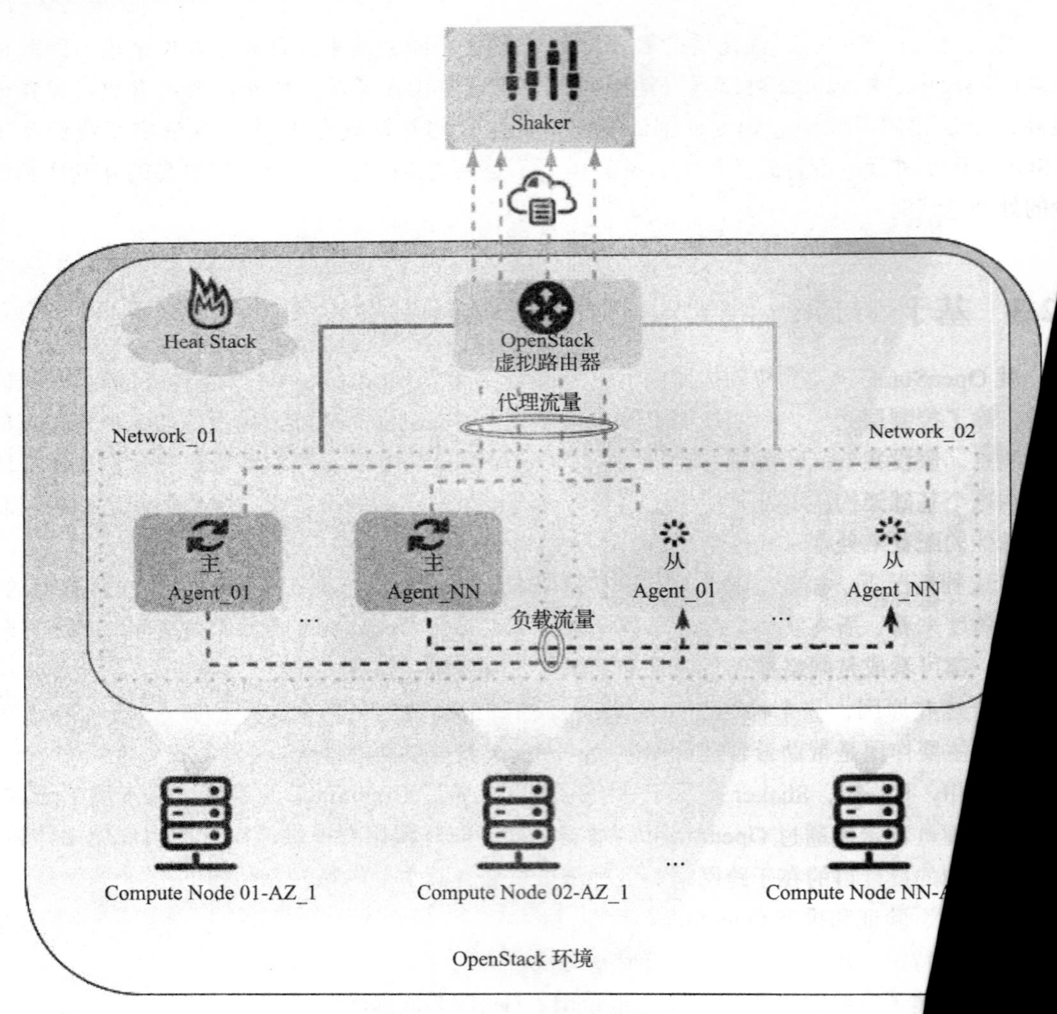

图 12-2　Shaker 原理架构图

图 12-2 呈现了 Shaker 与 OpenStack 各个服务组件的交互过程，如下所示

（1）Shaker 实例连接到 OpenStack 集群并启动负载测试场景。

（2）Shaker 进程使用 Heat 编排工具在 OpenStack 环境中部署一个预定义的测试场景。

（3）创建堆栈后，Shaker 进程将在所有预安装的代理设置完成，并在 OpenStack 中每个已部署的 Heat 实例加入仲裁后，执行测试。

（4）Master 代理仅涉及网络测试场景，而 Slave 代理仅作为后端接收入口流量。

（5）Shaker 中的执行将用到 Heat 部署的每个实例中的所有可用代理。可以调整测试场景，以在不同计算节点内和跨多个网络之间逐个执行测试列表。

（6）当所有测试都执行完成后，所有代理都会发送测试结果到 Shaker 服务器。

（7）Shaker 服务器将会生成 JSON 格式文件以存储测试结果。

（8）一个 Shaker 命令将发送至 OpenStack API，以便销毁全部用于测试的栈。

（9）根据 Shaker 服务器上的 JSON 格式结果文件，将会生成一份统计报告，该报告提供了详细的基准测试结果。

Shaker 服务器需要使用 admin 权限来访问 OpenStack API，以执行 Shaker 命令并运行 API 请求。这在 Shaker 主机上加载 Keystone 的环境变量即可实现。另外，为了得到代理测试结果，各个服务器节点必须能够通过路由后访问 Shaker 服务器。

12.3.2 Shaker 安装部署

与 Rally 类似，我们将安装一台新的 Shaker 服务器，该服务器可以访问整个 OpenStack 环境。Shaker 服务器需要加入以下 OpenStack 网络：

- 管理员网络。
- 外部网络。

下面的安装代码段将指导你在 CentOS 操作系统上完成基于软件包的 Shaker 安装，其硬件和软件要求如下：

- Processor：64 位 x86。
- Memory：4GB RAM。
- Disk space：100GB。
- Network：两张 1Gbps 网卡（NIC）。
- Python 2.6 或更高版本。

下面来设置我们的 Shaker 环境。

（1）启动并激活运行 Shaker 的虚拟环境：

```
# virtualenv venv
# . venv/bin/activate
```

（2）使用 pip 命令行安装 Shaker Python 库：

```
(venv) [root@shaker ~]# pip install pyshaker
```

（3）执行 Shaker 测试场景将启动 Heat 的堆栈创建，并基于 Glance 中存储的 Base 镜像来部署每个实例。确保在使用以下命令行获取 OpenStack 管理凭据后，构建正确的镜像：

```
(venv) [root@shaker ~]# source keystone_admin
[root@shaker(keystone_admin) ~]# shaker-image-builder
```

```
2017-01-15 15:53:02.694 17683 INFO shaker.engine.image_builder [-] Created image: shaker-image
```

默认情况下，shaker-image-builder 将下载一个 Ubuntu 的 Base 镜像，并执行安装后脚本来安装必需的 Shaker 软件包。可用的 Base 镜像模板位于：/venv//lib/python2.7/sitepackages/shaker/resources/image_builder_templates/。

要使用不同的 Base 镜像，例如 CentOS 或 Debian，找到如下代码文件：/venv/lib/python2.7/site-packages/shaker/engine/config.py。

并将其中的 IMAGE_BUILDER_OPTS 配置参数由 ubuntu 修改为 centOS 或 debian。

（4）上述步骤应该已经创建了一个新的镜像，并上传到了 Glance 中：

```
# glance image-list
```

ID	Name
3ddad251-d8e2-4f3a-9718-dfed56660ee0	cirros-x86_64
02fcf589-f691-4a9e-9cd1-3ab3c78c312e	shaker-image

shaker-image-builder 命令行工具会进行以下几个操作：创建一个新的镜像模板，基于 Base 镜像启动一个虚拟机，在安装 Shaker 需要的各种代理工具后创建虚拟快照，并存储至 Glance 中。

12.3.3 Shaker 配置应用

一旦镜像成功创建完成并上传至 Glance 后，接下来就可以规划基准测试场景并评估结果了。通常情况下，Shaker 的默认安装会携带很多类型的测试场景，这些 Shaker 测试场景位于 /lib/python2.7/sitepackages/shaker/scenarios/ 目录。

Shaker 测试场景由 YAML 格式的文件来描述，文件中的参数定义了部署类型，以及要执行的测试列表。在正式的基准测试之前，我们先来了解一下基准测试文件的构造：

```
title: ...
description:
   ...

deployment:
  template: ...
```

```
  accommodation: [..., ...]

execution:
  progression: ...
  tests:
  -
    title: ...
    class: ...
    method: ...
  -
...
```

该 YAML 文件的具体定义如下。

- title：Shaker 测试场景的简短名称。
- description：哪些资源将被创建和测试的概要描述。
- deployment：如何在 OpenStack 计算节点集群上部署实例的自定义配置，这个定义段由两个部分组成。
  - template：Shaker 使用的 Heat 模板名称。
  - accommodation：定义实例在计算节点集群中怎样规划调度，通过以下配置来实现：
    - pair：告知 Nova 生成一对实例用于 Shaker 的网络测试。一个实例用于生成网络负载，另一个实例用于接收网络负载。
    - density：为每个计算节点的实例数目设置一个乘法系数。
    - compute_nodes：设置测试期间可用的最大计算节点数目。
    - single_room：告知 Shaker 测试在每个计算节点上创建一个实例。
    - double_room：告知 Shaker 测试在每个计算节点上创建一对实例。
    - zones：告知 Shaker 测试在哪个 OpenStack 可用域中执行。

默认情况下，如果 compute_nodes 配置选项未设置，Shaker 测试工具将使用全部注册到 OpenStack 中的计算节点。

- execution：这部分定义了 Shaker 的核心内容，Shaker 将在全部可用代理上同时执行此部分定义的内容。可以通过以下参数来构造执行指令。
  - progression：控制在具有不同运行级别的代理程序之间运行测试的并发级别，可用的运行级别有：
    - linear：在测试期间逐步增加参与测试的代理数目，值由 1 开始线性递增。
    - quadratic：在每次测试执行中，双倍增加参与测试的代理数目。
    - no value set：如果既没有设置 Linear，也没有设置 Quadratic，那么 Shaker 的执行测试将会使用全部可用的代理。
  - tests：每一个测试段都由“-”符号分开。这些测试段在文件中按顺序执行，可以根据类的定义来参数化测试。下面的配置选项对于 Shaker 中的所有测试都是通用的。

- title：测试执行步骤的简短名称。
- class：进行网络测试的工具名称。
- sla：基准测试完成后，整体测试场景成功率的一个概要指标。

每个测试类都提供了可用于缩小测试执行范围的特定属性，测试类属性因工具而异。这里可以找到完整的测试类：http://pyshaker.readthedocs.io/en/latest/usage.html#test-classes。

OpenStack 数据平面的基准测试场景，应该在稳定状态下，触发不同 OpenStack 组件的工作负载来执行。在我们的案例中，测试 OpenStack 网络层的性能将有助于验证在完全投入生产时，在 OpenStack 基础架构上运行的应用程序功能。正如之前章节中所讨论的，OpenStack 网络服务通过 SDN 提供了许多网络功能。这些功能提供了各种网络配置选项和拓扑。但是，如果不能模拟性能限制，我们就无法收集定制 OpenStack 最佳网络设置所需的参数。

Shaker 有助于我们在 OpenStack 投产前发现各种性能问题，随后，操作管理员可以根据测试结果，决定如何重构或重新设计一个高性能的 OpenStack 网络安装部署方案。

为此，有必要考虑使用 Shaker 提供的众多网络拓扑，来解决在早期阶段发现的各种性能问题，尤其是在 Neutron 内部出现的问题。这里有几个基准测试场景，我们可以主义对其进行测试。

- TCP/UDP 吞吐：下载或上传时的性能问题。
- 在同一网络中 OpenStack 构建实例时的延迟。
- 在不同网络中 OpenStack 构建网络时的延迟。
- 在相同 L2 和 L3 中的浮动 IP 和 NAT 实例。
- 来自外部主机的外网流量。

12.3.4 测试示例——OpenStack L2 网络调优

在接下来的测试场景中，Shaker 在一个租户网络内创建了一对实例，我们需要测试的是计算节点之间的网络吞吐，网络吞吐在同一个 L2 租户网络中进行。我们将对 Shaker 进行调整，以将每个实例放在不同的计算节点中。在我们的例子中，我们将使用两个计算节点，其中主服务器和从服务器属于同一可用域。

确保在 deployment 配置段中包含 Heat 模板文件 l2.hot，我们的测试框架源自 Shaker 预定义的可用测试场景，位于：/lib/python2.7/sitepackages/shaker/scenarios/openstack/。

```
title: OpenStack L2

description:
  Benchmark Layer 2 connectivity performance. The shaker scenario will
launch pairs of instances in separate compute node.
deployment:
  template: l2.hot
  accommodation: [pair, single_room, compute_nodes: 1]

execution:
  progression: quadratic
  tests:
  -
    title: Download
    class: flent
    method: tcp_download
  -
    title: Upload
    class: flent
    method: tcp_upload
  -
    title: Bi-directional
    class: flent
    method: tcp_bidirectional
   -
    title: UDP-Bursts
    class: flent
    method: bursts
```

在我们的测试场景中，执行工作流是 quadratic，可以将其总结为按顺序运行 `flent` 的三个测试步骤：

（1）`tcp_download`：TCP 下载流量。

（2）`tcp_upload`：TCP 上传流量。

（3）`tcp_biderctional`：下载和上传双向 TCP 流量。

（4）`bursts`：间歇性突发 UDP 流量延迟测量。

> 要了解有关 flent 类工具的更多信息，请参考以下网址：https://github.com/tohojo/flent/tree/master/flent/。

使用如下命令行，即可执行我们的测试案例场景：

```
# cd  /lib/python2.7/site-packages/shaker/scenarios/openstack/
# shaker --server-endpoint 172.28.128.3:555 --scenario l2.yaml --
report /var/www/html/bench/l2_iteration01.html
```

```
2017-01-17 18:55:10.342 25161 INFO shaker.engine.utils [-] Logging enabled
2017-01-17 18:55:10.344 25161 INFO shaker.engine.messaging [-] Listening on *:555
2017-01-17 18:55:10.345 25161 INFO shaker.engine.server [-] Play scenario: /root/venv/lib/python2.7/site-packages
2017-01-17 18:55:10.347 25170 INFO shaker.agent.agent [-] Agent id is: __heartbeat
2017-01-17 18:55:10.348 25170 INFO shaker.agent.agent [-] Connecting to server: 172.28.128.3:555
2017-01-17 18:55:10.348 25170 INFO shaker.agent.agent [-] Agent config: {'polling_interval': 10}
2017-01-17 18:55:10.363 25161 INFO pykwalify.core [-] validation.valid
2017-01-17 18:55:10.577 25161 INFO shaker.openstack.clients.openstack [-] Connection to OpenStack is initialized
```

上述 Shaker 命令行将会访问一可用端口上的 OpenStack API 端点来执行 `l2.yaml` 文件中描述的测试场景。在我们的案例中，Shaker 使用的是 `555` 端口。同时，上述命令还将生成 HTML 格式的报告文件。文件将存储在 `/var/www/html/bench/` 文件夹下面。

执行多个测试场景会生成很多 HTML 报告文件。为了更好地浏览这些报告，可以在 Shaker 服务器中安装一个可以从一个目录提供 HTML 文件的 Web 服务器。在前面的示例中，已安装了 `httpd`，并对其进行了配置，以便为 Shaker 服务器中的 `bench` 文件夹下的报告提供浏览访问服务。

测试场景将会消耗一定的时间，因为 Shaker 会通过 OpenStack 的编排工具来调用 OpenStack API 以便发起请求，创建一个 OpenStack 测试环境。测试场景文件中已经设置了 Heat 栈，在 Shaker 代理中预定义的每个实例都会被创建。在一系列的测试执行之前，主从实例要等待一段时间以便发现彼此，因此，需要用到仲裁（quorum）。

```
2017-01-16 01:41:00.076 20915 INFO shaker.engine.quorum [-] Waiting for quorum of agents: set(['shaker_uatdek_slave_1', 'shaker_uatdek_slave_0', 'shaker_uatdek_master_1', 'shaker_uatdek_master_0'])
```

如果使用的是较老的 Heat 版本，在执行 Shaker 命令行时，你可能会收到错误消息，此时，你需要确保已经安装了 `python-croniter`，然后重新执行 Shaker 命令。

在 OpenStack 控制节点上，确保 OpenStack 的 Heat 栈已被创建：

id	stack_name	stack_status	creation_time	updated_time
9074dbf4-7991-4151-a52a-c508e12f283b	shaker_b3fb5ec1-2160-4eb3-8a89-d9a6c4f49bb5	CREATE_COMPLETE	2017-01-15T15:13:51	None

堆栈准备就绪后，每个 Shaker 主从角色都有一对实例：

```
# nova list | grep shaker
```

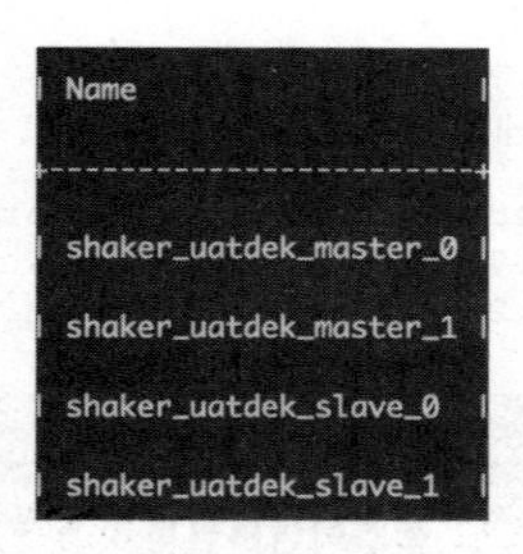

Name
shaker_uatdek_master_0
shaker_uatdek_master_1
shaker_uatdek_slave_0
shaker_uatdek_slave_1

一旦所有代理都加入到 Heat 堆栈的 quorum 中，Shaker 命令行输出将会告知测试已完成，并且测试结果会写入 `json` 文件中，最终导出成 HTML 报告文件。

Shaker | The Report

Scenario: OpenStack L2　Test Case: Bi-directional　Concurrency: 1　Host: node-cn6　Agent: shaker_uatdek_master

Records

Scenario	Test Case	Concurrency	Host / Compute Node	Agent	Status
OpenStack L2	Bi-directional	1	node-cn6	shaker_uatdek_master_1	✔success

与 Rally 类似，Shaker 工具也会生成一个 HTML 报告文件：`var/www/html/bench/l2_iteration01.html`。测试报告页面呈现了不同的选项，以便将不同的测试场景都进行展示，主要涉及三个测试场景：Download、Upload 和 Bi-directional。此外，测试场景中还包含针对测试基准中特定主机的可用并发级别。请注意，并发级别与基准中包含的可用节点数相关。为简单起见，我们将并发级别保持为 1，并从一个节点中获取统计结果信息。数据平面的分析可以针对某个测试案例分别实现，这里，我们使用 Bi-directional 来作为分析测试用例。采样统计结果如图 12-3 所示。

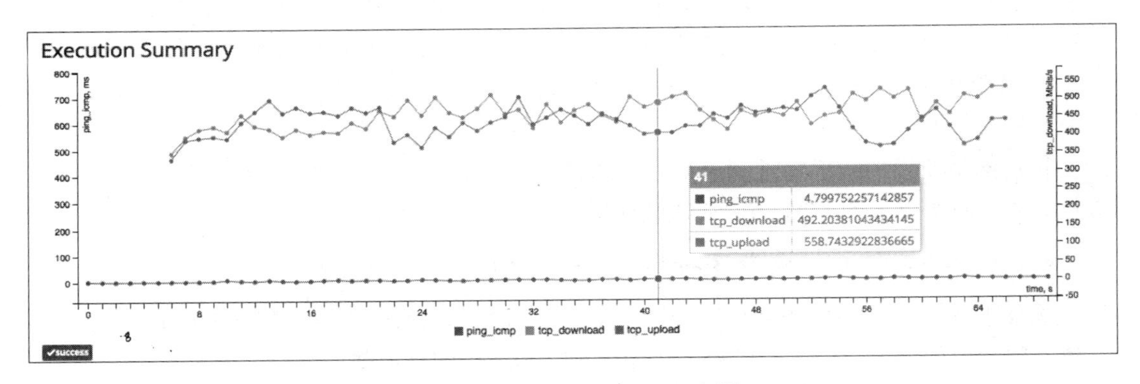

图 12-3　Execution Summary 图

这个测试用例中的 tcp_download 和 tcp_upload 统计信息如下所示。

❑ tcp_download：
- max：530 MBits/sec。
- min：350 MBits/sec。
- mean：450 MBits/sec。

❑ tcp_upload：
- max：730 MBits/sec。
- min：460 MBits/sec。
- mean：600 MBits/sec。

很显然，如果考虑到要求使用的是大规模高性能私有云网络环境，则上述吞吐值确实太低了。在 OpenStack 基础架构上构建应用程序可能需要更高的吞吐性能。这意味着，在我们的测试案例中，在同一个 L2 租户网络内部，可以实现计算节点之间更好的网络吞吐。当数据包在私有网络中传输时，我们可以考虑调整 MTU（最大传输单元）值，这将会是一个很有价值的关注点。

根据私有云环境中运行的网络硬件配置和操作系统设置，假设第一个执行的测试使用的标准 MTU 值为 1500 字节。下一步 Shaker 基准测试的目标就是增加 MTU 值，这意味着 OpenStack 集群中全部节点（计算节点、网络节点和控制节点）的物理网卡 MTU 值都要增加。改变 Neutron 网络接口，将会在虚拟机启动时候，影响到 Nova 和 Neutron 创建的虚拟设备。所有最新创建的虚拟机，都会通过以 dnsmasq 进程运行的 DHCP 服务获得最新的 MTU 值。请记住，这种变更需要对生产环境中的路由和交换机物理设备进行调整。

我们将把 OpenStack 基准测试环境设置中的 MTU 值调整为 9000，以获得更大的数据包负载。这样我们就可以用更少的协议开销来运行测试。

MTU 值超过 1500 字节的以太帧，通常称为巨帧（Jumbo frame），在某些网络设备和 Linux 发行版本中，巨帧可用于提升网络性能。要支持一个较大的 MTU 值，硬件层面无须做什么改动，使用巨帧的另外一个好处，就是在处理大负载传输时，可通过降低服务器 CPU 负载来减轻服务器压力。

租户网络使用的全部物理网卡都可以调整 MTU 值，这包括计算节点、网络节点和控制节点。要更新节点上的 MTU 值，可以使用如下命令：

```
# echo MTU=9000 >> /etc/sysconfig/network-scripts/ifcfg-eth0
```

确保上述命令正确应用到合适的网卡上。网卡 MTU 值的变化应该与 Neutron 配置保持一致，因为新的 MTU 值包含了额外的 GRE 和 VxLAN 网络负载。

（1）在 Neutron 的主配置文件中，将网卡默认的 MTU 值修改为 9000：

```
# vim /etc/neutron/neutron.conf
[DEFAULT]
…
global_physnet_mtu = 9000
```

（2）将更新后的 MTU 值传递给实例，在 Neutron 主配置文件中添加如下命令行：

```
…
advertise_mtu = True
```

（3）更新 Neutron 的 DHCP 代理以支持新的 MTU 值：

```
# vim /etc/neutron/dhcp_agent.ini
[DEFAULT]
…
network_device_mtu = 9000
```

（4）在 L3 配置文件中，设置 network_device_mtu 选项：

```
# vim /etc/neutron/l3_agent.ini
[DEFAULT]
…
network_device_mtu = 9000
```

（5）接下来，告知 Nova 在启动虚拟机加载网络设备时，支持新的 MTU 值：

```
# vim /etc/nova/nova.conf
[DEFAULT]
…
network_device_mtu = 9000
```

（6）更新 ML2 插件配置以支持新的 MTU 值：

```
# vim /etc/neutron/ml2_conf.ini
[ml2]
…
path_mtu = 9000
segment_mtu = 9000
```

在重启修改配置后的 OpenStack 服务和 Linux 网络服务后，确保所有更新 MTU 值的网卡都已经生效。从 ifconfig 命令结果中使用 grep 抓取 MTU 值即可验证是否生效：

```
# ifconfig eth0 | grep MTU
  UP BROADCAST MULTICAST MTU:9000 Metric:1
```

另外，你也可以在网络或计算节点上验证虚拟接口：

```
160: br-ex: <BROADCAST,MULTICAST,UP,LOWER_UP> mtu 9000 …
 ...
161: br-int: <BROADCAST,MULTICAST,UP,LOWER_UP> mtu 9000 …
 ...
162: br-tun: <BROADCAST,MULTICAST,UP,LOWER_UP> mtu 9000 …
```

MTU 修改完成后，使用 Bi-directional 测试用例对我们的数据平面进行第二次基准测试，将得到如下的测试结果：

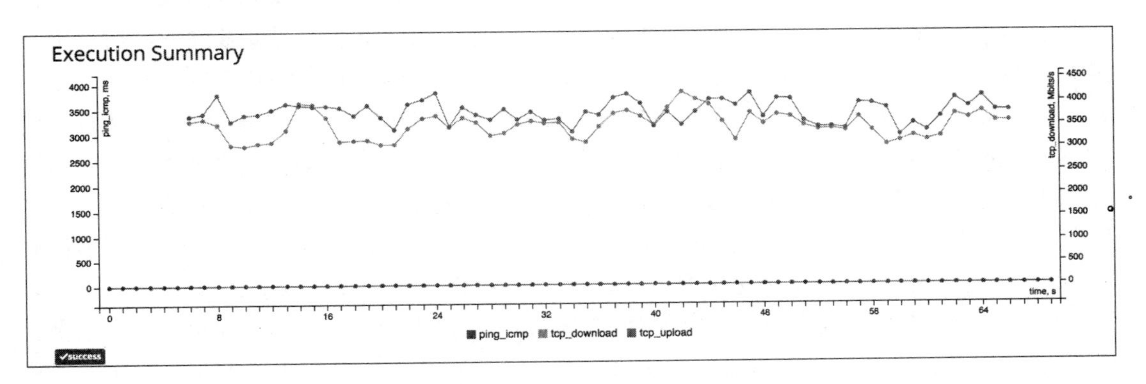

综上所述，我们之前的断言是正确的！增加 MTU 值之后，网络吞吐性能确实也随之增加，如下所示。

- tcp_download：
  - max：4190 MBits/sec。
  - min：3030 MBits/sec。
  - mean：3470 MBits/sec。
- tcp_upload：
  - max：3800 MBits/sec。
  - min：2960 MBits/sec。
  - mean：3430 MBits/sec。

不同的环境之间结果可能是不同的，这取决于多个环境因素，如网络拓扑，包括网卡模式、带宽、驱动、硬件性能等。同时也与 OpenStack 环境中运行的软件有关，例如操作系统、Neutron 使用的插件、L2 网络类型等。

上述结果表明，始终存在性能提升的空间。要获取相应的性能优化结果，调整 OpenStack 配置是非常有挑战性的任务。尤其是在网络性能方面，并不存在可以应用到任何 OpenStack 环境中的标准配置，在我们的案例中，调整 MTU 后，我们的网络吞吐几乎增加了 8 倍，但是这仅适用于 OpenStack 基准网络设置中。物理网络、系统配置（包括操作系统）和硬件性能不同，都会得到不同的结果。

12.4 总结

本章中，通过可以提升性能的几个高级设置，例如提升数据库性能，我们将 OpenStack 带到了一个新的高性能级别。通过本章的内容，你应该很清楚对云平台进行严格有效测试的必要性。对基准测试的了解和学习过程，可以让我们更深入地了解 OpenStack 环境中运行组件的各个方面，包括系统硬件和软件资源。此外，你应该能够根据基准测试结果进行相应的虚拟调优，就这一点而言，云管理员可以充分利用现有的各种测试工具，如 Rally 和 Shaker。本章中，我们已经讲解了关于数据平面和控制平面相关的基准测试案例。通过案例中涉及的这些测试工具，你应该可以针对你的环境和资源限制进行更为复杂的测试。测试结果将会使你对自己的配置和架构设计更为自信，同时也有助于增强用户对你的信任。

本章结束之后，本书的内容也就结束了。在第 2 版写作过程中，我们修正了很多最初的设计模式，并使用了自动化工具（如 Ansible）构建了自己的 OpenStack 环境。通过对 OpenStack 控制平面的处理应对，以及对扩展性和容错需求的讨论，本书在很大程度上得到了增强。你还会了解为了获得更好的扩展性和可靠性而增设的计算力和 Hypervisor 隔离相关的话题。你应该要意识到，容器技术在 OpenStack 生态圈中越来越流行。新版本中，我们也涉及了一些新孵化出来的项目，例如文件共享服务。OpenStack 还提供了很多的存储用例和选项，以便云管理员能够从一个高可用的中心点进行全局新管理，这大大简化了云管理员的工作。在本书写作期间，我们还考虑到网络技术日新月异的发展，因此也包含了一些未来在 OpenStack 环境中很有用的技术，如 SDN 和 NFV 等。

通过本书，用户不仅可以学会如何在 OpenStack 上运行、使用资源，还可以了解如何在 OpenStack 上自动化编排部署资源，不论你的应用有多么复杂。

在这一版中，你会发现 OpenStack 中的 Telemetry 项目有了很大的变化，同时你会看到监控是多么重要。这其实也反映出了 OpenStack 孵化项目的一个特征，即每个新版本发行后，孵化项目都会有很大变化。监控有助于我们在事件发生，并且可能失控之前，采取主动措施并进行故障排查。在这方面，通过增强和完善的日志系统，你应该对解决 OpenStack 出现的问题以及深挖问题根因充满信心。

在本书的新版本中，我们最大的心愿就是你对 OpenStack 云平台的发展趋势有一个清晰的愿景。通过更新并共享 OpenStack 使用体验，我们希望你可以继续享受 OpenStack 带来的云端奇妙之旅，并把你的 OpenStack 应用能力升级到更高的层次，因为知识永无止境！

推荐阅读

Inside Explorer OpenStack
深度实践
OpenStack
基于Python的OpenStack组件开发

OpenStack Cluster HA
OpenStack
高可用集群
（上册）
原理与架构

OpenStack Cluster HA
OpenStack
高可用集群
（下册）
部署与运维

Micro Service Development
with Spring Cloud
Spring Cloud微服务
全栈技术与案例解析

Service Mesh in Action
Service Mesh实战
基于Linkerd和Kubernetes的微服务实践

Serverless Inside Out
深入浅出Serverless
技术原理与应用实践

Redefining Practice of Spring Cloud
重新定义
Spring Cloud实战

OpenStack
CI/CD
原理与实践

Ceph
设计原理与实现

推荐阅读

NetDevOps
入门与实践

DevOps
原理、方法与实践

DevOps
软件架构师行动指南

Citrix XenServer
企业运维实战

IT 基础架构
系统运维实践

大规模Linux
集群架构最佳实践

Linux
跟老男孩
学Linux运维

Linux
跟老男孩
学Linux运维
核心系统命令实战

Python Linux
系统管理与自动化运维

推荐阅读

Building Serverless Architectures
Serverless架构

Spring Cloud 微服务
架构进阶

Micro Service Development
with Spring Cloud
Spring Cloud微服务
全栈技术与案例解析

Spring Cloud
微服务架构开发实战

Redefining Practice of Spring Cloud
重新定义
Spring Cloud实战

基于Kubernetes的
容器云平台实战

开源容器云
OpenShift
构建基于Kubernetes的企业应用云平台

云原生分布式存储基石
etcd深入解析

Service Mesh in Action
Service Mesh实战
基于Linkerd和Kubernetes的微服务实践